全注全译

菜根谭

中国传统文化优秀读本

(明)洪应明◎著
逸新◎编

中国华侨出版社
北京

图书在版编目（CIP）数据

全注全译菜根谭 /（明）洪应明著；逸新编.—北京：中国华侨出版社，2017.12（2020.10重印）

ISBN 978-7-5113-7145-4

Ⅰ. ①全… Ⅱ. ①洪… ②逸… Ⅲ. ①个人—修养—中国—明代②《菜根谭》—注释③《菜根谭》—译文 Ⅳ. ①B825

中国版本图书馆CIP数据核字（2017）第272265号

全注全译菜根谭

著　　者：（明）洪应明
编　　者：逸　新
责任编辑：福　荣
封面设计：阳春白雪
文字编辑：毛　毛
美术编辑：宇　枫
经　　销：新华书店
开　　本：720毫米×1020毫米　1/16　印张：24　字数：368千字
印　　刷：北京德富泰印务有限公司
版　　次：2018年6月第1版　2020年10月第2次印刷
书　　号：ISBN 978-7-5113-7145-4
定　　价：45.00 元

中国华侨出版社　北京市朝阳区西坝河东里77号楼底商5号　邮编：100028
法律顾问：陈鹰律师事务所
发 行 部：（010）88866079　传　　真：（010）88877396
网　　址：www.oveaschin.com　E-mail：oveaschin@sina.com

前言

《菜根谭》是囊括五千年中国处世智慧的奇书，成书于明万历年间，距今已有近四百年的历史。

“菜根”一词本出自北宋学者汪信民的一句“咬得菜根，百事可做”。这句话的意思是说，一个人只要坚强地适应清贫的生活，不论做什么事情，都会有所成就。著者洪应明偶见此言，一时有感而发，便以此立意，定“心安茅屋稳，性定菜根香”为主旨，写下了几百年传世不衰的菜根箴言。这些箴言融合了儒家的中庸思想、道家的无为思想和释家的出世思想，深入浅出地讲述了关于修养、处世、出世等多个方面的人生哲学，告知后世读者享受平凡、活出真我，自会觅得人生真味。

《菜根谭》辞藻优美，言简意赅，通过洞察人生百态来点化世间万事。书中倡导积极入世、经营天下、为民谋福、泽被后世的进取精神；主张亲近自然、悠游山水、修身养性、清静无为的隐逸趣旨；宣扬悲天悯人、普渡众生、透彻禅机、空灵无际的超脱意蕴。可谓一身处世、只眼观花。初读其书，似觉矛盾错杂，神龙虎尾无迹可寻；详思再三，始悟狡兔三窟，随处可安身立命。得志者读之，能悟人生无常，居安思危，匡世济人；失意者读之，能起死灰之心，自强不息，终有所成；富贵者读之，能知盛为虚幻，履满慎思，遗泽子孙；贫贱者读之，不坠青云之志，安贫乐道，培植善根：它揭示出人生之真谛，振聋发聩、医愚医贪，堪为人类“心灵之药石”。

然而，在相当长的时间里，人们并未给予《菜根谭》足够的重视，直到近几年，对其内涵的研究热潮才兴起，并流行于海内外。《环球》杂志介绍日本社会这股热潮时说:“论企业管理的书籍成千上万，而从根本道理上说，多数抵不过一部《菜根谭》。”其实，不仅企业界、商界的人爱读它，政界、学术界的人甚至普通大众也爱读它，更有人认为，《菜根谭》与《孙子兵法》《三国演义》等具有同等的文化地位，并称它为中国传统文化的经典之作。

《菜根谭》之所以能于当代见称，其中的一个重要原因就在于它的精神启发性和生活指导性历久弥新。其中，方圆并进的处世哲学、心平气和地对待人生起伏的平常心态、修身养德的精神境界以及回归自然陶冶心性的生活之道，都可以作为当代人在工作学习、享受生活、修身养性等过程中的经典法则。

为使《菜根谭》更好地启迪人生、造福社会，我们秉承大众阅读的原则，编撰出版了这本《全注全译菜根谭》。本书以明刻本为底本，在原文的基础上，精编精校，增添精妙传神的白话译文，阐述其微言大义；并以现代人的视角，在对原著箴言进行经典解读的同时联系当下，找到指导现实生活的经典智慧。既保留了原著的精华，又彰显了《菜根谭》的现代价值和文化魅力。

《菜根谭》之形式，精言雅致，字字珠圆；隽语风流，句句玉润。读来朗朗上口，谐金石之声；思后悠悠沁髓，夺宫商之韵。其体虽散，备意阳春白雪；其章虽促，融情流水高山。译文例解，恰使全书节奏明朗；原文新语，同奏和谐韵律。

品读本书，可以让人心旷神怡，重温那种已被淡忘了的真趣；也可省察己身，使被烦恼、压力束缚的身心得以解脱；同时，也会帮我们稀释现实生活中的种种困惑和焦虑，找到解决这些症结的方法。无论是在阅读中还是合上书页后，我们都会在不知不觉中放松下来，开阔心胸，放慢脚步，在实现人生价值的同时享受生活。相信本书是广大读者朋友手边书和收藏珍品。可谓雅俗共赏，弥足珍贵。

目录

第一章　立德修身——高处立，平处坐，低处行

第二章　自省克己——慎独自修，心无妄念

第三章 宽心从容——达观处变，静待人生起伏

第四章 明心交友——辨真识假，待人以诚

第五章 方圆处世——路退一步乃宽，礼让三分为功

第六章 功业沉浮——事穷留初心，功成思末路

第七章　清心寡欲——功名不求盈利，利欲恰到好处

第八章　淡泊明志——凡事随缘不变，淡中趣味深长

第九章 求学问道——成败名誉不挂心，读书明理须深心

第十章 齐家育人——诚心和气，教子安家

第十一章 静心达生——保持心性清静，生活随处安然

第一章

立德修身

——高处立，平处坐，低处行

洁身自好　栖守道德

◇原文◇

栖守道德者，寂寞一时；依阿权势者，凄凉万古。达人观物外之物，思身后之身，宁受一时之寂寞，毋取万古之凄凉。

◇译文◇

一个能够坚守道德准则的人，也许会寂寞一时；一个依附权贵的人，却会永远孤独。心胸豁达宽广的人，考虑到死后的千古名誉，宁可坚守道德准则而忍受一时的寂寞，也绝不会因依附权贵而遭受万世的凄凉。

◇精读解析◇

战国时，段干木学成自孔子的弟子子夏，是当时很有名的学者。尽管他很有才能，但他始终不愿做官。魏国国君魏文侯曾经登门拜访他，想授给他官爵。段干木却避而不见，越墙逃走。他的这一举动不仅没有惹怒魏文侯，反而让魏文侯更加敬重自己。从此以后，魏文侯每次乘车路过他家门时，就下车扶着车前的横木走过去，以表示对段干木的尊敬。

魏文侯的车夫对此十分不解，便问："段干木不过一介草民，您经过他的草房表示敬意，他却置之不理，这样未免有点太过分了吧？"

魏文侯答道："段干木是一位贤者，他在权势面前不改变自己的原则，是有君子之道的表现。他虽隐居于贫穷的里巷，而名声却远扬千里之外，我经过他的住所怎敢不对他表示敬意呢？他因有德行而取得荣誉，我因占领土地而取得荣誉；他有仁义，我有财物。土地不如德行，财物不如仁义。这正是值得我学习、尊敬的人，所以我再怎么表达我的敬意都不为过。"

后来，魏文侯见到了段干木，诚恳地邀请他任国相，段干木谢绝了。但通过一次倾心交谈，二人成为莫逆之交。

没过多久，秦国想兴兵攻打魏国，司马唐雎向秦国国君进谏道："段干木是贤人，魏国礼遇他，天下没有不知道的。像这样的国家，恐怕不是能用军队征服的吧！"秦国国君觉得有道理，于是按兵不动，魏国因此逃过一劫。

在上古先秦歌谣中，曾有："吾君好正，段干木之敬。吾君好忠，段干木之隆。"段干木对功名富贵的厌恶，是他追求洒脱的独特个性和儒家道德规范融合的结果。他虽然终身不仕，却不是真正与世隔绝的山林隐逸一流，而是隐于市井穷巷，隐于社会底层的平民百姓中，进而"厌世乱而甘恬退"，不屑与那些趁战乱而俯首奔走于豪门的游士和食客为伍。这样的选择，实际上也是另外一种忠诚。

今天，一个人选择洁身自好，已不仅是践行学养的问题了。栖守道德是修养的需要，也是一个人把握机遇、追求恬淡美满人生的需要。在这个繁忙的时代，一个能够坚守道德准则的人，也许会郁郁不得志；一个攀附权贵的人，可能得意一时，也可能永远孤独。前者之所以能耐住寂寞是因为他们考虑到死后的千古名誉，而后者只想抓住眼前的利益，所以才会失去人生的坚守，落得万事凄凉。伯夷、叔齐拒食周粟，虽然他们的死亡不着一字，但在人们的传唱中却尽得风流。

现实生活中，有些人因为难以抵制物欲的诱惑，从而使自己踏上人生不归路，留下终生遗憾。人的修养是一个漫长的坚持和追求的过程，一桶牛奶倒进一杯脏水就成了一桶脏水，人一旦放弃了自己操守的坚持，就容易自暴自弃，从而抛弃自己最珍贵的东西。所以，人应该坚持自己的道德底线，哪怕必然孤身一人，至少没有为了终究散去的身外之物丢弃自我。

与其精明　不若老实

◇原文◇

涉世浅，点染亦浅；历事深，机械亦深。故君子与其练达，不若朴鲁；与其曲谨，不若疏狂。

◇译文◇

一个刚刚涉足社会的人，阅历不深，受到不良习气的影响也少；而阅历丰富的人，各种奸谋技巧往往也很多。所以，一个坚守道德准则的君子，与其过于精明圆滑，不妨朴实笃厚；与其谨小慎微，曲意迎合，不如坦荡大度。

◇精读解析◇

在我们完成学业，走入社会的那一刻，新的学习已经开始了。日子一天天过去，我们经历的越来越多，学到的也越来越多。这样我们就会渐渐沾染上社会的色彩，褪去稚嫩，多几分圆滑。这时候就会出现不一样的人生逆转，好的坏的，我们都已不是原来的自己。但是一个真正坚守道德准则的人，会因阅历增多变得成熟稳重，却不会丧失心里坚守的原则和道德底线。这种人朴实笃厚、坦荡大度。

其实生活很简单，我们以什么样的态度对待生活，生活就反过来以什么样的态度回报我们。如果一个人投机取巧，生活同样会见招拆招，戏耍于他；如果一个人为人忠厚老实，生活也会诚恳待他。所以“君子与其练达，不若朴鲁；与其曲谨，不若疏狂”，只要我们老老实实地做好本职工作，不放下心中的目标，其实就已足够。

天下最成功的人，就是老实人。老实人诚恳地对待生活、对待人事，所以他们往往最容易成功。

春秋时代，晋献公死后，公子重耳（晋文公）被赶出了晋国，先锋营首领介子推等大臣忠心耿耿跟随重耳，在国外流亡长达19年。在最困苦的情况下，重耳流亡到卫国，饥不能行，介子推偷偷地进到山沟里，把自己腿上的肉割下一块，同野菜煮成汤送给重耳。重耳感动得泪如雨下，夸介子推有“割股奉君”之功。

公元前636年秋，重耳返回晋国继承王位。介子推为了国家的复兴，不计较个人得失，功成身退。有的大臣鼓动介子推去找晋文公争功要官，介子推回答说：“我宁愿终身当平民，也不愿贪天功为己功。”介子推一直待在家里侍奉老母亲。

介子推的邻居解张为他鸣不平，写了一首《龙蛇歌》贴在晋都宫门。晋文公醒悟过来，十分悔恨，命令全国上下都寻找介子推。后来晋文公得知介子推隐居绵山，立即带领众大臣登山寻找。绵山雄伟高大、崖陡洞幽、沟壑纵横、深谷野岭，树林又茂密，尽管兵士大臣不断寻找呼喊，也不见介子推的踪影。这时有的大臣献计说：“三面点火，留下一方，让介子推背着老母亲出山来。”晋文公知道介子推是孝子，思忖片刻便下令士兵将谷内的干草树木点燃。当时正值清明节期，绵山顶上的风很大，火越烧越旺，一直燃烧了三天三夜，但仍不见介子推的踪迹。

晋文公派人再次登山寻找，只从山崖的岩洞中找到半张破草席。晋文公接过草席仔细看，只见上面写道：“割肉奉君尽忠心，但愿主公赏清明；臣在九泉心无愧，勤政清照复清明。”

正是因为这种朴实、面对名利不动坚守的品格，中国的很多评论都将介子推和屈原相提并论，提出了“南有屈原、北有介子”的说法。介子推性情耿直、文武兼备，虽然有获得显赫官位的机会，却宁愿功成身退守住内心的道德坚守，崇尚以道德、忠孝、仁义教化天下。他这种淡泊名利、不求厚禄的品格，成为千古佳话。

在实际生活中，人的品德与人的名利观的确是紧密联系在一起的，只有淡泊名利，才能够在品德修养上取得一定的成就；只有心胸坦荡的人，才能拒绝各种外物的诱惑，保持朴素的心境，平平凡凡地生活。世事变化，沧海桑田，褪尽浮华我们会发现，做人之道和处事之智其实只有一句话：只要不放下道德，我们就不会在生活中搁浅。

心地光明 才华韫藏

◇原文◇

君子之心事，天青日白，不可使人不知；君子之才华，玉韫珠藏，不可使人易知。

◇译文◇

有道德修养的正人君子，他的思想行为应该像青天白日一样光明磊落，没有什么需要隐藏的阴暗行为；而他的才情和能力应该像珍贵的珠宝一样，不浮浅外露，从不轻易向人炫耀。

◇精读解析◇

不可使人不知自己的心事，是君子为人的法则；像珍视珠宝一样不将自己的才华张扬，是君子处世的法则。这样为人处世可以避免招致祸患、损害品德，也可以让他人从这个人的外在看见这个人的内涵。俗话说“画虎画皮难画骨，知人知面不知心”，真正的才华都是内蕴的，所以要想真正了解一个人很难，必须掌握一些透过表象抓住实质的方法。

孔子察人有三术：“视其所以，观其所由，察其所安。”

“视其所以”，是指要了解一个人，就要看他做事的目的和动机。动机决定手段。我们要看他做什么，更要看他为什么这样做。如果被表面的现象所迷惑，我们对人的认识又能有多少呢？

“观其所由”，就是看这个人一贯的做法。君子也爱财，但君子和小人不同，小人可以偷，可以抢，可以夺，甚至杀人越货；君子却做不来，即使钱财如同身旁的鲜花一样可以随意采撷，他也要考虑是不是符合道。有时候不在乎一个人做什么、做多大、做多少，而要看他怎么做，官做得大，却是行贿得来的，钱赚得多，却是靠坑蒙拐骗得来，那也为人所不齿。

“察其所安”，就是说看他安于什么，也就是平常的涵养。比如心浮气躁，比如急功近利，比如一有成绩就自视甚高、目中无人，比如一遇挫折就垂头丧气、怨天尤人等，都是没有涵养的。这样的人，做事有可能半途而废，交友有可能背信弃义。只有踏实安静的人才能不被身外之物影响，才能有所成就。只有这样的人才有可能厚积薄发。

总的来说，这三点识人方法都是在教人们不要以貌取人，而应透过外貌行为的表象，看清人内心的本质。做人爱用心机，往往聪明反被聪明误，处事太外露的人，常常先遭到伤害。

杨修是曹操的主簿，才华出众，最终却被曹操所杀，其主要原因就在于他过于张扬自己的才华。

杨修主持建造丞相府的大门时，曹操在门上题了一个“活”字，杨修立即揣摩出曹操的意图是嫌门太阔了，立即下令拆掉重建。一次，杨修与曹操观赏曹娥碑，见碑上有字曰：“黄绢幼妇，外孙齑臼。”杨修便迫不及待地告诉曹操说“绝妙好辞”的意思，“黄绢”是有色丝品，即“绝”；“幼妇”是少女，是个“妙”字；“外孙”是女儿的子女，就是“好”字；而“齑臼”则是用来盛辣调味品的器皿，就是个“辤（辞）”字。这样一而再再而三，渐渐地，曹操觉得杨修才华比他高，就有些嫉妒，便萌生了除掉他的念头。

后来，在一次战役中，曹军陷入进退两难境地，不经意间以“鸡肋”二字为军中口令。杨修便自作聪明，下令班师。曹操得知此事后，认为杨修此举是在扰乱军心，就喝刀斧手推出斩之。

君子行事，率性而为，光明磊落，无须遮掩矫饰、虚张声势。才华潜藏不等于藏而不用，而是在能施展的地方施展，不过分地炫耀。过分地炫耀很可能使自己陷入尴尬之地，甚至会引来杀身之祸。杨修的被杀实属咎由自取，如果他才华潜藏不露，更不要在大庭广众之下让曹操难堪，那他也许就能保性命无忧。

事实就是这样，真正的高人往往高调做人低调做事。他们像平常人一样生活，怀抱自然，却在无声处蓄养自己的才华，既不让坦荡的胸怀被欲念遮蔽，又不让谦和的心境被虚荣充斥。在生活中，我们也可以向他们靠拢，做人时高调一些、要求严一些，做事时低调一些、谦和一些。也许这样的改变不会让我们成为高人，但至少会让我们更有境界。

真味是淡 至人如常

◇原文◇

酥肥辛甘非真味，真味只是淡；神奇卓异非至人，至人只是常。

◇译文◇

烈酒、肥肉、辛辣、甘甜并不是真正的美味，真正的美味是清淡平和；行为举止神奇超群的人不是真正德行完美的人，真正德行完美的人，其行为举止和普通人一样。

◇精读解析◇

做人宜淡不宜浓，淡中现出真趣味，淡中现出平常心。再美味的食物，一日三餐不离口总会吃腻的；过于特立独行的人，往往因为太过特殊而不合于群。世界上最可口的食物不过是家常菜，德行完美的圣人不过是普通人。

我们生为凡人，不要幻想生活总是那么圆圆满满，也不要幻想在生活的四季中永远享受春天，并不是谁都可以轰轰烈烈一辈子，每个人的一生都注定要跋涉沟沟坎坎，品尝苦涩无奈，经历挫折与失意。

有一天，齐国储子问孟子说："齐王时不时地会派人来拜访先生，想必您一定有卓尔不群的地方吧！"孟子笑着答道："难到尧舜比一般人多一双手脚吗？连圣人先贤都没有与别人不同的地方，更何况是我呢？"

在孟子的心目中，圣人和我们也没有什么不同。说到底，我们都是常人，即使已身居高位、万贯家财，也应保持一颗"初心"和一种平和的心态。记住了自己是常人，才会有一颗常人心。这样的话，无论是面对挫折还是惊喜，我们都会以一种平和的心态看待，从而避免绝望和自满。

在漫漫旅途中，失意并不可怕，受挫也无须忧伤。大诗人苏东坡受"乌台诗案"牵连，险些丢掉性命，被贬为黄州团练副使，不得签署公事。即使身处如此逆境，苏东坡依然旷达如旧，在赤壁的月夜写出了脍炙人口的《前赤壁赋》："寄蜉游于天地，渺沧海之一粟，哀吾生之须臾，羡长江之无穷。"把自己摆到宇宙之中，不过是一粒尘埃，又有什么必要斤斤计较呢？落英在晚春凋零，来年又灿烂一片；黄叶在秋风中飘落，春天又焕发出勃勃生机。艰难险阻何尝不是人生给我们的另一种形式的馈赠？

古往今来，多少人争名于朝，争利于市，互相倾轧。如此，或可逞快意于一时，可是人之于宇宙，不过是一个过客而已。宋人曾有诗云："人生有酒须当醉，一滴何曾到九泉。"虽然稍显消极，但是有一定道理。所以在对生活的态度上，贵有一颗平常心。

田子方陪伴魏文侯时，总是情不自禁地称赞溪工。文侯十分好奇，便问："溪工为何总能得到你的赞赏？他是给过你帮助的导师吗？"田子方说："他只不过是我的邻居罢了，但他的言论和谈吐值得我称赞他。"文侯又问："那你的老师是谁？"子方说："东郭顺子。"

"你为什么不曾称赞过他呢？"文侯十分惊讶地问。

田子方回答："他相貌普通，但内心合于自然，而且能顺应外在事物而且能保持固有的真性情，心境清虚宁寂能包容外物。另外，如果遇到外界事物不能符合'道'的，他便严肃指出使之醒悟，从而使别人的邪恶之念自然消除。对于这样一个真朴自然的导师，我一个做学生的能够用什么言辞概括他的品德呢？”

田子方的一番话让我们明白，任何华丽的修饰词都没有资格装饰平和自然的境界。在现实生活中，无论是功成名就的企业家，还是德高望重的大师学者，他们并不是生而如此，而是在平凡中实践人生理想的。身为普通人更是如此，只有在平凡之中才能保留人的纯真本性，心态平和地对待人生，才能在平平淡淡中品味人生百味，进而在平凡中显出英雄本色。

这种洒脱的人生，不是玩世不恭，更不是自暴自弃，洒脱是一种思想上的轻装，洒脱是一种目光的朝前。有洒脱才不会终日郁郁寡欢，有洒脱才不觉得人生活得太累。懂得了这一点，我们才不至于对生活求全责备，才不会在各种困难打击之下彷徨失意。懂得了这一点，我们才能挺起刚劲的脊梁，披着温柔的阳光，找到充满希望的起点。因此，我们应时时保持平和的心态和洒脱的胸襟，让自己活得轻松快乐，并充满希望。

有木石心　具云水趣

◇原文◇

进德修道，要个木石的念头，若一有欣羡，便趋欲境；济世经邦，要段云水的趣味，若一有贪著，便堕危机。

◇译文◇

凡是培养道德磨炼心性的人，必须具有木石般坚定的意志，如果对世间的名利奢华稍有羡慕，那么就会落入被物欲困扰的境地；凡是治理国家拯救世间的人，必须有一种行云流水般淡泊的胸怀，如果有了贪图荣华富贵的念头，就会陷入危险的深渊。

◇精读解析◇

这个世界上有毒的不只是曼陀罗，还有欲望。欲望与生俱来，人人都有。世人为何不心安，只因放纵欲望。明末清初有一本书叫《解人颐》，其中对欲望做了入木三分的描述："终日奔波只为饥，方才一饱又思衣。衣食两般皆俱足，又想娇容美貌妻。娶得美妻生下子，恨无田地少根基。买到田园多广阔，出入无船少马骑。槽头扣了骡和马，叹无官职被人欺。当了县令嫌官小，又要朝中挂紫衣。若要世人心满足，除是南柯一梦西。"

物质上永不知足是一种病态，其病因多是权力、地位、金钱之类引发的。这种病态如果发展下去，就是贪得无厌，其结局是自我毁灭。

有一次，祖孙二人进林子里去捕野鸡。祖父教孩子用一种捕猎机：它像一只箱子，用木棍支起，木棍上系着的绳子一直接到他们隐蔽的灌木丛中。野鸡受撒下的玉米粒的诱惑，一路啄食，就会进入箱子，只要一拉绳子就大功告成了。

祖孙两人弄好箱子藏起不久，就有一群野鸡飞来，共有九只。大概是饿久了的缘故，不一会儿就有六只野鸡走进了箱子。孩子正要拉绳子，可转念一想，那三只一会儿也会进去的，再等等吧。等了一会儿，那三只非但没进去，反而走出来三只。

孩子后悔了，对自己说，哪怕再有一只走进去就拉绳子。接着，又有两只走了出来。如果这时拉绳，还能套住一只。但孩子对失去的好运不甘心，心想着还会有野鸡要回去的，所以迟迟没有拉绳。

结果连最后那一只也走了出来。孩子一只野鸡也没有捕到。

贪婪往往是幸福的大敌。要想真正获得幸福，就要学会淡定，学会知足。正是因为贪婪，孩子才会一无所获。人必须时刻警惕自己欲望的烦扰，免得被它侵蚀，沦为不能准确认识自身的傻瓜。

面对诱惑，需要保持坚定的心志，多些淡泊的沉静。如果贪得无厌，就会带来无尽的压力、痛苦不安，甚至毁灭自己。晋代陆机《猛虎行》有云："渴不饮盗泉水，热不息恶木荫。”讲的就是在欲望面前的一种淡定和沉静。

对普通人来说，欲望一方面是人们不懈追求的原动力，成就了人往高处走，水往低处流的箴言；另一方面也诠释了“有了千田想万田，当了皇帝想成仙”“人心不足蛇吞象”的人性弱点。所以做人如果不能控制自己的欲望，就会成为欲望的奴隶，最终丧失自我，被欲望所役。这就要求我们既要有木石般坚定的意志，又要有云水般淡泊的情趣。“木石心”喻指一种坚定的信念和不变的原则，“云水趣”则指向轻盈的处世心态和应变的策略。两者结合就是淡定和沉静地应对欲望。

心想高处 不安现状

◇原文◇

粪虫至秽，变为蝉而饮露于秋风；腐草无光，化为萤而耀采于夏月。因知洁常自污出，明每从晦生也。

◇译文◇

在粪土中生活的幼虫是最为肮脏的东西，可是它一旦蜕变成蝉后，却在秋风中吸饮洁净的露水；腐败的草堆本身不会发出光彩，可是它孕育出的萤火虫却在夏夜里闪耀出点点光亮。从这些自然现象中可以悟出一个道理，那就是洁净的东西最初是从污秽之中诞生的，而光明的东西也常常从晦暗中孕育。

◇精读解析◇

真正的操守在贫寒之中养成，高尚的人格在考验之中练就。“洁常自污出，明每从晦生”是因为身处低处却心想高处。这样的人，会像蝴蝶一样拥有华丽质变的人生。自古能成功成名的，无一不是靠着立于高处的理想，名垂青史的不可能是那些安于低处的庸才。

梦想是人生的启明星，它可以照亮人生晦暗之处，让人找到坚定的方向，奔往美好的生活。但是有了梦想后，我们还需要坚持下去，如果半途而废，那和没有梦想的人就没有区别了。如果一个人能够及时找到改变现状的梦想，并不遗余力地坚持，就没有什么可以阻止理想的实现。

李斯是秦朝的丞相，为秦始皇统一六国，立下汗马功劳。很少有人知道，李斯年轻时只是一名小小的粮仓管理员，他的立志发愤，竟然是因为一次上厕所的经历。

那时的李斯只有二十六岁，是楚国上蔡郡府里一个看守粮仓的小文书，他的工作是负责仓内存粮进出的登记，将粮食的进出情况记录清楚。

日子就这样一天天过着，浑浑噩噩。直到有一天，李斯到粮仓外的一个厕所解手，一件极其平常的小事改变了他的人生态度。

李斯进了厕所，尚未解手，却惊动了厕所内的一群老鼠。这群在厕所内安身的老鼠，瘦小枯干探头缩爪，且毛色灰暗，身上又脏又臭，让人恶心至极。

李斯看见这些老鼠，忽然想起了自己管理的粮仓中的老鼠。那些家伙，一个个吃得脑满肠肥，皮毛油亮，整日在粮仓中大快朵颐，逍遥自在，与眼前厕所里的这些老鼠相比，真是天上地下啊！人生如鼠，位置不同，命运也不同啊。自己在蔡郡城里这个粮仓中做了八年小文书，从未见过外面的世界，不就如同这些厕所里的老鼠吗？整日在这里挣扎，却不知道粮仓这样的天堂。

李斯决定换一种生活方式，第二天他就离开了这个小城，去投奔一代儒学大师荀况，开始自己寻找“粮仓”的道路，二十多年后，他把家安在了秦都咸阳丞相府中。

心有多大，一个人的世界就有多大。有时候，换一种生活方式，不再安于现状，反而会峰回路转，渐入佳境。生活中，我们总会因为不敏感于明天，而失去很多应属于我们的机会，一次的失去，两次的失去……于是更多的失去，以至于最后永远地失去了。

社会是不公平的，但又是公平的，它给每个人机会，它永远遵循社会发展变化的规律性，关键在于操作的人会不会巧妙地利用它，让它为我们服务。

每个人都想成为道德上有修为、事业上有成就的人，但关键是我们能否为了实现这个目标而勇于改变。事实上，我们没有必要总抓着生活中那些永远不会有多大改观的小事，一朵花尚有枯荣，我们又何必一成不变，满足于现状？所以与其日复一日地思考同样的问题，不如给自己定个高于现状的目标，提高修为，放开自己的心域，迈开通往新生活的脚步。哪怕我们处于不利的地位，也要坚守心中光明的梦想。因为心就是一个人的翅膀，心有多大，舞台就有多大。粪虫蜕变，饮露于秋风；腐草化萤，耀采于夏月。它们本没有思维，仍旧如此，我们当然也可以打碎心中的坚壁，激发我们的潜能，坚守为人的操守，历练成功人士必需的品格，创造“洁常自污出，明每从晦生”的变身传奇。

正气清白　留于乾坤

◇原文◇

宁守浑噩而黜聪明，留些正气还天地；宁谢纷华而甘澹泊，遗个清白在乾坤。

◇译文◇

做人宁可保持纯朴自然的本性，抛弃机心巧诈的聪明，也要留些浩然正气给大自然；宁可谢绝富丽繁华的诱惑，甘心过着淡泊宁静的生活，也要留个清白的声名在世间。

◇精读解析◇

《庄子·刻意》中说道，“众人重利，廉士重名，贤士尚志，圣人贵精”。从众人到圣人的过渡是修为的递增，同时也是人摆脱外物名利束缚的渐变过程。圣明的人喜欢跟外物和顺而厌恶为自己求取私利；为个人求取私利，在圣人看来是一种严重的病态。

在历史长河中，即便是明德英勇之士，有时也不免卷入其中，甚至为了一时的世故机心争斗。他们有的因此丧命，也有的因此得名得利，但是终归不过浮华如梦，留给后人一段又一段唏嘘感慨的饭后谈资。

春秋齐景公时，田开疆率师征服徐国，有拓疆开边强齐之功；古冶子有斩龟救主之功；由田开疆推荐的公孙捷有打虎救主之功。三人结为兄弟，自号为“齐邦三杰”。齐景公为奖其功劳，嘉赐“五乘之宾”的荣誉。随着时间的推移，他们三人挟功恃勇，不仅怠慢公卿，而且在景公面前也全无礼数。甚至内结党羽，逐渐成为国家安定的隐患。齐相晏婴深感忧虑，想除掉他们。

一天，晏子从后花园摘了两个桃子，对他们三人说，谁的功劳最大，就吃一个桃子。

公孙捷首先挺身而出，说自己曾亲手打死一只吊睛白虎，解救了主公。于是晏子赏给他一个桃子。古冶子不服，站起来说自己曾在黄河中杀了一只巨龟，救了主公的性命。于是晏子把最后一个桃子赏给了他。可是，此时田开疆也站了出来，说他曾奉命攻打徐国，逼徐国投降，为国家奠定了盟主地位，他的功劳才最大。晏子看公孙捷和古冶子的桃子都吃完了，立即对景公说：“田将军的功劳最大了，但金桃已经赐完了，只好等熟了再赐了。”景公也说：“田将军的功劳最大，可惜说得太迟了。”田开疆自以为这是一种耻辱，功大反而不能得到桃子，于是挥剑自杀。古冶子和公孙捷相继因功小食桃而感到耻辱也自杀身亡。

这个著名的“二桃杀三士”的历史故事，后人不知做过多少评判解说。其实不论我们站在哪个角度上来评价，充斥在这个故事中最多的其实就是一颗被外物束缚、丧失本真的心。晏子虽为国家大计，其手段还是多少有些残忍，但是田开疆、公孙捷、古冶子三人若不是惑于功利而相争，最后也不会中晏子的计，落得个羞辱而死的下场。

正是因为这样才会有很多智者仁人提倡“留些正气还天地”“遗个清白在乾坤”，哪怕这样的执着会让他们和荣华富贵无缘，甚至亲近死神，命丧黄泉。

“宁谢纷华而甘澹泊”能给人带来一股清新的气息。一个人浮华不限、名利不求，一切顺其自然，虽然不会有大富大贵，至少可以做他自己，不留悔恨给自己，也不留把柄在人手。具体说来，处理问题纠葛，不丧失正气；挣钱谋生，不图物质享受；和人相处，真心相待；个人修养，不养妄心，专修谦和。做得这几点，一个人也就品得了菜根中的真意。

欲路勿染 理路勿退

◇原文◇

欲路上事，毋乐其便而姑为染指，一染指便深入万仞；理路上事，毋惮其难而稍为退步，一退步便远隔千山。

◇译文◇

欲念方面的事，不要因为贪图眼前的方便而随意沾染，一旦放纵自己就会堕入万丈深渊；义理方面的事，不要因为害怕困难而退缩不前，一旦退缩就会与真理远隔万水千山。

◇精读解析◇

贪欲没有满足的时候，贪欲的力量是无穷的，它会彻底吞噬一个人的本心。一个人如果沾染上贪的习气，就会陷入欲望的深渊不能自拔。因为有欲望的人是刚强不起来的，只有“无欲”才能刚。无欲才能真正刚正，这样的人方能屹立于天地之间。

人的心里往往藏有势利的种子，因为势利才产生“机心”。从某种意义上说，势利就是一种欲望。欲望越多，痛苦也越多。贪心不足蛇吞象，想想蛇吞象的样子，会是一种什么感受？咽不进，吐不出，要多别扭有多别扭。什么都想要，最后什么也得不到，反而一辈子将自身置于忙忙碌碌、钩心斗角之中。这样活着，未免太累！《论语》里说颜回“一箪食，一瓢饮，在陋巷，人不堪其忧，回也不改其乐”。如果少一些机心，是不是也会少一些痛苦呢？

《菜根谭》中此处的告诫就是让人们不要贪图省力，而把过多的精力浪费在满足欲望方面。不合理地占有，一旦贪图非分享乐，就会让自己坠入万丈深渊。

从前，有两位很要好的人，决定一起到遥远的圣山朝圣。两人背上行囊、风尘仆仆地上路，发誓不达圣山朝拜，绝不返家。

他们走了半个月之后，遇见一位白发年长的圣者。这圣者看到两位如此虔诚的人千里迢迢要前往圣山朝圣，就十分感动地告诉他们：“从这里距离圣山还有十天的脚程，但是很遗憾，我在这十字路口就要和你们分手了。在分手前，我可以满足你们的愿望，只要你们当中一个人先许愿，他的愿望一定会马上实现；而第二个人，就可以得到那愿望的两倍。”

此时，其中一人心里想：“这太棒了，我已经知道我想要许什么愿，但我不要先讲，因为如果我先许愿，他就可以有双倍的礼物，而我就吃亏了。”而另外一个人也自忖说：“我怎么可以先讲，让我的朋友获得加倍的礼物呢？”于是，两个人就开始客气起来。“你先讲嘛！”“你比较年长，你先许愿吧！”“不，应该你先许愿！”两个人“客套地”推辞一番后，开始不耐烦起来，气氛也变了，“你干吗！你先讲啊！”“为什么我先讲？我才不要呢！”

两人推到最后，其中一人生气了，大声说道：“喂，你这个人真不知好歹，你再不许愿的话，我就把你的狗腿打断，把你掐死！”

另外一人没有想到他的朋友居然变脸，并且恐吓自己！于是想，你这么无情无义，我也不必对你太有情有义！我没办法得到的东西，你也休想得到！于是，这个人干脆把心一横，狠心地说道：“好，我先许愿！我希望——我的一只眼睛——瞎掉！”

这个人的一只眼睛马上瞎掉，而与他同行的好朋友两只眼睛也立刻都瞎掉了！

这个故事中的两个人的下场多么可悲，而导致他们悲惨结局的恰恰是他们心中那种挥之不去的欲望。

人生的许多沮丧都是因为人们得不到想要的东西。有一句话说得好：“许多人想得到更多的东西，却把现在所拥有的也失去了。”这可以说是对得不偿失最好的注解了。

其实，人人都有欲望，都想过美满幸福的生活，都希望丰衣足食，这是人之常情。但是，如果把这种欲望变成无止境的贪婪，那我们就无形中成了欲望的奴隶。我们常常感到自己非常累，但是仍觉得不满足，因为在我们看来，很多人比自己生活得更富足，很多人的权力比自己大。所以我们别无出路，只能硬着头皮往前冲，在无奈中透支着体力、精力与生命。与其这样，不如淡去心中的欲望，多加强自身能力和精神境界的修为，这样，生活自然会循序渐进地好转，我们也不必为了满足欲望而深受负累。

富贵名誉 自道德来

◇原文◇

富贵名誉，自道德来者，如山林中花，自是舒徐繁衍；自功业来者，如盆槛中花，便有迁徙兴废；若以权力得者，如瓶钵中花，其根不植，

其萎可立而待矣。

◇译文◇

世间的财富、地位和名声，如果是通过提高品行和修养所得，那么就像生长在山野的花草，自然会繁茂昌盛、绵延不断；如果是通过建立功业所换得，那么就像生长在花盆中的花草，会因为迁移变动而繁茂或者枯萎；如果是通过玩弄权术或依靠暴力得到，那么就像插在花瓶中的花草，因为没有根基，很快就会枯萎。

◇精读解析◇

凡事有因有果，世间没有不劳而获的道理，致富求贵也不例外。我们希求富贵，但富贵不会从天上掉下来。这正像有人说过的一句话："人活着的每一天，都应该努力去追求财富。只要创造的财富是光明正大的，这个人就会得到别人的尊敬与赞扬。"虽然人人梦想富贵，但是富贵如果来得名不正言不顺，就会像花盆、花瓶中的花一样，迟早会凋谢。

有个名叫王妄的人，虽然穷困潦倒，但心地善良。这个人三十多岁仍一无所成，也未娶妻，靠卖草维持生活。

有一天，王妄到村北去打草，发现草丛里有一条七寸多长的花斑蛇因为受了伤，动弹不得，王妄遂救了此蛇，带回家中。蛇苏醒之后，为了表达感激之情，向王氏母子俩颔首点头。王氏母子见状非常高兴，为蛇编了一个小荆篓，小心地把蛇放了进去。从此王氏母子精心照顾小蛇，蛇慢慢长大了。

此时，宋仁宗当政，仁宗整天不理朝政，对宫内生活深感枯燥，想要一颗夜明珠赏玩，公告天下谁能献上一颗，就封官受赏。王妄听闻此事，回家对蛇一说，蛇沉思了一会儿说："这几年来你对我很好，而且有救命之恩，总想报答，可一直没机会，现在总算能为你做点事了。实话告诉你，我的双眼就是两颗夜明珠，你将我的一只眼挖出来，献给皇帝，就可以升官发财，老母也就能安度晚年了。"王妄听后非常高兴，可他毕竟和蛇有了感情，不忍心下手，说：“那样做太残忍了，我不能这样做。”蛇说：“不要紧，我能顶住。”于是，王妄挖了蛇的一只眼睛，把宝珠献给皇帝。宝珠在夜晚能够发出奇异的光彩，把整个宫廷照得通亮，皇帝非常高兴，封王妄为大官，并赏了他很多金银财宝。

皇上得到宝珠后，娘娘也想要一颗，于是宋仁宗下令寻找另一颗宝珠，并说把丞相的位子留给第二个献宝的人。王妄遂起了歹念，想要蛇的另一只眼睛。于是他回到家中去找蛇商量，但是蛇无论如何不给，劝说王妄道：“我为了报答你，已经献出了一只眼睛，你也升了宫，发了财，就别在要我的第二只眼睛了。人不可贪心。”

王妄早已鬼迷心窍，根本不听劝，说：“我不是想当丞相吗，你不给我怎么能当上呢？况且如果我不把你的眼睛交出去，如何向皇帝交代。帮人帮到底，你就成全我吧！”他执意要取蛇的第二只眼睛，蛇见他变得这么贪心残忍，只好说：“那好吧！你拿刀子去吧！不过你要把我放到院子里再去取。”王妄闻言心中一喜，立刻将蛇放到院子里，转向回屋取刀子。等他出来剜宝珠时，蛇已变成了大梁一般粗，一口将这个贪心的人吞了下去。

这个故事虽然带有几分鬼神气息，但是对王妄贪婪之心的刻画却入木三分。贫困时，他能保持善良的品格，富贵时，却在贪婪的泥沼中越陷越深，直到他为此付出生命。实际上，王妄是那类为了富贵而丧失道德的人的一个缩影。和这类人相比，那些让财富、权贵长在道德的阳光之下的人，虽然一辈子也不一定能飞黄腾达，但至少挣一分是一分，不仅让人用得心安理得，还会让生活细水长流。

在我们生活的这个时代，道理和古时候是一样的。我们想要得到财富，想要过上好生活，就必须自己动手，坚守道德，只有在付出辛勤的努力的同时不逾越道德的底线，才能耕耘出甜美的果实。

至善无痕 施之不求

◇原文◇

施恩者，内不见己，外不见人，则斗粟可当万钟之惠；利物者，计己之施，责人之报，虽百镒难成一文之功。

◇译文◇

一个布施恩惠于人的人，不应总将此事记挂在内心，也不应对外宣扬，那么即使是一斗粟的恩惠也可以得到万斗的回报；以财物帮助别人的人，总在计较对他人的施舍，而要求别人予以报答，那么即使是付出万两黄金，也难有一文钱的功德。

◇精读解析◇

一个读书人做梦去参加考试，主考官是关公。

关公发下题目，他一挥而就。其中卷子里有这样几句话："有心为善，虽善不赏。无心为恶，虽恶不罚。"读书人认为，一个人有心地去做好事，表现给别人看，或表现给鬼神看，虽然是好事，也没有什么值得奖励的。又例如一个人在扔掉一把不好用的旧刀时不幸伤了人，他并没有存心要伤害对方，虽然是一件坏事，也不该处罚。

关公读到此处，拍案叫好，对这个书生也是赞赏有加。

这是《聊斋志异》中的一个小故事，虽然只是书生的美梦一场，但却说明了一个道理：一个人如果为了获得赞扬或者私利而施人以帮助，虽然表面上看是好事，最终也不过是伪善，结果也逃不出败露的结局。这个故事同时也说明了，故意为善不是善，是要发自内心地做善事，并且不留痕迹，这才是真的存善心。

做善事是一个人应该做的，并不是为了让别人知道我们在做善事才这样。为了做好事的名声，那就不算是真正的善事，而那些付出了就苛求别人回报的行为和故意做样子的行为更为可耻狭隘。事实上当我们不计回报地真心去做善事时，回报反而是超乎意外的。

古镇上有一家菜摊，平时顾客不多，因为这里的人都比较穷，买不起菜。不过，经常有些穷人家的孩子来这里转悠。虽然他们只是玩，可摊主还是像对待大人一样与他们打招呼。

"孩子们，今天还好吧？"

"我很好，谢谢。老板，这些土豆看起来真不错。"

"可不是嘛。你妈妈身体怎么样？"

"还好，一直在好转。"

"那就好。你想要点什么吗？"

"不，先生。我只是觉得你的土豆很新鲜！"

"你要带点儿回家吗？"

"不，先生。我没钱买。"

"用东西交换也可以呀！"

"哦……我只有几颗赢来的弹球。"

"真的吗？让我看看。"

"给，你看。这是最好的。"

"看得出来。嗯，只不过这是个蓝色的，我想要个红色的。你家里有红色的吗？"

"当然有！"

"这样，你先把这几个土豆带回家，下次来的时候让我看看那个红色的弹球。"

"一定。谢谢你，老板。"

每次摊主和这些小顾客交谈时，摊主的妻子就会默默地站在一旁，面带微笑地看着他们。她熟悉这种游戏，也理解丈夫所做的一切。

许多年过去了，店主因病去世。镇上所有的人都去向他的遗体告别，包括以前那些和他玩交换东西的孩子们。

我们很难估量做善事对一个人生命价值的影响。也许我们此时的付出不会立刻有回馈，但是这份付出自会在别人心中留下感恩的种子。这颗种子此时不会萌芽，但终有一天会绽放花朵，香飘万里。

在实际生活中也是一样的道理，做善事并不是为了引起别人的关注，生命需要我们做的是敞开心扉爱他人，真诚地爱他人，去宽慰失意的人，安抚受伤的人，激励沮丧泄气的人。至善无痕，让施予心像玫瑰花儿一样散发芬芳。

花尚好色 人行好事

◇原文◇

春至时和，花尚铺一段好色，鸟且啭几句好音。士君子幸列头角，复遇温饱，不思立好言，行好事，虽是在世百年，恰似未生一日。

◇译文◇

春天到来时，风和日丽，花草树木都会争奇斗艳，为大自然增添一道美丽的风景，林间的鸟儿也会婉转啼鸣出美妙的乐章。读书人通过努力出人头地，过上丰衣足食的生活，如果不思考写下不朽的篇章，为世间多做几件善事，那么他即使能活到百岁，也宛如没有在世上活一天一样。

◇精读解析◇

“君子幸列头角”是一个人一生中最幸运的事，但是如果这个人止步于此，他原有的才学和德行就会慢慢地被抽空，而他的生活也会随之变得越来越肤浅和狭隘，从而让人生归至原点。《菜根谭》在此处提醒“幸列头角”的人，实际上也在提醒所有的人学会让幸运增值。具体说来，就是趁自己幸运或者有些财权时，多做一些善事，多布一些德政，这样，我们的幸运就会升值。

隋侯珠与和氏璧是中国珠宝玉石文化中最重要的代表作。古有“得隋侯之珠与和氏璧者富可敌国”之说。由此可见，隋侯珠有极高的价值。隋侯珠的来历也非常有传奇色彩。

姬姓诸侯隋侯有一次出使齐国，途中见一蛇被困在热沙滩上打滚，头部受伤流血。隋侯怜悯，急忙以药敷治，然后用手杖挑入至水边，让它恢复体力后游去。

一天夜里，隋侯从梦中惊醒，发现那只巨蛇口里衔着一颗硕大溜圆的珍珠盘在他的床头。巨蛇见他醒来便放下珍珠离去。原来巨蛇为报答隋侯的救命之恩，特意从江中衔来一颗硕大的珍珠给他，这就是“隋侯珠”。

隋侯珠直径一寸，纯白色，夜里发光，可以照耀全室。

隋侯举手的善行，却得到了价值连城的回报。世间善有大小，真心行善的人不以善小而不为。人要及时行善，一个人的善行才是无穷回报的泉眼。人要让随时随地的行善成为一种习惯，在不断行善的过程中，我们会发现，人生的道路会因为一个人的付出越走越广。善行是一个人在世间刻下的“一”，虽然很小，但随着岁月不断在后面添加。一个总感觉不到生活之美的人，还有那些不明白自己之于他人价值的人，往往是那些不懂得付出、空等回报的人。

一个坐在一堆金子上的男子在乞讨。

吕洞宾奇怪不已，便走了过去，问这个富有的乞丐：“你已经拥有了那么多的金子，难道你还要乞求什么吗？”

“唉！虽然我拥有如此多的金子，但是我仍然感觉不到幸福。所以我想我还需要乞求爱情、荣誉和成功。”男子说。

吕洞宾听后，满足了他的心愿，给了他想要的爱情、荣誉和成功，并劝他不要再乞讨了。

一个月之后，吕洞宾又从这里经过，那男子仍然坐在一堆黄金上，向路人伸着双手。

“你已经拥有了你所希望拥有的，你还有什么不满足的呢？”吕洞宾有些厌恶地问。

“唉！尽管我拥有了比别人多得多的东西，但是我仍然不知道我自身的价值和生命的意义。老人家，请你把这两样东西赐给我吧！”男子跪求道。

吕洞宾笑道：“得到这两样东西很简单，只要你从现在开始学着付出，不久之后就能美梦成真了。”

又过了一个月，吕洞宾又从此地经过，只见这男子站在路边，他身边的金子已经所剩不多了，他正把它们施舍给路人。

他把金子给了衣食无着的穷人，把爱情给了需要爱的人，把荣誉和成功给了惨败者。现在，他几乎一无所有了。

但是，这个曾经一脸哀怨的富翁乞丐，看着人们接过他施舍的东西满含感激而去时，露出了会心的微笑。

“现在，你知道自己的价值和生命的意义了吗？”吕洞宾问。

“知道了，”男子笑着说，“原来，我的价值和生命的意义就在我付出的举手投足间。当我一味乞求时，得到了这个，又想得到那个，永远不知什么叫满足。当我付出时，我为自己人格的完美而欣慰；为我对他人有所奉献而感到充实；为人们向我投来感激的目光而自豪、满足。”

被吕洞宾点化过的这个男子，曾经因为空等收获，而让金子分文不值，后来却因为付出，让一贫如洗的自己心灵富足，同时还荫庇其他的穷人，赢得别人的赞美。

在我们的生活中，善行和付出可以融洽一个人的人际关系，进而增进社会的和谐。曾经有位学者说：“在一切道德品质之中，善良的本性在世界上是最需要的。”善良可以匡扶世间的正义，能够为人和社会带来无限福荫。不管是大善还是小善，只要为善，善因便可得善果。对他人施以善、赐予福，本不求回报，可心却瞬间变得愉悦而坦然，而他人也会因为你的善而感到心情舒畅，这是一种心灵上的互相慰藉。如果人与人之间能自然流露真善美，那么世间就没有斤斤计较、没有怒目相对，没有叱喝争斗，天下自然就会太平，生活就会充满幸福。

舍勿处疑 恩不图报

◇原文◇

舍己毋处其疑，处其疑，即所舍之志多愧矣；施人毋责其报，责其报，并所施之心俱非矣。

◇译文◇

既然要作出牺牲，就不要过多地计较得失而犹豫不决，过多计较得失，那么这种自我牺牲的志节就会蒙上羞愧；既然要施恩于人，就不要希望得到回报，希望得到回报，那么这种乐善好施的善良之心也会失去价值。

◇精读解析◇

信陵君杀死晋鄙，拯救邯郸，击破秦兵，保住赵国，赵孝成王准备亲自到郊外迎接他。唐雎对信陵君说："我听人说：'事情有不可以让人知道的，有不可以不知道的；有不可以忘记的，有不可以不忘记的。'"

信陵君说："你说的是什么意思呢？"

唐雎回答说："别人厌恨我，不可不知道；我厌恨人家，又不可以让人知道。别人对我有恩德，不可以忘记；我对人家有恩德，不可以不忘记。如今您杀了晋鄙，救了邯郸，破了秦兵，保住了赵国，这对赵王是很大的恩德啊，现在赵王亲自到郊外迎接您，我们仓促拜见赵王，我希望您能忘记救赵的事情。”

信陵君说：“我谨遵你的教诲。”

信陵君杀死晋鄙、保住赵国的义行是一种“施人”之举，接受赵孝成王的礼遇厚待也是理所当然的事，但是唐雎却让信陵君忘记救赵的事情。表面上看来唐雎的建议无非是让信陵君放弃理所应得的酬劳，实则是在教他高明的处世哲学——淡忘功劳。

“舍己”“施人”都是奉献的美德。这种美德，不仅能给人以方便，还能让我们在付出时收获心灵的幸福和满足。但是奉献如果以索取回馈为初衷，不仅美德的光芒会变得暗淡无光，奉献本身也就成了一种谋取虚荣和利益的逢场作戏。所以当我们为了别人做出牺牲和付出，首先要学会淡忘自己的功劳，才不会让美德变质。

世事变幻，人生起伏，为了生活，愚者接受酬劳。智者功成身退，不为自己邀功。

西汉宣帝刘询当政时，渤海（今河北沧州一带）及邻近各郡发生饥荒，盗贼蜂起，郡太守们不能制止。宣帝要选拔一个能够治理的人，丞相和御史都推荐龚遂，宣帝就任命他为渤海郡太守。

当时龚遂已经七十岁了。皇上召见时，见他身材矮小，其貌不扬，不像有本事的样子，心里颇看不起他，便问道：“你能用什么法子平息盗寇呀？”

龚遂回答道：“辽远海滨之地，没有沐浴皇上的教化，那里的百姓处于饥寒交迫之中而官吏又不关心他们，因而那里的百姓就像是陛下的一群顽童，偷拿陛下的兵器在小水池边舞枪弄棒一样打斗了起来。现在陛下是想让臣把他们镇压下去，还是去安抚他们呢？”

宣帝一听他讲的这番道理，便神色严肃起来，说：“我选用贤良的臣子任太守，自然是想要安抚百姓的。”

龚遂说：“臣下听说，治理作乱的百姓就像整理一团乱绳一样，不能操之过急。臣希望丞相、御史不要以现有的法令一味束缚我，允许臣到任后诸事均根据实际情况灵活处理。”宣帝答应了他的请求，并派驿传将龚遂送往渤海郡。

郡中官员听说新太守要来上任，便派军队迎接、护卫。龚遂把他们都打发回去了，并向渤海所属各县发布文告：将郡中追捕盗贼的官吏全部撤免，凡是手中拿的是锄、镰等农具的人都是良民，官吏不得拿问，手中拿着兵器的才是盗贼。龚遂单独乘驿车来到郡府。闹事的盗贼们知道龚遂的教化训令后，立即瓦解散伙，丢掉武器，拿起镰刀、锄头种田了。

经过几年治理，渤海一带社会安定，百姓安居乐业，温饱有余。龚遂也因此声名大振。于是，汉宣帝召他还朝。龚遂有一个属吏王先生，请求随他一同去长安，说："我对你会有好处的！"其他属吏却不同意，说："这个人，一天到晚喝得醉醺醺的，又好说大话，还是别带他去为好！"

龚遂说："他想去就让他去吧！"

到了长安后，这位王先生终日还是沉溺在醉乡之中，也不见龚遂。可有一天，当他听说皇帝要召见龚遂时，便对看门人说："去将我的主人叫到我的住处来，我有话要对他说！"一副醉汉狂徒的嘴脸，龚遂也不计较，还真来了。

王先生问："天子如果问大人如何治理渤海，大人当如何回答？"

龚遂说："我就说任用贤才，使人各尽其能，严格执法，赏罚分明。"

王先生连连摆头道："不好！不好！这么说岂不是自夸其功吗？请大人这么回答：'这不是小臣的功劳，而是天子的神灵威武所感化！'"

龚遂接受了他的建议，按他的话回答了汉宣帝，宣帝果然十分高兴，便将龚遂留在身边，任以显要而又轻闲的官职。

在功绩面前沾沾自喜，难以把持住自己，这是人类天生的弱点，也是招致灾祸的常见原因。保持冷静的态度，谦虚处世、低调做人就会减少别人的嫉恨。

综观而论，"舍勿处疑，恩不图报"在道德的角度来看，是对奉献美德的升华；在立身处世的角度来看，则是明哲保身的办事策略。前事不忘后事之师，现代人也应该从中吸取为人处世、立德修身的经验。按照自己的本心去付出，也按照虚境的原则选择淡忘曾经施人恩惠。

不要因计较付出的得失而犹豫不决，更不要为了索取回报而显得矫揉造作。这样我们的人品修养和人际关系，就会像自然生长的鲜花一样赢得别人由衷的赞美。

立名者贪 用术者拙

◇原文◇

真廉无廉名，立名者正所以为贪；大巧无巧术，用术者乃所以为拙。

◇译文◇

真正廉洁的人并不一定树立廉洁的名声，那些为自己树立名声的人正是因为贪图名声；一个真正有大智慧的人不会去卖弄那些技巧，玩弄技巧的人正是为了掩饰自己的拙劣。

◇精读解析◇

从前，有一个书生因为像晋人车胤那样借萤火夜读，在乡里出了名，乡里的人都十分敬仰他的所作所为。一天早晨，有个人慕名而来，想要亲自拜访他并向他求教一些问题。可是这位书生的家人告诉拜访者，说书生不在家，已经出门了。

来拜访的人十分不解地问：“哪里有人为学一个通宵在夜里借萤火虫的光读书，而清晨大好的时光不读书却去干别的杂事？这不是为学的道理。”

家人如实地回答说：“没有其他的原因，主要是因为要捕萤，所以一大早出去了，到黄昏的时候就会回来的。”

前来拜访的人大失所望，原来闻名乡里的人不过是一个为得虚名而本末倒置的人。后来这件事传开了，这个书生遭到了乡人的奚落。

这个故事读来令人啼笑皆非。车胤夜读是真用功、真求知，而这个虚伪书生的刻苦不过是一种愚蠢的行为。放着大好的时光出门捕萤，黄昏再回来装模作样地表演一番，完全是本末倒置。“名”是有了，但时间一长肯定会露出马脚。这样的“名”往往很短暂，如过眼云烟，很快会被世人遗忘。

另外，虚名会使人失去自我，使人丧失尊严，更危险的是贪慕虚名可能让对手有机可乘，到时受到的伤害就是无可估量的了。每个人都应该客观地看待自己，做事情量力而行。

有一位武术大师隐居于山林中却扬名在外。有个人千里迢迢来找他，想跟他学些武术方面的窍门。当他到达深山的时候，发现大师正从山谷里挑水回来。他挑得不多，两只木桶里水都没有装满。按他的想象，大师应该能够挑很大的桶，而且挑得满满的，便问：

“大师，这是什么道理？”

大师说：“挑水之道并不在于挑多，而在于挑得够用。一味贪多，适得其反。水洒了，岂不是还得回头重打一桶吗？膝盖破了，走路艰难，岂不是比刚才挑得还少吗？”大师说着，就让他看了看自己的木桶。原来，桶里画了一条线。

大师说：“这条线是底线，水绝对不能高于这条线，高于这条线就超过了自己的能力和需要。起初还需要画一条线，挑的次数多了以后就不用看那条线了，凭感觉就知道是多是少。有这条线，可以提醒我们，凡事要尽力而为，也要量力而行。”

世间常有不按自己的底线做事的人，他们表面风光，一旦做起事情来，就露出马脚，让别人笑话不说，还失去了别人的信任。所以才有“真廉无廉名，大巧无巧术”之言。当一个人不为完成一件事而去做事时，往往能认识到自己的能力和处境，能更好地改变现状，否则自己只能独尝恶果。

这个世界上有好名声的人，在做事之前通常不知道自己的所作所为会赢得别人的赞誉，他们不过是依照自己的价值观念、道德标准在做自己认为应该做的事罢了。其实，我们以赤子之身来此世界，当以赤子之心度此一生，此乃要留清白在人间之意。无声名，亦无功利，便是莫大的声名，莫大的功利。所以，先哲说：至人无已，神人无功，圣人无名。贪慕虚名、急功近利者往往名誉很差；沽名钓誉、无所不用的人往往得不到真正的快乐。

天机最神 智巧无益

◇原文◇

贞士无心徼福，天即就无心处牖其衷；险人着意避祸，天即就着意中夺其魄。可见天之机权最神，人之智巧何益？

◇译文◇

一个坚守志节的人虽然并不用心去求取福分，可是上天却在他无意之间引导他完成自己的心愿；阴险的人虽然刻意去躲避灾祸的惩罚，可是上天却在他着意逃避之处夺走他的魂灵使其丧失元气。由此可见，上天运用魔力的手段非常神奇莫测，凡人的智慧再高明又有什么用呢？

◇精读解析◇

金熙宗时期，官场腐败，贪污成风，独独邢台县令石琚不忘养德修身、洁身自好。

石琚曾经规劝邢台守吏说："一个见利不见害的小人，他走运时也就是他快要大祸临头的时候。你敛财无度，不计利害，你自以为是，在我看来却是愚蠢至极。回头是岸，我实不忍见到你东窗事发的那一天。"邢台守吏拒不认错，私下竟反咬一口，向朝廷上书诬陷他贪赃枉法。结果，邢台守吏终因贪污受到严惩，其他违法官吏也一一治罪。石琚因清廉无私，虽多受诬陷却平安无事。

石琚官职屡屡升迁，有人便私下向他讨教升官的秘诀，石琚说："我不想升迁，凡事凭良心无私，这个人人都能做到，只是他们不屑做罢了。人们过分相信智慧之说，却轻视不用智慧的功效，这就是所谓的偏见吧。"

天机无限玄妙，而人的智慧却十分有限。邢台守吏自认为自己获利手段高明、敛财无度，结果却死在贪欲围筑的陷阱里。而石琚以德为本，洁身自好，结果却屡屡升迁。这就是"贞士无心徼福，天即就无心处牖其衷；险人着意避祸，天即就着意中夺其魄"的道理。

当一个人把自己的修养、道德以及能力修炼到家的时候，即使我们不急切地追求福分，幸福和幸运也会主动来敲门；而一个险恶的人，因为居心叵测、道德败坏，即便处心积虑地躲避责任和灾祸，早晚也会受到惩罚的。所以生活中那些成功的人往往是不心念成功而诚信为事的人。

有人问一个身价很高的成功人士："您苦心孤诣十几年才有今天的成就，那么在您看来，成功的方法是什么？"

这个成功的企业家想了想，然后说："成功是因为不想成功。"

这个回答让当时在场的所有人都觉得一头雾水，便问其中的原因。这时从成功人士这里，人们听到了关于成功的另一番解读："如果我算是成功，我成功的原因是因为我不怎么想着成功，至少不天天想着成功。我想的是：我怎么把我该做的事情做好。"

当一个人不想着成功，只是朝着那个方向努力时，就会收获意外的惊喜。我们每个人都梦想成功，但是梦想仅仅是梦想。当一个人成天想着"我要发财""我要出名"时，美丽的梦想会演变成压力，从而欲望会越来越多，歹念会越积越厚，结果生活就会和梦想背道而驰。相反，当梦想只是一个方向时，我们就会把集中在压力、欲望上的注意力移到自身能力的提高和涵养品德的完善上来，这些相比于单纯的梦想来得更实在。

其实，生活中的"无心"往往是"有心"为之，对于名誉、利益、地位多几分"无心"，对品德、涵养、能力多几分"着意"，我们就会收获意料之中的惊喜。贞士之所以能受到上天的眷顾，是因为他有接受这份眷顾的资格，即良好的道德修养、淡泊的名利心，而险人纵然百般逃遁也无法避免祸患，因为他有必须受祸的罪状，即败坏的道德、利欲熏心。所以说，一个人要想有一番成就，首先要在道德修身上有所追求。

人活一世 晚节更重

◇原文◇

声妓晚景从良，一世之烟花无碍；贞妇白头失守，半生之清苦俱非。语云："看人只看后半截。"真名言也。

◇译文◇

从事声色之业的妓女在晚年的时候能够结束卖笑生涯成为良家妇女，过去的风尘生活对她的生活也不会有什么妨碍；坚守节操的妇女如果在晚年的时候失去了操守，那么她前半生的辛苦守节都白费了。所以俗语说："看一个人的节操如何，主要是看他的后半生。"这真是一句至理名言啊。

◇精读解析◇

世人都说"万事开头难"，其实开了头，做到善始善终更难，在最后一刻把开始的事做好才不会有悔恨。"看人只看后半截"说的便是这个道理。

人的一生不怕开始犯错，怕的是到最后也不知醒悟悔改；一个人的可悲之处不是半生清苦，而是后半生失去坚守。做事要善终，做人应重晚节，这一点在人深陷困境时显得尤为重要。

深陷困境时，胆怯的念头、退却的想法会走进我们的头脑和思维，从而影响我们的判断。此时如果做事无善终，就会功亏一篑；晚年失节，就会让所有的美德都消磨殆尽。在这种情况下，成功、幸福和满足都会给失败让路。反之，成功和名誉就会如约而至。

1941年12月，日本侵占中国香港后，年近半百的梅兰芳蓄起了唇髭，没过几天，浓黑的小胡子就挂在了唱旦角的艺术家脸上。他年幼的儿子梅绍武好奇地问："爸爸，您怎么不刮胡子了？"

梅兰芳慈祥地回答儿子说："我留了胡子，日本人还能强迫我演戏吗？"

不久，他回到上海，住在梅花诗屋。他闭门谢客，拒绝为日本人演戏，仅靠卖画和典当度日，生活日渐窘迫。上海的几家戏院老板见他生活如此困难，争先邀他出来演戏，却被他婉言谢绝。

有一天，汪伪政府的大汉奸褚民谊突然闯入梅兰芳家，要他作为团长率领剧团赴南京、长春和东京进行巡回演出，以庆祝所谓"大东亚战争胜利"一周年。

梅兰芳用手指了指自己的脸，沉着地说道："我已经上了年纪，很长时间没有吊嗓子了，早已退出了舞台。"

褚民谊阴险地笑道："胡子可以刮掉嘛，嗓子吊吊也会恢复的。"

话音未落，只听梅兰芳一阵讥讽的话语："我听说您一向喜欢玩票，大花脸唱得很不错。您作为团长率领剧团去慰问，岂不是比我强得多吗？何必非我不可！"褚民谊听到这里，顿时敛住笑脸，脸上红一阵白一阵，支吾了两句，狼狈地离开了。

梅兰芳蓄须明志，彰显一身傲骨，这是一种爱国精神，同时也是"临大节而不可夺"的坚守。正是因为这样，梅兰芳艺术大家的风采和精神才更值得人们敬仰。

在这个社会上，成功来自坚持，高贵来自坚守，无论是工作、学习还是生活，常常怀抱一种善始善终的态度、坚持到底的执着，人生就会少些悔恨，多些钦佩。

所以生活中我们应该这样做到善始善终：没有面临抉择时，就努力把手边的事做好，并精益求精；面临抉择时，宁可选择道义，也不可贪图一时利益；

没有犯错时，继续保持做对事时的态度；做错事时，及时改正，并且避免再犯错；即使我们已经走到了最后一步，也要像迈出第一步时，把路走好。

种德施惠 无关地位

◇原文◇

平民肯种德施惠，便是无位的公相；士夫徒贪权市宠，竟成有爵的乞人。

◇译文◇

一个平民老百姓如果愿意尽自己的能力，广积恩德、广施恩惠，他虽然没有公卿相国的名位，却同样受到世人景仰；那些有高官厚禄的士大夫们如果只是一味地争夺权势、贪恋名声，虽然有着公卿爵位，却像乞丐一样可悲。

◇精读解析◇

在智者看来，这个世界上贫富有真假、地位需辩证。贫富的差异、地位的高低不以金钱的多寡和权势的大小来衡量，而是靠心域的广度来衡量。心域广阔的人，不仅关注自己，还会把他人的利益和福祸看在眼里，并广积恩德、广施恩惠，这样一来，即便他是一个地位不高的平民百姓也会感到身心富足；心域狭隘的人，不仅睥睨众生，只知把自己放在眼里，还会用大部分的心力为自己谋权争宠，这样的话，即便他已衣食富足、地位高贵，也逃不出精神的匮乏。

所以有的时候，放开了心域，才能让富有和幸福住进来。

曾经有一个乞妇，不但生活穷苦，甚至连心灵也很贫乏。她贪求很多东西，这使她越发觉得自己贫困不堪。有一天，她听说有个富翁要来自己的镇上布施。这富翁不仅富有，并且乐善好施，因此她决定去捞点好处。

她在离富翁布施不远的地方跪下，一直等到富翁看见她。富翁问她："你想要什么吗？"其实，富翁不用问，对乞妇的目的也早已心知肚明，这么问只不过是要让她承认并亲口说出来罢了。

乞妇答道："我要食物，我要你将剩下的食物给我！"

富翁说："可以，不过你必须先说'不要'；我给你的时候，你一定要拒绝。"说着将食物递给了她。

这时，乞妇才发现说出"不要"二字竟然十分困难，这时候她才明白，原来自己一生都没有说过"不要"！不论谁给她任何东西，她一向都说："好，我要！"因此，她觉得说"不要"太困难了，这两个字对她而言是完全陌生的。费了九牛二虎之力，她终于说出了"不要"二字，富翁于是将食物给她。

这时，这个乞妇忽然明白了，自己的贫穷是因为心域只够容得下自己想有、想要、想抓取、想占有的欲望，而容不下布施幸福爱心和不要贫穷的信念。

这个乞妇贫穷的根源不在于没有物质资助，而在于心灵的匮乏。因为贫穷，所以只把自己的温饱放在心里，所以才没有更多的心灵空间去容纳他人。所以说想要度人，先求自度；想要富贵，先让心灵富足。私心太重，贪心太足，只会让自己在狭隘、泥泞的心域越陷越深。

在生活中，帮助别人，会让我们的心域越来越广，乞求只会使私心越来越重、心域越来越窄。在帮助别人时，施予者应不存贪求福报的心，对所帮助的人不起分别，不着重于所施的东西。帮助别人不但是给予他人，也是给自己一个体验。如果一个家财万贯的人只知积聚财富、不懂付出，就会堕入枯萎的心境。如果一个生活水平一般的人能有助人之心的话，就会超越平凡的生活，成为心灵富足的有德之人。这样一来，生活普通的人就会变得比生活富足的人更富有。

第二章

自省克己

——慎独自修，心无妄念

秉持原则 污泥不染

◇原文◇

势利纷华，不近者为洁，近之而不染者为尤洁；智械机巧，不知者为高，知之而不用者为尤高。

◇译文◇

面对世上纷纷扰扰的追逐名利的恶行，不去接近是志向高洁，然而接近了却不受污染则更为品质高尚；面对计谋权术这样的奸猾手段，不知道它的人固然是高尚的，而知道了却不去用这种手段者则无疑更为高尚可贵。

◇精读解析◇

世事纷纷扰扰，唯有名利权势最让人眼花缭乱以致失去本我。适度追求名利，本不是一件坏事，但趋炎附势不择手段便是一种耻辱，污浊不堪。但是这过程中，如果立身处世不能在高一点的境界里，就如同在尘土飞扬的空气中拍衣裳、在泥泞不堪的水洼里洗脚一样，很难超凡脱俗，使自己的身心安乐愉快。

我们不可能让纷扰停止，更不可能阻止人们远离名利，但是我们可以选择从心开始，在这烦嚣的尘世间洁身自好，保持内心的高贵。如此这般，自会如一枝青莲，出淤泥而不染，濯清涟而不妖。势力繁华不改，不过分亲近，就可以保持心境的明澈；心中机巧不用于俗务人事，用于学术艺道，则清雅之至：这是一种自治自律的处世哲学和立身法则。真正的高人，正是秉持着这种立身法则，以出世的心耕耘入世的事业，才得以让德业跟进事业而不疏。

宋末元初著名的学者许衡，年轻时因聪明勤奋、克己自律在当地颇为知名。夏日的某一天，烈日当头，许衡独自赶路。由于长时间赶路，许衡汗流浃背，口干舌燥。这时，他遇到了几个商贩在一棵大树下乘凉，那帮商贩也都又热又渴，但同样没有水。

正当大家都饥渴难耐时，远处走来一个人，怀里捧着一堆梨子，他说："前面有梨树，大家快去摘来解渴吧。"大家一听，赶忙收拾东西准备去摘梨，唯有许衡没有任何动作。

有个商贩耐不住心中的好奇，便走过来问许衡："你怎么还愣着不动？再不去梨子就被他们摘光了。"

只见许衡不慌不忙地问道："梨树的主人在吗？"

商贩说："梨树的主人不在，但天气这么热，摘几个梨解渴也没什么大不了的。"

许衡严肃地说："梨树现在虽然没有主人看管，难道我们自己的心也没有约束吗？我心有约束，不是自己的东西，又没经过主人的允许，我是绝不会去偷的。"

商贩们则不理会许衡，纷纷讥笑他是个愚人，不懂得变通，争先恐后地去摘梨了。许衡见状，只好无奈地独自走了，他忍着炎热和口渴继续赶路。

生活中的很多事，往往能从细微之处体现出一个人的内心世界。许衡在细微的小事中体现出了一颗不失原则的高贵内心，并以同样的心做学问，所以能在史上留名。人需要有生活和做事的原则，才能在道德和需求发生冲突时保持内心的高洁。人需要时时检讨自己的行为，给自己锻造身心的曲规，即使在关键时刻也不因外界的压力，放低道德和品德的恪守。这不仅是在忙碌的生活节奏中关注内心的表现，同时也是一种自我价值实现的过程。

不要在泥水中洗脚，也不要在境况不如自己的人中找勇气，而是要看到一个更成熟、更美好的未来在等待着自己去实现。对自己有更高要求的人，一定会成为更优秀的人。一个内心高贵的人，可以时刻要求自己坚持原则，从而保证自己的一生都向着自己心中的方向靠近。因此，如果我们想成为一个优秀的人，首先应学会在心中给自己建造一个不受外物侵扰的世界，这里有我们的目标和道德准则，并以此规范外化的行为，只有对自己有高于周围环境的要求，才能“众人皆醉我独醒”，保持清醒和理智的自我。

闻逆耳言 怀拂心事

◇原文◇

耳中常闻逆耳之言，心中常有拂心之事，才是进德修行的砥石。若言言悦耳，事事快心，便把此生埋在鸩毒中矣。

◇译文◇

经常听到一些不顺耳的话，常常遇到一些不顺心的事，这样才是修身养性、提高道行的磨砺方法。如果听到的话句句都顺耳，遇到的事件件都顺心，那么这一生就如同浸在毒药中一样。

◇精读解析◇

唐朝初年，魏王李泰喜欢文学，受到唐太宗的宠爱。可朝中有些大臣却认为李泰徒有虚名，很是瞧不起他。听闻此事唐太宗大怒，召众大臣责备道："隋文帝时，众大臣都被诸王踩在脚下。我如果放纵诸王，他们也这样做，早就折杀诸位并使诸位蒙受耻辱了。"

这时，魏徵严肃地说道："若是法纪纲常被彻底破坏，固然不必理论。如今有圣明的君主在，魏王当然没有辱没群臣的道理。隋文帝骄纵他的儿子，最终做了刀下之鬼，这也值得效法吗？"

唐太宗听后停顿片刻，高兴地说道："我因私爱而忘公义，听了爱卿的话才知道自己理屈。"

俗话说，"忠言逆耳利于行，良药苦口利于病"，这个世界上，像唐太宗这样英明的君主都难免有犯错的时候，更何况是我们这些普通人。这时候，如果有人能在耳边提醒，让我们及时调适自己的心情和生活状态，处事时保持清醒头脑，倒不失为一种福分。三国吴孙权在执掌江山之初，受一些阿谀奸佞之徒的教唆，耽于游乐欢娱中不能自拔，幸有良臣张昭逆耳谏言，才振奋了精神。

有一天，孙权在武昌钓鱼台上大宴群臣，场面极尽奢华。这时酒至半酣的孙权便畅然说道："今天我们要不醉不归，把酒喝到极致。"

孙权话音未落，张昭便沉默地走出了钓鱼台。及至坐定车中，孙权派人叫张昭回来，说："只是为了高兴一下，您何必生气扫了大家的兴致呢？"

张昭说："从前商纣王以此为乐，也并不认为是坏事，但最终自焚于鹿台之上。"

听闻此语，孙权面露羞愧之色，于是不再耽于吃喝玩乐，并在张昭的提点下日日精进，适时反省自己的错误，及时进行自我批评，改正错误，因此，东吴基业日益强大。

一个社会、一个团体、一个人都有不容易自知的问题和缺陷，必须有人来提意见才会觉悟起来。有的人以为"各人自扫门前雪，不管他人瓦上霜"即可，而不知许多社会、团体和个人与自己的成败荣辱息息相关，提意见是不得不为之的。

生活中，身为一个领导、管理者，只有广纳群言、虚怀若谷，听取不同的意见，并吸收好的建议，总结犯错的教训，才能做出明智、深孚众望的决定。作为一个普通人，能虚心接受批评，更有可能做出非凡的成就。其实"若言言悦耳，事事快心，便把此生埋在鸩毒中矣"这句话说得一点也不为过。和那些经常受到批评建议、遭受生活逆境的人相比，反而是那些只听甜言蜜语、一生没有经历拂心事的人进步比较缓慢，经常犯下各种各样的错误，而且这样犯下的错误往往无法弥补，让人悔之晚矣。

世上本来就没有完美，如果我们对自己的错误讳疾忌医、遮遮掩掩，虽然可以蒙混一时，但是日积月累之后终有一日会酿成无法挽回的大错。所以，无论我们身处逆境还是身处顺境，都要保持一颗内视的心，并"常闻逆耳之言，常有拂心之事”，这样我们的德业、事业才会在磨砺中不断提高。

静坐观心 真妄毕现

◇原文◇

夜深人静独坐观心，始觉妄穷而真独露，每于此中得大机趣；既觉真现而妄难逃，又于此中得大惭忸。

◇译文◇

夜深人静之时，一个人坐下静观自己的内心深处，开始觉得私心杂念都没有了而流露出本性中的真，每当这个时候就从中领悟生命的真义；继而又发现真性只是一时的流露，杂念仍然无法消除，在这个时候又感到很惭愧。

◇精读解析◇

夜幕降临的时候，我们的真心就会像光亮在黑夜中般变得明晰起来。这时候如果我们能静下来省视自己的内心，这一天的行与言便会如蒙太奇般在脑海中回放。这样做可以“始觉妄穷而真独露，每于此中得大机趣”。

世事确实如此，在躁乱的人世上沉浮，我们的心地已经是一片混沌。一个人静静地思考，却能重新发现那些自己渐渐遗忘的东西。他们往往是我们本性中的真。

对际遇受挫的愤愤不平，对工作业绩的沾沾自喜，甚至是对窘迫生活的失望悲观，都会在虚静冥想中淡化。因为当我们扪心自问时，我们就已经在局外参透了局中的谜。在我们每个人的生活中多一些自省就多一分自知；多一时冥想就多一分澄澈。黑夜并不只是用来安放睡眠的，有很多花在夜里开了又败，有很多人在黑暗中醒悟又新生。

寺院里收留了一个十六岁的流浪儿，这个流浪儿头脑非常灵活，给人一种手疾眼快的感觉。灰头土脸的流浪儿在寺里剃发沐浴之后，就变成了一个干净利落的小沙弥。

法师一边关照他的生活起居，一边苦口婆心、因势利导地教给他为僧做人的一些基本常识。看他接受和领会问题比较快，又开始引导他习字念书、诵读经文。也就在这个时候，法师发现了这个小沙弥的致命弱点——心浮气躁、喜欢张扬、骄傲自满。例如，他刚学会几个字，就拿着毛笔满院子写、满院子画；再如，他一旦领悟了某个禅理，就一遍遍地向法师和其他僧侣们炫耀；更可笑的是，当法师为了鼓励他，刚刚夸奖他几句，他马上就在众僧面前显摆，甚至不把其他人放在眼里，大有不可一世之势。

为了改变和遏制他的不良行为和作风，法师想了一个用来启发、点化他的非常智慧的办法。这一天，法师把一盆含苞待放的夜来香送给这个小沙弥，让他在值更的时候，注意观察一下花卉的生长状况。第二天一早，还没等法师找他，他就欣喜若狂地抱着那盆花一路招摇地主动找上门来，当着众僧的面大声对法师说："您送给我的这盆花太奇妙了！它晚上开放，清香四溢，美不胜收。可是，一到早晨，它又收敛了它的香花芳蕊……"法师就用一种特别温和的语气问小沙弥："它晚上开花的时候，吵你了吗？"

"没有，"小沙弥高高兴兴地说，"它的开放和闭合都是静悄悄的，哪能吵我呢。"

"哦，原来是这样啊，"法师以一种特别的口吻说，"老衲还以为花开的时候得吵闹着炫耀一番呢。"

小沙弥愣怔一阵之后，脸唰的一下就红了，嗒嗒地对法师说："弟子领教了，弟子一定改过！"

山深越幽，水深越静，而像小沙弥这样喜欢四处炫耀自己一点点成就的人，就像一个瓶子，很容易摔碎。这是法师真正想要告诉小沙弥的话。真正有学问有道行的人、真正成功芬芳的人生，不见得张扬、炫耀，却有润物细无声的大气和慈爱。

其实，不管我们比别人多占有了多少智慧、美貌、财富，如果不保持谦恭的态度、谨慎的作风，这些只会像在黑夜中开败的昙花一样，美得让人心碎、让人悲。每晚睡觉前，回想一下这一天收到的批评、意见和赞美：让不当的批评指摘，像夕阳一样隐没；让有建设性的建议，在我们的心中架构改正的蓝图；对于名不副实的赞美，淡然一笑。最后，黎明会走进我们的心里，黑夜也就有了光。

自我审视 再现真心

◇原文◇

矜高倨傲，无非客气；降服得客气下，而后正气伸。情俗意识，尽属妄心；消杀得妄心尽，而后真心现。

◇译文◇

一个人之所以有心气高傲的现象，无非是利用一些虚假的言行来装腔作势，如果能够制伏这种浮夸的不良习气，心中的浩然之气就可以伸张出来。心中的七情六欲都是意念活动的妄想，如果能够消除这些胡思乱思的念头，真正的本心就会出现。

◇精读解析◇

夏朝时，一个背叛的诸侯有扈氏率兵入侵，夏禹派他的儿子伯启抵抗，结果伯启被打败了。他的部下很不服气，要求继续进攻，但是伯启说：“不必了，我的兵比他多，地也比他大，却被他打败了，这一定是我的德行不如他，带兵方法不如他的缘故。从今天起，我一定要努力改正过来才是。”从此以后，伯启每天很早便起床工作，粗茶淡饭，照顾百姓，任用有才干的人，尊敬有品德的人。过了一年，有扈氏知道了，不但不敢再来侵犯，反而主动投降了。

有扈氏怕的不是比自己国富兵强的夏朝，而是怕一个降服“客气”、养得“正气”的将领。像伯启这样，肯虚心检讨自己，马上改正有缺失的人，不仅是最后的成功人选，还是众人归附的领袖。伯启这段话很明晰地告知人们，一个虚怀若谷、自知自改的人是会让对手退却的人。

其实，真正有能力的人，不是那些心存妄想、自吹自擂的人。所以一个人若想成功最可怕的敌手不是别人，而是身体里那一颗一触即膨的“妄心”。《菜根谭》中说的“降服得客气下，而后正气伸”的法门，“消杀得妄心尽，而后真心现”的方法，不是别的，就是用自省克制矜高倨傲。这一点就是孔子所说的“内讼”。意思就是说由内心对自己进行自我审判，在心中进行情感与理性、天理与人欲的权衡，找出自己的缺点，时时进行自我反省，避免自己因为一点点成绩就忘乎所以，迷失自己的本心。

在现实生活中，人们常常抱怨别人对自己不好，周围的环境不足以让自己施展抱负，却很少反省自己，所以就想借着换个环境或结交新的朋友来改变尴尬的境遇。就以工作为例，社会上有一种很常见的现象就是员工频繁辞职，被问及原因时，大多数人的回答是人际关系不好相处、工作内容简单乏味或现在的职位不能激发自己的潜能，等等。总而言之，就是庙小屈才。但是职场中人很少会意识到，当我们这样给自己找借口时，我们实际上只看到了问题的一个方面。因为我们仅仅站在自己的立场思考问题，当然会一味地认为自己本身所具备的才华与自己周边的环境格格不入，认为自己没有一个施展才华的舞台，埋怨上级处事不公，总认为自己这匹千里马没有遇到好的伯乐。很多人正是这样一味地追求自己所想象的工作及生活，却忽略了现实本身所存在的弊端，往往把自己的定位点定得太高，对自己所追求的目标过于理想化，而真正行动时却常常碰壁，为自己的失败找借口。这种例子屡见不鲜。

许许多多的事情都可以表明我们缺乏对问题的思考和自我反省，以及对社会、对自身条件的认识。如果我们把自省和妄心比作人生既有的两个口袋的话，通常情况下人们会把自省的袋子挂在背后，妄心的袋子则在胸前。因此人们总是能够很快地看见令人眼花缭乱的欲念，而对自己渐渐膨胀的矜高妄心却熟视无睹。

俗话说，一颗反省的心远胜过一张炫耀的嘴，与其一天到晚地追逐力不从心的海市蜃楼，倒不如回过头来好好地检点自己。所以我们在遇到问题、抱怨周遭环境或别人对自己不好时，首先应该审视自己的内心是否有不合时宜的妄想，如果没有，当然好，但是如果有，就要先清除胡思乱想的念头，让真正的本心显露。这样，就不至于让自己骄矜，问题也会跟着迎刃而解。

降伏内心 控制浮躁

◇原文◇

降魔者，先降自心，心伏，则群魔退听；驭横者，先驭此气，气平，则外横不侵。

◇译文◇

要想降伏恶魔，必须首先降伏自己内心的邪念，只有把自己内心的邪念先去除了，所有的恶魔才会消除；要想驾驭住悖理违纪的事情，必须首先控制自己浮躁的情绪，只有把自己的浮躁情绪控制住了，那些外来的悖乱事物才不会侵入。

◇精读解析◇

每个人的心中都有理性和情绪的斗争，自己随时随地都在和自己争讼。如果妄念不生，止水澄波，心兵永息，自然天下太平。但事实却是普通人心中随时都在打内战。遇事时，办法还未想到，心先慌了。针对这个人之常情，

《菜根谭》提出“降魔者，先降其心”“驭横者，先驭此气”的解决办法。而这个办法总结起来就是：消除心中的妄念，平息浮躁的情绪，从容淡定地应对所有的外来横逆之物。

心绪慌乱之时需要“快刀斩乱麻”，一刀落下，绳结自开。如果在纷扰之中乱作一团，最终我们只会溃不成军。然而，许多人在面对纷繁复杂的问题时，通常会心慌意乱，自乱阵脚。

一个人经过两山对峙间的木桥，突然，桥断了。奇怪的是，他没有跌下，而是悬在半空中。脚下是深渊，他抬起头，一架天梯荡在云端，望上去，天梯遥不可及。倘若落在悬崖边，他绝对会乱抓一气，哪怕抓到一根救命小草。可是这种境地，他彻底绝望了，心慌意乱，不知如何是好。渐渐地，天梯缩回云中，不见了踪影。云中有个声音告诉他，其实这是障眼法，只要轻轻踮起脚尖儿就可以够到天梯，但他手足无措，自乱阵脚，结果陷入绝境。

人生就是如此，从容淡定中，自会有另一种活法，另一番境界。这就好比下雨时，匆忙奔跑躲雨的人却成了落汤鸡，而漫步赏雨的人，虽然浑身湿透但心境却是明朗的。相比之下，这个淡然安定欣赏雨景的人，其实深谙从容生活的智慧。面对问题，忙乱是一种选择，从容也是一种选择，而前者出错，后者出方法。所以那些被重任选择的人多是从容的人。

“自古英雄多磨难，从来纨绔少伟男”，古今中外有许多人都在磨难的泥泞路上，留下了自己的脚印。虽然他们备受磨难，但是他们也从磨难中练就了处变不惊从容应对的品格。他们不会因为遇到一点小挫折而愤愤不平，能够耐得清贫、耐得寂寞，也能在浮华诱惑面前保持冷静，不丧失本我。

“降自心”“驭横气”，说的就是去除心中的妄念，维护一颗平静切实的心。实实在在、平平淡淡的过活便是圣人济世的智慧和洒脱。对于那些不可以强求的，保持“随时”“随性”“随喜”的心境，顺其自然，以一种从容淡定的心态来面对人生，这样我们的生活就会有意想不到的收获，顺其自然者，当成大器。

在日常生活中，从容让人在车马喧嚣中多一分理性，在名利劳形中多一分清醒，在奔波挣扎中多一分尊严，在困顿坎坷中多一分主动。一个人要想成功，无论世事怎样变幻、时间几经周转，没有古人这种心无旁骛、从容淡定的精神境界是不可能成就自己辉煌的人生的。无论是在学习中还是在工作中，遇到问题和难处，首先降伏自己内心的不协调因素，心境平和了，处理外事时就会从容了。

谨于细微 不现过错

◇原文◇

肝受病，则目不能视；肾受病，则耳不能听。病受于人所不见，必发于人所共见。故君子欲无得罪于昭昭，先无得罪于冥冥。

◇译文◇

肝脏有了疾病，那么就会表现出眼睛看不见的症状；肾脏发生毛病，那么就会表现出耳朵听不见的症状。病症发生在人看不见的地方，可是表现出来的一定是人看得见的症状。所以正人君子要想在明处不表现出过错，那么就要先在不易察觉的细微之处不犯过错。

◇精读解析◇

人体一得病，总在细微处给人提醒，但人们往往因为症状不明显而把它忽视。当发觉生了一场大病时，却为时已晚。同样，为人处世，如果我们不能注重细节，很有可能在关键时刻我们会因忽视它而得不偿失。

因此，如果把人的德业、事业比作一个精工细刻的桂冠的话，那么细节便是打造这一桂冠过程中的每一道雕刻、打磨、镶嵌的程序。如果整个过程中，每项程序都独具匠工，桂冠必然增色不少，但是只要有一步出现差池就会让整个桂冠失之完美与高贵。由此来看，谨德须谨于至微之事，事业有成还需注重每一个细节。

曾经有一位勇者发誓要排除万难攀登一座高峰，在众人期待的目光中，他出发了。可是没过多久他就回来了，他辜负了大家的期望，选择了中途放弃。

后来有人问他：“你为什么没有兑现自己的誓言呢？”

“因为一粒沙砾。”勇者无奈地说。他的这个回答让所有人震惊了——使他放弃的原因竟是鞋中的一粒沙！

原来，在长途跋涉中，恶劣的气候没有使他退缩，陡峭的山势没能阻碍他前进，难耐的孤寂没有磨去他坚定的信念，噬人的疲惫也没有使他畏惧……但不知何时，他的鞋里落入一粒沙，原本他有时间和机会把那粒沙从鞋里倒出来的，可是他并没有那样做，因为在我们这位勇士的眼中，这粒沙实在是太微不足道了。的确，比起勇士所遇到的其他困难，这粒沙的存在简直可以忽略不计。然而他越走下去那粒沙越磨脚，最后终于到了每走一步都伴随着锥心刺骨的疼痛的地步！这时他才意识到这粒沙的危害，于是，他停下脚步准备清除沙砾，却惊异地发现他的脚已经被磨出了血泡！沙虽然被清除出去了，可是脚上的伤口却因感染而化脓。最后，除了放弃，他别无选择。

这个故事既让人们替勇士的遭遇感到惋惜，也让人们深受启迪。如果我们不及时纠正细节的错误，那么这个错误会像浸在时间之河的海绵一样越来越重，直到有一天成为让我们不得不放弃的事由。

一位大师曾说过：“万事皆因小事起，你轻视它，它一定会让你吃大亏的。”一个人要想有所作为，就必须注重细节，不能在小处出差错。建筑一座大楼，如果因为马虎、不严格而发生计算上的错误，整个大楼就要倒塌；炼钢如果马虎，在化学成分上有点错误，就要出废钢；在艺术工作上如果马虎，一个动作、一个唱腔、一个笔画都不严格要求，那就不可能演好戏、画好画；在财务会计工作上，错一个小数点，就会乱成“一锅粥”；在社会科学上不严格，就会因错误的分析而得出错误的结论；而要使火箭和宇宙飞船上天，不要说不能有 0.01 的误差，连 0.00……1 的误差都不能有。马虎、不严格，哪怕有再大的本领也很难取得成功。

其实生活中有很多事都会有可能有“$90\% \times 90\% \times 90\% \times 90\% \times 90\% \approx 59\%$”的结局。如果一件事情需要很多步骤，而在每一个步骤上我们都只求拿个 90 分的话，那么整体来说，这件事办得就不够及格水平！有时候一个细节的错误就有可能将一个人的生活引致失败的方向。因此生活中多几分耐心和细心，及时发现并清理那些藏在我们鞋子里的沙子，我们才不至于因为细微处的错误，造成失之千里的结果。

多心为祸 少事为福

◇原文◇

福莫福于少事，祸莫祸于多心。惟苦事者，方知少事之为福；惟平心者，始知多心之为祸。

◇译文◇

人生最大的幸福莫过于无事清闲，而最大的灾祸莫过于多心猜忌。只有每天辛苦忙碌的人，才知道无事清闲的幸福；只有心平气和的人，才知道多心猜忌的祸害。

◇精读解析◇

北宋时期著名的文学家和政治家晏殊，十四岁被地方官作为“神童”推荐给朝廷。凭借他的才学和当时的名气，晏殊本来可以不参加科举考试直接得到官职，但他觉得这样做名不正言不顺，便毅然参加了考试。当考题发下后，他发现自己曾经做过类似的题目，便主动向考官说明，并要求换一道题，皇帝得知此事后对他的诚实赞不绝口。

晏殊当官后，每日办完公事，总是直接回到家里闭门读书，而且平时也很少参加官员之间的社交活动，甚至连闲游山水他也很少露面。皇帝了解到这个情况后，十分高兴，就点名让晏殊做了太子手下的官员。

当晏殊去向皇帝谢恩时，皇帝又称赞他说：“居官之后，爱卿还能坚持闭门苦读，精神实在可嘉。”晏殊却说：“我不是不想去宴饮游乐，只是因为家贫无钱，才不去参加。我是有愧于皇上的夸奖的。”听了这样的回答，皇帝对晏殊又多了几分赞赏。

皇帝认为他既有真实才学，又质朴诚实，是个难得的人才，过了几年便把他提拔上来，让他当了宰相。

老实在很多人的眼中是愚蠢的表现，因为他们认为，老实诚实会使自己吃亏。而晏殊的经历则给了这些人当头一棒，正是因为诚实，晏殊的仕途才一帆风顺。晏殊的经历告诉人们，老实人吃的是小亏，赚的是大便宜。人生就应该少事平心，老老实实，只有这样才能够脚踏实地一步一步走向成功。

坦诚、朴实两大美德是一个人成功路上最坚硬的两块垫脚石。古今中外，天下最成功的人，就是像晏殊这样的老实人。他们有才学、有修养，从不多心苦事，把时间浪费在猜忌和投机取巧上。生活的本质其实很简单，“福莫福于少事，祸莫祸于多心”，少事平心、坦荡做人绝对不会将幸福和幸运拒之门外的。

事实就是这样，当一个人顾虑太多时，就会把无谓的时间浪费在揣测猜忌上，从而举棋不定，坐失良机。相反一个心态平和，顺着本性说话办事的人，往往因为率真和诚实吸引机遇和伯乐的眼球。在我们的实际生活中，懂得这样的道理，我们就会为自己动用心机而感到羞愧，从而有意识地让自己在时时刻刻保持心境的澄明。如果一个人真的这样做了，那么他无论是在工作中还是在生活中，都会少些负担和忧虑。

有人说天下最成功的人，就是老实人。老实人没有机心，所以诚恳地对待生活对待人事，他们不会接受不符合事实的赞美，也不会没有根据地错怪好人，更不会为了得到不属于自己的功名富贵而不择手段、挑战权威，所以他们最容易成功。而且从我们的实际交往中，我们也可以得出，一个人无论他聪明与否、成功与否，都喜欢和老实人打交道。

做人难，规规矩矩认认真真做人更难。天下没有规矩，不成方圆。与其在人生的舞台上做出一个个高难度的杂耍技巧，不如踏踏实实地展现自己坚持练习的舞姿。一个人坦诚处世，消除猜忌之心，生活的背负就会轻些，人际关系也就跟着澄澈起来。做人、做事的道理很多，而且总是仁者见仁，智者见智，但是综观来看我们会发现，做人之道其实用十二个字就可以诠释，那就是“福莫福于少事，祸莫祸于多心”。

气度高旷 自省慎独

◇原文◇

气象要高旷，而不可疏狂；心思要缜密，而不可琐屑；趣味要冲淡，而不可偏枯；操守要严明，而不可激烈。

◇译文◇

一个人的气度要高远旷达，但是不能太粗疏狂放；思维要细致周密，但是不能太杂乱琐碎；趣味要高雅清淡，但是不能太单调枯燥；节操要严正光明，但是不要太偏执刚烈。

◇精读解析◇

现实生活，很多事情只要差之毫厘便可失之千里。比如比高瞻远瞩的志向多一点的奢望，是妄自尊大；比心思周密细致一点的忧郁，是浪费心力；比淡泊自制多一点的孤傲，便是自视清高；比主见多一点的坚持，便是执拗偏激。所以我们需要一些可以控制这些质变发生的能力。这种能力在孔子看来，除了躬亲自省外无他。子曰："躬身厚而薄责于人，则远怨矣。"人要做到这些需要时常自我反省，才能够清醒做人。

当一个人学会像旁观者那样审视自己时，他不仅会认识到自己的错误、把握做事的分寸，还有可能赢得别人的钦佩和信任。

《三国演义》第六十二回中，写了庞统辅佐刘备进军西川时出现的一段小插曲。刘备设宴劳军，酒酣之际，刘、庞言语不和，刘备发怒，责问并驱赶庞统："你知道你自己说的话是多么不合道理吗？赶快给我退下！"夜半酒醒，刘备回想起自己所说的话，十分后悔。所以第二天一起来他就早早地穿好衣服，找到庞统表示出对昨晚酒后失言的歉意。他说："昨日酒醉，口出不敬之语，触犯了您，请您千万不要耿耿于怀。"庞统听后哈哈大笑。见状刘备又说："昨日的失语错误全在我一个人。"庞统则说："您与臣下就有失礼之处，怎么会只有主公犯错呢？"说完庞统向主公深鞠一躬表示谢罪。刘备也慌忙鞠躬，双方喜笑颜开，其乐如初。

本来，酒醉失言，虽然不好，但也算不得什么大错。刘备事后却一再自责，这是他自省的结果。

正直的人不会掩盖错误，也不会打肿脸充胖子，他们会时时反省，不断自我完善。反省是一种心理活动的反刍与回馈。当一个人自省时就会把作为当局者的自己变成一个旁观者，而把另一个自己变成一个审视的对象，并站在旁观者的立场、角度来观察自己，评判自己。

《中庸·天命章》里有这样的话：在幽暗的地方，大家不曾见到隐藏着的事端，我的心里已显著地体察到了。在细微的事情，大家不曾察觉的时候，我的心中已显现出来了。所以君子独处的时候更加要谨慎小心，不使不正当的欲望潜滋暗长。

一个人是否具有反省能力对其为人很重要。反省可以让一个人把握为人处世的分寸、尺度，进而改变一个人的命运和机缘。它在任何人身上，都会发生大效用。因为反省所带来的不只是智能，更是夜以继日的精进态度和前所未有的干劲。当自省的人克服了自己的主要缺点，就会成为一个更强大的人。

在现实生活，一个人有缺点和过失是难免的，只要改正，就会进步。但是，生活中往往有这样的情况：自己对别人的缺点，哪怕很小，也看得很清楚；而对自己的毛病却不易看到，甚至有时把自己的短处误认为是自己的长处。一个人的缺点和过失，不仅对自己无益，也会影响到他人，因为缺点日积月累就会在人的头脑中形成一种思维定式。如果我们不改正，就会酿成适得其反的后果。

为了避免这种情况我们应该学着曾子的习惯“吾日三省吾身”：对于已做过的事是否已经尽心竭力了？同朋友交往，是否诚实了？老师教授的知识是否已经真正领会掌握了？虽然给自己拔刺的过程很痛苦，但是发现自己的缺点和过失，改正自己的不足，必定会让收获大于付出。

心体光明 暗室青天

◇原文◇

心体光明，暗室中有青天；念头暗昧，白日下有厉鬼。

◇译文◇

心中光明磊落，即使是在黑暗的地方也如同在晴朗的天空下一样；心中邪恶不正，即使是在青天白日下也像有恶鬼一样。

◇精读解析◇

当一个人走到了心智成熟的顶端，修身养性到达了一定的境界，太阳就会住进我们的心灵，这就是“心体光明，暗室中有青天”。

俗话说，不做亏心事，不怕半夜鬼敲门。当一个人的正气让诋毁他的人无话可说时，自然会让旁人体味很多。历史上，王阳明（守仁）能屈能伸、以退为进的典故就是一个很好的例证。

明武宗时，宁王朱宸濠叛乱，宦官张忠和朱泰想坐收渔翁之利，便鼓动武宗御驾亲征。正当他们打着如意算盘时，前线传来王守仁生擒朱宸濠的捷报。张忠和朱泰的阴谋未果，自然会对王守仁记恨在心、谋求报复。他们大肆散播流言，诽谤王守仁本来就与宁王私通，又怂恿随驾军士肆意辱骂王守仁，甚至故意冲撞王守仁的出行仪仗，有意挑起事端。王守仁却丝毫不为所动，一边以礼相待，一边派遣手下官吏通告市民，让他们暂时先移居乡下，家中留下能看守门户的人就可以了，以免殃及百姓、增加纠葛。捷战后，王守仁本已准备犒赏随驾亲征的军队，但朱泰等人却威胁将士、强行命令军中将士不得接受赏赐。王守仁得知此事后，知道是朱泰和张忠等人有意离间他和将士们的关系、挑起军民矛盾，便传谕百姓说，很多人背井离乡来此征战，忠心可嘉、但却十分辛苦，为了表达我们的感谢，本地居民当尽主人之谊，好生厚待他们。自此但凡军队中有人死亡时，王守仁一定亲自前去慰问，并赏给很多助葬之资，尽量抚慰。

按照当地的风俗习惯，冬至时节是人们祭奠亡灵的日子，每家都会到坟上亲手为死去的亲人焚送“寒衣”。那一年冬至将至时，王守仁便让城中军民举行祭奠仪式。因为平定朱宸濠之乱的战事刚刚结束，而且战乱中死去亲人的人为数甚多。所以这一年百姓哭吊亲人、酹酒遥奠的人特别多，成片的哭泣之声几乎要将这座城池哭动了。这时王守仁身在哭泣的人群中，和大家一起把伤心的泪水洒在斑驳的土地上。随驾大军触景生情，潸然泪下。

随着王守仁的仁厚正气被越来越多的人看在眼里，军士们、百姓们不再被威胁和谗言左右，打心底敬佩王守仁。

王守仁心体光明，毫无暗昧之念，面对没有事实根据的谗言谶语忍辱负重、以诚感人，最终张忠等人的谎言不攻自破。这实在是“心体光明，暗室中有青天”的真实演绎。“君子坦荡荡，小人长戚戚”，既然如此，那我们不妨学一学王守仁为人处世之道。在现实生活中，一个看透了世间的学问、心无秽物的人，永远不会被别人的谎言束缚继续公正为善的手脚，更不会感到迷茫而失去心的自由。

有的时候，一个人心中的太阳会照亮整个世界。我们总是希望从别人那里得到很多，比如希望从上司那里得到赏识、提拔，从朋友那里得到信任、支持，从爱人那里得到关爱、体谅……其实这些都只是后话，当我们自我反省，做好自己，保持光明磊落的心境时，这些都会水到渠成地进入我们的生活。

恶中有善 引人向善

◇原文◇

为恶而畏人知，恶中犹有善路；为善而急人知，善处即是恶根。

◇译文◇

那些做了坏事但是怕人知道的人，虽然是作恶，但还留有一丝改过向善的良知；那些做了好事却急于想宣扬的人，他们做善事的同时却留下邀功图名的伪善。

◇精读解析◇

春秋时晋国的李离，做狱官时曾因错误地采纳意见，在审理案件时做了错误的裁断，致使无辜之人冤死狱中。

虽然后来案件得到了重新审理，冤情也得以昭雪，但是李离一直对此耿耿于怀，他认为因为自己偏听一面之词，而致使无罪之人命丧黄泉，自己应该以死赎罪。

晋文公听闻此事后，马上召见李离，并说："这个案件的误判不能完全归咎于你，你又为何非要以死谢罪呢？"

李离说："我的官职不算高，但是也没有两个人一起任职；我的俸禄也算优厚，但我从来不曾和人分享。现在我犯了错，却要找个人来陪，找个人来承担，岂不是不合礼数、不合道德？"

"那照你这么说，我赐予了你官职，给了你犯错的职位，那我也跟着有罪了？"晋文公接着李离的话说。

他本想给李离一个台阶下，不想李离却说："职位是死的，职位的规定却是活的。我记得国家律法规定：错判人受刑，决断人受刑；错判致犯人死亡的，决断人也要受死。陛下本来是看着我察微决疑的才能才任命我担此职位，可是我却在自己的职权范围内犯了错。这不仅违反了国家律法，还辜负了您的一片信任。"

最后，晋文公的劝说未果，李离自刎而死。

李离伏剑谢罪的做法，是一种勇于承担责任的表现，更是拥有良知、人生至善的表现。他以死亡作为自己改良从善的行为，在现代人眼里虽然有些极端，但其背后的自省精神至少是值得我们学习的。

人不是天生智慧，再聪明的人也有犯错的时候，但是犯错之后，勇于改正，也是一种向善的表现。这和那些做了善事，就夸大张扬的行为相比，反而有可贵之处。《菜根谭》中讲的"为恶而畏人知，恶中犹有善路；为善而急人知，善处即是恶根"表达的便是这种看法。所以对于那些做了坏事的人，我们不能总是抓着错误的尾巴不放，反而应该挖掘错误背后的善念。

隋文帝在位时期有一个冀州刺史，在职期间命人制作标准的铜斗铁尺，并命令当地人统一用铜斗铁尺称量货物，以此制止当地商人奸诈刻薄、坑骗百姓的欺诈行为，造福百姓。随后，他将此事呈报给隋文帝，文帝对他的作为大加嘉许，并发布告示，命令全国各地一律推行此种做法。

有一次，有个人在偷割他家的蒿子时，被这个刺史的手下人捉获送到他面前，这个刺史听清原委后，说："这是宣扬律令力度不够的缘故，他有什么罪过呢？”

说完，他不仅没有怪罪盗窃者，还好言劝慰后便让他回家了。最让人惊诧的是，他又命令手下人给窃贼送去了一车蒿子。

于是，内心惭愧的窃贼再也不干偷窃之事了。

教化人家不仅仅是简单地惩罚了事，而是要以洞明的心去发现别人内心深处的良知和善念，并以自己的德行去感化他。这个刺史载蒿赐盗的做法，也是因为他明白那个小偷“恶中犹有善路”，从而让自己的德行牵引他，达到引人向善的功效。

人活一世，谁都会犯错，但是犯了错误、做了恶事并不意味着我们的人生不存在善念。对于我们个人来说，发现这种善念，并努力改正错误，善念就会被激发，如果日后我们继续坚持的话，善念就会累积为善良的人生。但我们对待别人时，不要总看到他的错误，只要稍微歪歪头，我们就能看到他错误背后的闪光点。如果此时，我们能给予他及时的教导和感动的话，他的人生也许就会因此而改变。

多病未羞　无病是忧

◇原文◇

泛驾之马可就驰驱，跃冶之金终归型范。只一优游不振，便终身无个进步。白沙云：“为人多病未足羞，一生无病是吾忧。”真确论也。

◇译文◇

在原野上奔驰的野马经过人的驯养可以成为供人驾驭奔跑的好马，溅到熔炉外面的金属最终还是被人放在模具中熔铸成可用之物。而人只要一落到游手好闲、不思振作的地步，那么就永远不会有什么出息。所以白沙先生说：

“一个人有很多毛病并不是可耻的事，而一生都看不到自己毛病的人才是最令人担忧的。”这真是至理名言。

◇精读解析◇

这个世界上，没有十全十美的人，也没有毫无闪光点的人。只是，人生的升华往往只在一念之间，懂得运用思想自省自戒的人才有升华人生的力量。所以说，一个人有很多毛病并不是可耻的事，相反，那些看不到自己毛病的人才是最令人担忧的。所以，在思想里长存一颗评判自我的优良的心念就显得尤为重要。

野马驰骋荒原固然洒脱自在，但放纵自然的只能自然地死，这匹野马固然有上好的奔跑能力也不可能成为千里良驹。我们人类应该从中悟出启示，一个梦想辉煌的人生切不可在无所事事、懵懵懂懂中放任时光流逝。动用思想的力量，自省走过的道路、自戒道路中的迷途，这样的人生才不枉费时光荏苒。

一个犯人从监狱里逃到了一个没有人认识他的乡村。想到自己以后还要生存，他开始在这个乡村的集市上偷别人的钱财。有一天，当他站在路边寻找偷窃对象时，一个老汉走过来，说：“兄弟，你能帮我看一下我的这车菜吗？我刚才出门急忘了带东西，想回去取，但是推着车实在太累了。”他犹豫了一下，点点头。老汉离开了，他尽心地看着。为了这份信任，一个素不相识的老汉，一个略显尴尬的请求。他想着自己偷盗的逃后生活，面对那个老汉的信任，他觉得自己实在是龌龊。过了好一会，老汉回来了，并对他十分感激地说：“谢谢这位兄弟，您真是个好人！”

“好人？”

“一个逃犯，越狱出来，以偷钱度日，身上背负着沉重的罪孽，但居然有人说我是好人！”

这个逃犯这样反省着自己的人生和逃逸后的生活，他感觉自己正在向更恶的方向滑去。这件事发生的那天晚上，他一夜未睡。第二天，他踏上了自首的路。这个决定让他最终无法重获自由，后半辈子都得在铁窗下度过。在审问中，狱官问他为什么选择了自首，他深深地叹了口气，讲述了自己遇见那个老汉的经过。他说："无论是落狱前，还是入狱后，甚至出逃后，我都没有好好省察过自己的生活、品行等方面。但是老汉的信任忽然让我明白了我不能这么浑浑噩噩地过下去。"他沉思了一会，接着说："虽然，我重新回到了监狱，将在高墙铁窗下度过余生，但是这也比逍遥法外的时候，每天面对内心的煎熬要坦然许多。"

这个逃犯做出了让自己永远无怨无悔的决定，原因不在别处，就在内心。原来，人要面临的最大不幸不是身体的不自由，而是精神的浑浑噩噩、生活的游手好闲，而调动自省的精神力量便可从中解脱。

当我们闭塞自省的心时，也许我们会获得自由但却无法辨识自己信念的好坏，甚至可能还会滑向更加错误的深渊。也许事后，我们会痛心疾首地悔不当初，但是世上没有一种药剂，能够倒转时间，重新给我们一个选择的机会。

古人说，三思而后行。我们的生活就是一个思考、自省的过程。工作取得进步，生活有所改善，修养有所提高，都是一个在自省中改正错误、优化行动的深入过程。思考得多了，自省得多了，可以避免的错误、想到的方法自然就多了。当一个猎人打着了一只兔子时，他就会想办法去猎一只鹿；当他猎到一只鹿时，他就会想如何去打一只熊。而只有这样不断地思考，不断地总结，并不断地寻找更好更有效的办法，才有可能成为一名优秀的猎人。细想一下，生活、工作、修身何尝不是如此？

然而，在实际工作过程中，有很多人却不懂得自省自戒、进行思考对于解决问题、突破人生局限的重要性。其实，要想突破自己现有的成绩，只需多些思考人生未来的心思和改变自己的勇气和行动。到那时我们就可以像千里马一样，摆脱野马的命运。

知人者智 自知者明

◇原文◇

听静夜之钟声，唤醒梦中之梦；观澄潭之月影，窥见身外之身。

◇译文◇

细听夜阑人静时从远处传来的钟声，可以把我们从人生的梦境中唤醒；静看清澈的潭水中倒映的月影，可以发现真正的自我本性。

◇精读解析◇

“吾日三省吾身。”在古代的先贤那里，反思与自省是一种不可或缺的行为，它应时刻伴随身旁，不断地对自己的灵魂进行拷问。正如冯友兰先生所说：“反思，总是在生活中遇到什么困难，受到什么阻碍，感到什么痛苦，才会有的。如同一条河，在平坦的地区，它只会慢慢地流下去。总是在碰到了崖石或者暗礁，它才会激起浪花。或者遇到了狂风，它才能涌起波涛。”

人生最大的敌人是自己。那些认真审视自己，时刻反省自己的人，才可能真正觉悟。

赵概是宋朝南京虞城人，曾与欧阳修同在馆阁任职。赵概性情敦厚持重，沉默寡言，欧阳修很看不起他。后来欧阳修的外甥女与人淫乱，忌恨欧阳修的人借题发挥，以此事来诬蔑他。皇帝震怒，没人敢为欧阳修辩护，只有赵概为欧阳修上书，说：“欧阳修因文才出众才成为皇上的近臣，皇上不能随便听信谗言，轻易诬蔑他。”有人问赵概：“你不是与欧阳修之间有嫌隙吗？”赵概说：“以私废公，我不能做这种事。”

最终皇帝并没有听赵概的话，欧阳修仍旧被贬官滁州。赵概后来执掌苏州，接着又辞官守丧，守丧期满后，被授职翰林学士。他再次上书，要求为欧阳修恢复官职。虽然赵概的请求没有被朝廷采纳，但当时的人们都非常赞赏赵概。欧阳修也认识到了赵概的德高望重，对其非常佩服，从此两人成为莫逆之交。

赵概的德行如此高尚，这得益于他平时能够严谨克己修身。为了严格要求自己，他曾准备两个瓶子，如果起了善念，或做了好事，他就把一粒黄豆投入一个瓶子中；如果起了恶念，或做了不好的事，他就会把一粒黑豆投入另一个瓶子中。刚开始的时候，黑豆往往比黄豆多。后来随着赵概对自己的磨砺，时时内省，努力克制自己，改过迁善，瓶子中的黄豆渐渐多了，黑豆也随之减少，浩然之气就此在他身上一点点地形成了。

检讨自己的行为，多加反省，才可能知道自己是不是合乎道德的标准。如不反省，就无法知道自己的思想、心理行为中，有哪些地方需要改过，有哪些地方需要发扬光大。赵概正是在自我检讨中完善了自己，养成了浩然之气。

《菜根谭》中讲，于夜深人静之时细听远处传来的钟声，可以把人们从人生的梦境中唤醒；于心境宁和之际审视清澈潭水中的月影，就可以发现自我的真实本性。这实际上就是告诉人们要常常静下心来反思自己，这样才不会迷失自我。反省是一棵智慧树，只有深植在思维里，它才能与人们的神经互联，为人们提供源源不断的智慧，让人生这条路变得简单、精彩起来。

有位哲学家在他晚年的时候刺瞎了自己的双眼。别人都不理解他的这一举动。他说，我只是为了更好地看清自己。

然而，“知人者智，自知者明”，真正的聪明人必须具备自知之明。孔子说：“知之为知之，不知为不知，是知也。”圣人都有自知之明，无非是因为他们都有反躬自问的精神。

人们的心灵在复杂的环境中，难免要沾惹灰尘，使灵性被掩盖，因此要时时清理。只有善于自省的人，才能真正明心见性、把握自己的人生。因此人们要学会和自己对话，不断地反省自己，只有这样才能看住自己那一颗狂野的心和无限的贪欲，才能明白自己到底是谁，才能明白这世间什么事可为，什么事不可为。

持身勿轻 用意勿重

◇原文◇

士君子持身不可轻，轻则物能挠我，而无悠闲镇定之趣；用意不可重，重则我为物泥，而无潇洒活泼之机。

◇译文◇

一个有修养的正人君子要善于把握自己，修养言行不可轻率躁进，轻率躁进就容易受到外物困扰，从而失去悠闲宁静的情趣；而用心不能够太执着，太执着就会使自己受到外物的约束，从而失去活泼洒脱的生机。

◇精读解析◇

自律是一段痛苦的历程，但自律久了，就是一种积累性的修行，可使人坦荡自然，心意逍遥。孔子有语："苟正其身矣，于从政乎何有？不能正其身，如正人何？"意思是说己正才能正人，假使自己不能端正做榜样，是不能够真正地辅正别人的。作为一个有为之人，如果不能首先将自己的行为端正，便也谈不上去约束和领导别人。

一个修身养性的人，培养自律自制的意识是正身正德的第一步。而"正"的标准首先是每个人内心的良知，其次便是公认的道德、处事标准。用自己的良知与处世标准同时规束自我的言行，才能减少自己的过失，无愧于心。自我约束是减少错误的最有力的道德力量，一个人做了违背道德、违反信义的事情，首先受到的是来自于内心的惩罚。

很久以前，有一个人打算从邻居家的麦田中偷一些即将丰收的麦子，他心里盘算着，如果从每块田中都偷一点，别人不会察觉到，但是加起来数目却非常可观。于是，他在一个伸手不见五指的夜晚，偷偷带着年幼的女儿离开家。“孩子，”他压低声音说道，“你帮爸爸看着，如果有人来就小声叫我一声。”

随后，此人溜进第一块麦田，开始收割，刚过一会儿，女儿就轻声喊他：“爸爸，有人看到你了！”这人慌忙向四周看了看，但是一个人也没有看到，于是他把割下的麦子捆起来，又走进第二块麦地。“爸爸，有人看到你了！”女儿又悄声喊道。这人心惊胆战，停下来向四周张望，但还是什么人也没看到。他又收拾了麦子，来到第三块麦地。过了一会儿，女儿大声叫道：“爸爸，有人看到你了！”这人又一次停手，环顾四周，但还是什么人也没有看到，于是他把割下的麦子捆好，然后溜进最后一块麦地。“爸爸，有人看到你了！”女儿又叫了起来。这人停止收割，四下望去，一个人影也不见。“你为什么总是说有人看到我了？”他愤怒地质问女儿，“四下里连个人影都没有。”“爸爸，”那孩子低声说道，“有人从天上看到你了。”

孩子口中的“有人从天上看到你了”中的那个人就是我们的内心。每个人的心中都有另一个“我”在看着我们，缺斤少两的事他都看得一清二楚，无论别人知不知道，自己的道德栅栏永远立在那里。人生当中的选择有很多，但是心灵的抉择就只有两面，一曰善，一曰恶，我们倾向哪一边，哪一边就占了主导。人人皆知，做事先做人，正人先正己；反之亦然。挑选哪一面，不言而喻。

古语说，“以约失之者，鲜矣”。“约”指约束、检束、小心、谨慎，要时刻约束自己。在现实生活中，谨慎的人往往比轻率躁进的人少过失、少出错；讲话随便的人常常更容易失信。所以一个人为人处世时，要时常给自己安个过滤网，对自己的所言所行及时进行过滤，才不会说出让自己后悔的话，做出无可挽回的事。

但是，个人行为道德能时刻自我约束、自我管理固然是件好事，但是自律同时也是一件值得拿捏的事，如果把控不好，对自己要求太苛刻就会陷入“我为物泥，而无潇洒活泼之机”的境地，反而会适得其反。

自知自戒 胜私制欲

◇原文◇

胜私制欲之功，有曰：识不早，力不易者；有曰：识得破，忍不过者。盖识是一颗照魔的明珠，力是一把斩魔的慧剑，两不可少也。

◇译文◇

对于战胜自己私心、克制自己欲念的功夫，有的人说是没有坚强的意志力，因此无法克服；有的人说是能够看破欲念的害处，却又拒绝不了它的诱惑。而智慧则是一颗可以照出邪魔的明珠，坚强的意志力是一把能斩除邪魔的利剑，要想克制自己的欲念，智慧和意志力两者缺一不可。

◇精读解析◇

一个樵夫上山去打柴，看见一个人在树下躺着乘凉，就忍不住问他："你为什么不去打柴呢？"

那人不解地问："为什么要去打柴？"

樵夫说："打了柴好卖钱呀。"

"那么卖了钱又有什么用呢？"

"有了钱你就可以享受生活了。"樵夫满怀憧憬地说。

乘凉的人笑了："那么你认为我现在在做什么？"

这个人本来过的就是恬静的日子——躺在树下轻松自在地呼吸，并且对生命充满由衷的喜悦与感激。这种生活方式是多么令人向往，为何还要盲目地去追求？世人总是被欲望蒙蔽了双眼，在人生的热闹风光中奔波迁徙，被名利这些身外之物所累。

而当一个人的人生走向终点时，他才会发现，人，是不会从他过多拥有的东西中得到乐趣的，而这些东西却总是以一种魔力引诱着人去追逐，失去理智也在所不辞。于是世界上成千上万的人带着这些东西走向了坟墓，悲哀而无奈。

欲火上升，私念交织，人们的心智也失去了分寸。所以《菜根谭》在这里强调的是一种“定力”，既要看得破，又要经得起诱惑，才能使自己的见识日渐高洁，人格日渐高尚。

唐朝天宝年间，有个书生行至宋州，当时家境贫苦的少年李勉恰好与此书生同住一店。没过多久，那位书生突然身染重病，最后因医治无效而死亡。书生临终时对李勉说：“我家住洪州，本打算到北方去谋求官职，想不到却要死在这里。”然后，拿出身边的百两黄金送给李勉，并告诉他说：“我有位仆人，不要让他知道我拥有黄金这件事。我死后，请你用这笔钱为我办丧事，剩下的钱就都赠送给你吧！”李勉答应了书生的临终遗言，为他办了丧事。丧事办完后，李勉却没有把剩余之钱据为己有，而是放入棺中一起埋葬。几年后，李勉到开封做官。这时，那位死去书生的兄弟拿着洪州官府的公文，沿着其兄当年的行踪找到宋州，听说李勉曾为其兄主持丧事，就来到开封，找到李勉，顺便询问了金子的下落。李勉便将自己当初把金子埋在墓中之事告诉了他，并随他来到其兄的墓地，打开坟墓挖出黄金还给了他。

这件事情传出去后，李勉得到了大家的尊敬。正是由于李勉胜私制欲之功，能识得破，有坚强的意志力摒除贪欲的侵袭，识力并重，修得大智慧。李勉为官清正，两袖清风，唐德宗时，官至宰相，被封为国公。

李勉在诱惑面前保持了清醒的头脑，不为虚妄所动，不丧失自我，从而体现了高尚的人格。

保持自己的理性，放下世间的一切假象，不为功名利禄所诱惑，一个人才能体会到自己的真正本性，看清本来的自己。否则我们只能使自己的心灵处在一种烦恼不安的状态之中。就好像种植葡萄的人目的在种而不在收，如果还要希望自己的葡萄比别人大、比别人多，那他产生的这种欲望将会使自己失去心灵上的自由。因为他会变得不知足，会变得妒忌、吝啬、猜疑，会变得反对那些比他拥有更多葡萄的人。

人无欲则刚，人无欲则明。要想做到“无欲”，首先要有一颗静如止水的心。不受外界事物打扰，好好地坚持走正确的道路，正确地思考和行动，不为“欲”所牵连，不为“欲”所迷惑，在欲望充斥的浊世之中保持心中的一方净土。

喜怒不愆 好恶有则

◇原文◇

吾身一小天地也，使喜怒不愆，好恶有则，便是燮理的功夫；天地一大父母也，使民无怨咨，物无氛疹，亦是敦睦的气象。

◇译文◇

我们的身体就是一个小世界，如果能做到使高兴和快乐都不逾越规矩，使自己的好恶遵守一定的准则，这就是做人的一种调理谐和的功夫；大自然就像是人类的父母，如果能让每个人没有怨恨和叹息，万事万物没有灾害，便能够呈现一片祥和太平的景象。

◇精读解析◇

中国从古代便有关于“和谐”的理念。和谐，即调和、协调使之和睦之意。清代赵翼曾在《瓯北诗话·黄山谷诗》中说道：“自中唐以后，律诗盛行，竞讲声病，故多音节和谐，风调圆美。”当一切配合得匀称、适当、协调，也就会变得和谐美好。

人或者事物，无论是大还是小，简单还是复杂，聪明还是愚昧，这些都只是外在的形式，从事物的本质来看，都是和谐的。就好像大自然，它有时生机盎然，有时又衰败零落；有时温暖平和，有时又冷酷凄凉；有时晴空万里，有时又雷电交加。虽然变化无常，却是迎合时令，从而能够始终保持和谐，自然而然地流露。

为人处世无论举止言辞、情感观念都要有一个准则，不逾矩，不失范，方能调和谐合。要让人平和对待你，首先需要你去认真对待他。敦睦万物主要在你自己的心性修为。姜太公得遇文王时，就对周文王提出为君治国之道。这种道体现的也是心性的谐和。

周文王问太公："我想听治国的关键，就是如何能使君王为民所爱戴？如何能使百姓生活幸福？"姜太公答道："治国要务，首先在于爱民。"文王追问道："怎样才能爱民呢？"太公答道："使百姓获得利益，不要过多损害他们的切身利益。帮助他们生产，不要破坏。给他们生存的机会，不要随意加以戕害。多赐给他们所需要的东西，不要加以掠夺。让百姓安居乐业，别让他们困苦不堪。让百姓喜悦，别让他们怨恨、愤怒。这就是君王爱民的关键所在。"文王又问："君王主政之道如何？"太公答道："君王临朝处事，要宁静而安详，温和而有节度，不可心浮气躁，刚愎自用。多听别人意见，少独断专行，虚心静气以待人，不可骄矜固执己见，待人接物要公正持平，不可徇私。"

姜太公的治国为君之道，也是"使喜怒不愆，好恶有则""使民无怨咨，物无氛疹"，以至"人理协调，世事太平"的方法。

大自然之所以能够保持和谐，没有什么高深莫测的奥妙，就是自然。在纷繁复杂的社会大染缸中，我们很多人会被染成五颜六色，而自己本身的颜色早已经分不清了，以至于后来都忘记了自己当初的颜色是什么。

许多东西都是可遇不可求的，那些刻意强求的东西或许我们一辈子都得不到，而不曾被期待的东西往往会在我们的淡泊从容中不期而至，因为人生是偶然和必然的机缘，也是内心自由的体现。内心要自然流露，生命要豁达开放，首先就要拥有一颗纯净飘逸的心，随风如白云般漂泊，安闲自在，任意舒卷，随时随地，随心而安。随不是跟随，而是顺其自然，不怨怒，不躁进，不过度，不强求，不悲观，不刻板，不慌乱，不忘形。不以物喜，不以己悲。如此才能发现自己的本性，从而随性平和。

第三章

宽心从容

——达观处变，静待人生起伏

达不足喜　穷不足忧

◇原文◇

多藏者厚亡，故知富不如贫之无虑；高步者疾颠，故知贵不如贱之常安。

◇译文◇

财富聚集得太多的人，失去时损失也大，由此可见富有的人还不如贫穷的人过得无忧无虑；地位爬得越高的人，摔得也会越惨，由此可见，地位高的人还不如卑贱的人过得平安。

◇精读解析◇

“三年清知府，十万雪花银”，历史上贪污之事层出不穷，其中最具代表性的人物当属清朝乾隆年间的大臣和珅。

曾有一位叫汪如龙的官员，送给和珅几十万银两，想谋个肥缺，和珅马上让汪如龙当上了两淮监政。而这个职位，之前一直由一名叫征瑞的官员担任。

征瑞每年也都向和珅进献银两十万，看着汪如龙霸占了自己的官职，他心中有些不悦，跑去询问和珅：“大人，我每年也向国家贡献白银十万，贡献如此之多，怎么就把我给换了呢？”和珅拉着征瑞的手，笑眯眯地对他说：“别人的贡献更大嘛。”和珅如此赤裸裸的回答，让征瑞哑口无言。

有位山西巡抚派下属携银二十万两，专程赴京给和珅送礼。可是连去了几次，也没人接待。后来，下属专门拿出五千两白银送给接待的人，这才出来一个身穿华服的少年仆人，一开口就问：“是黄（金）的，还是白（银）的？”来人告知是白的，少年仆人吩咐手下将银子收入外库，给来人一张写好的纸柬，说：“拿这个回去为证，就说东西已收了。”送去二十万两银子，连和珅的面也没见上，可见和珅的胃口有多大！

和珅把持朝政二十余年，金钱交易的事俯拾皆是。但和珅为官，弄权耍奸，朝野骂声不绝。故而当他的靠山乾隆帝死后不久，新皇帝嘉庆宣布他的二十条罪状，令其自裁。一代贪官终于不得善终。

古代贤者认为，富有的人不如贫穷的人无忧无虑，原因是财富越多，失去时损失越大；地位高的人不如地位低的人安生乐活，原因是爬得越高，摔下来时伤得会越惨。和珅的例子就是佐证。所以说，钱财富足不一定是好事，日里防抢，夜里防偷；官位显赫也不值得羡慕，随时会遭人嫉妒和暗算，也不会安生。

明朝画家史忠正是一位深得前人之妙的智者。

史忠，字廷首，本姓徐，名端本，自号敦翁，又号痴仙、痴痴道人。江宁（今江苏南京）人。史忠作卧痴楼，醉则为乐府新声。史忠十七岁时才开始画画，“忽通诗词，画山水木石，纵笔挥写。情豪侠负气，不喜权贵人”。

他的女儿早已定下婚约，到了出嫁年龄，但是婿家贫寒，无力迎娶。于是史忠想了一个计策，上元节时，他假称要观灯，携妻与女儿来到婿家。到了婿家门前，呼婿出拜，留下女儿，他与夫人大笑而去。

他曾作一首七言绝句：“痴老平生性僻疏，胸中尘垢半是无。岁寒起坐烧银烛，写个江山雪霁图。”

过多的钱财、过高的地位会给人们带来祸害，更何况是抛弃信义而得到的不义之财呢？史忠能够不以财富、地位取人，信守承诺将女儿嫁给了贫寒的婿家，表现了他不嫌贫不爱富的高风亮节。

很多人的一生都在为财富和名利奔波，有所得则沾沾自喜、扬扬得意，非但不适可而止反而变本加厉，结果应了“人为财死，鸟为食亡”的谶语，财富越多损失越多，地位越高跌得越重。与其如此，聪明的人们还不如学一学史忠，不要把名利富贵看得太重，达并不足喜，穷也不足忧。守住一颗平常心，淡泊一些，达观一些，才是真正的福气。

处患不忧 心系苍生

◇原文◇

君子处患难而不忧，当宴游而惕虑，遇权豪而不惧，对茕独而惊心。

◇译文◇

有能力和德行的君子哪怕面临困难的环境也不会忧虑，而在安乐宴饮时却知道警惕，遇到有权势或蛮横的人并不害怕，而对那些年老无助的人却很同情。

◇精读解析◇

晚年的苏轼被朝廷贬到海南时，天空正下着绵绵细雨，斜风吹打在身上，透出一丝凄凉。虽然居陋室，食粗饭，但苏轼并不以为苦，反而经常和当地士绅百姓共叙桑麻乐事。他也不以文豪自居，而是入乡随俗，身披当地衣冠，走街串巷，享受难得的快慰。

一次，苏轼来到一座山头，惹来一个黎山樵夫的善意笑声。虽然语言不通，但樵夫也看得出，他是一个身居山林的贵人，出于对他的好感，慷慨地送了一匹布，好让他抵御寒冷的海风。

他和周围的邻居关系也非常融洽，左邻右舍常送饭食给他。当他给人们说起往事的时候，脸上也总是乐呵呵的，并没有伤感怅然之色，笑称“昔日富贵，一场春梦”。

而事实上，苏轼在海南的谪居生活是十分困顿的。岭南天气卑湿，地气蒸溽，而海南为甚，这对于年老的苏轼，无疑是难以适应的。但是苏轼去世前自题画像却将贬官黄州、惠州、儋州看成是自己的平生功业。

苏轼对苦难并非无动于衷，但他却以一种全新的人生姿态来对待接踵而至的不幸，不以苦为苦。明理者往往不会被一事一物所纠缠，而是胸怀宽广，淡泊自守，生活在恶劣环境中也不会忧心忡忡，安乐悠闲时却会居安思危；遇到豪强权贵不会畏惧，但是遇到孤苦无依的人却具有同情心。他们与常人的处世差别在于他们意志坚强，能够不为外物所扰而坚持品性，故能处变不惊、居安思危、不畏权势、扶危济困。

德性高尚的君子不仅身处逆境而不忧，而且能够不畏权势，同情弱小。伟大的爱国诗人屈原正是如此，他虽然出生于贵族之家，却能够体恤普通百姓的艰辛，竭尽全力帮助他们。

屈原在幼年时期就有悲天悯人的情怀。当时正逢连年饥荒，屈原家乡的百姓们吃不饱穿不暖，时有沿街乞讨、啃树皮、食埃土者，幼小的屈原见之不禁伤心落泪。

一天，屈原家门前的大石头缝里突然流出了雪白的大米，百姓们见状，纷纷拿来碗瓢、布袋接米，将米背回了家。

不久屈原的父亲便发现家中粮仓中的大米越来越少，他很奇怪。

有一天夜里，他发现屈原正从粮仓里往外背米，便将屈原叫住，一问才知道原来是屈原把家里的米灌进石缝里。

乡亲们知道了真相都很感动，纷纷夸赞屈原。

父亲没有责备屈原，只是对他说：“咱家的米救不了多少穷人，如果你长大后做官，把我们管理好，天下的穷人不就有饭吃了吗？”

自此屈原勤奋治学，成人后被楚王得知他很有才能，便召他为官，管理国家大事。他为国为民尽心尽力，为后世之人所称颂。

天大的事情如果不是涉及自身，人们也不会去在意它；而一件很微小的事情如果与己相关，人们就会全身心地关注它。屈原的伟大之处就在于，他能够设身处地地为他人着想，以他人之苦为苦。

真正的君子对待自己的荣辱得失能够淡定从容，不以物喜、不以己悲；而面对他人的苦难时却难以心安，因为他们总是胸怀天下、心系苍生，先天下之忧而忧，后天下之乐而乐。每个人的一生都不可能一帆风顺，风平浪静之时人们应当居安思危，风浪来袭时也应处变不惊，风吹雨打时从容淡定，风和日丽时对天地人事充满怜惜之情，这样人生之船才能够走得长远。

心宜旷达 切忌狭隘

◇原文◇

心旷，则万钟如瓦缶；心隘，则一发似车轮。

◇译文◇

心胸宽阔，就会将巨大的财富看成瓦罐一样不值钱；心胸狭隘，那么一根头发也会看得像车轮一样重要。

◇精读解析◇

《菜根谭》中的这句话，可以作一延伸：心量宽广之人可包容世间万物；但若人心太过狭小，则一点细微之事，便可填满他的生命。这即是“心界圈定了你的世界”。处世立身，胸怀决定一个人的人生和人格高度。

心就是一个人的翅膀，心有多大，世界就有多大。如果不能打碎心中的四壁，即使给你一片大海，你也找不到自由的感觉。一个人只有最大限度地扩大自己的胸怀，才能比别人看到更多更精彩的事物，收获更多的美丽。一如《逍遥游》中所说的大鹏和晏鸟，蛰伏于草丛之中的晏鸟，永远也无法体会到翱翔于苍穹的大鹏所看到的世界。

有人曾说过这样一句话：“眼睛看到之处，是你能到达的地方。”要想成功，长远的眼光和广阔的胸襟是必不可少的。即便不能如大鹏般翱翔于蓝天，也需拥有气吞八荒的胸襟，世界与人生也会随之变得更广阔。

一天，惠子对庄子说：“魏王送我大葫芦种子，我将它培植起来后，结出的果实有五石容积。用大葫芦去盛水吧，可是它的坚固程度承受不了水的压力。把它剖开做瓢又太大了，没有什么地方可以放得下。这个葫芦不是不大呀，但它没有什么用处，我就砸烂了它。”

庄子说：“先生实在是不善于使用大的东西啊！宋国有一善于调制不皲手药物的人家，世世代代以漂洗丝絮为职业。有个游客听说了这件事，愿意用百金的高价收买他的药方。全家人聚集在一起商量：‘我们世世代代在河水里漂洗丝絮，所得的钱不过数金，如今一下子就能卖得百金，还是把药方卖给他吧。’游客得到药方，来游说吴王。正巧越国发难，吴王派他统率部队，冬天跟越军在水上交战，大败越军，吴王划割土地封赏他。能使手不皲裂，药方是同样的，有的人用它来获得封赏，有的人却只能靠它在水中漂洗丝絮，这是使用的方法不同。如今你有五石容积的大葫芦，怎么不考虑用它来制成小舟，而浮游于江湖之上，却担忧葫芦太大无处可容？看来先生你还是心窍不通啊！”

惠子为什么会觉得大葫芦没有用呢？那是因为他的眼光境界太窄太小，所以看不到大的事物的用处，一个人只要能够最大限度地扩大自己的心域，就能比别人看到更多更精彩的事物、更多更精彩的美丽。如果你觉得你现在在生活中没有什么路可走，那么可能就是因为你的心界太窄了。

宽广的胸怀，是一种不需投资便能得到的精神高级滋补品；是一种保持身心健康、具有永久疗效的“维生素”；是一种宠辱不惊，笑看庭前花开花落的清醒剂；是一种使人做到骤然临之而不惊，无故加之而不怒的智慧和淡定。它崇尚磊落坦荡、无私无畏和志存高远的品格，鄙视斤斤计较、蝇营狗苟和鼠目寸光的行为。如柏杨先生所言：“天地何其广阔，有多少事等待我们去做，没有开放的、气吞八荒的胸襟，一味在猜忌中打滚，只有使自己更为鬼祟。”拥有“气吞八荒的胸襟”之人，才能在天地间打开一片属于自己的广阔世界。

盛衰无常　强弱安在

◇原文◇

狐眠败砌，兔走荒台，尽是当年歌舞之地；露冷黄花，烟迷衰草，悉属旧时争战之场。盛衰何常？强弱安在？念此令人心灰！

◇译文◇

狐狸做窝的残垣断壁，野兔出没的荒废楼台，这些都是当年歌舞升平的地方；清冷露珠洒满野外，烟笼雾绕枯草丛丛，这里曾是古代逐鹿争斗的场所。兴盛和衰败哪里会长久不变？强弱胜负又哪里会长久呢？想到这些不禁令人心灰意懒！

◇精读解析◇

我们每一个人都是演员，都在演着自己的人生。然而不管是谁，都不是这出戏的编剧，剧本是写好的，只是我们无从知晓。值得庆幸的是，我们可以是自己的导演，我们可以决定怎样去演，虽然结局我们并不知道。但是幕布已经拉开，灯光已经点亮，音乐也已经响起，我们从出生的那一刻开始便已经站在了自己人生的舞台上，并且没有停下来的可能，表演必须继续下去。

正如著名诗人卞之琳的那首著名的小诗：你站在桥上看风景，看风景人在楼上看你。明月装饰了你的窗子，你装饰了别人的梦。每个人都看到世间这场大戏，殊不知，我们也在戏中。

花开花落，物转星移。人生就是五味俱全的一出戏，戏演完了，人生也就结束了。每个人的际遇不同，所演的戏也就不同。如果你出身富贵人家，你演的就是一个富家弟子，如果你出身贫困之家，你演的就是一个在底层挣扎向上爬的人。盛衰无常，强弱安在，不要相信命运，要相信努力；不要抱怨命运，要勇敢面对；不要奢望永远，要把握现在；不要期望太远，要珍惜眼前。

古时候，有户人家有两个儿子。当两兄弟都成年以后，他们的父亲把他们叫到面前说：在群山深处有绝世美玉，你们都成年了，应该做探险家，去寻求那绝世之宝，找不到就不要回来了。

两兄弟次日就离家出发去了山中。大哥是一个注重实际，不好高骛远的人。有时候，即使发现的是一块有残缺的玉，或者是一块成色一般的玉甚至那些奇异的石头，他都统统装进行囊。过了几年，到了他和弟弟约定的会合回家的时间，此时他的行囊已经满满的了，尽管没有父亲所说的绝世完美之玉，但造型各异、成色不等的众多玉石，在他看来也可以令父亲满意了。后来弟弟来了，两手空空，一无所得。弟弟说，你这些东西都不过是一般的珍宝，不是父亲要我们找的绝世珍品，拿回去父亲也不会满意的。弟弟说，我不回去，父亲说过，找不到绝世珍宝就不能回家，我要继续去更远更险的山中探寻，我一定要找到绝世美玉。

哥哥带着他的那些东西回到了家中。父亲说，你可以开一个玉石馆或一个奇石馆，那些玉石稍一加工，都是稀世之品，那些奇石也是一笔巨大的财富。

短短几年，哥哥的玉石馆已经享誉八方，他寻找的玉石中，有一块经过加工成为不可多得的美玉，被国王御用作了传国玉玺，哥哥因此也成了倾城之富。

在哥哥回来的时候，父亲听了他介绍弟弟探宝的经历后说，你弟弟不会回来了，他是一个不合格的探险家。他如果幸运，能中途醒悟，明白至美是不存在的这个道理，是他的福气。如果他不能早悟，便只能以付出一生为代价了。

很多年以后，父亲的生命已经奄奄一息。哥哥对父亲说要派人去寻找弟弟。父亲说，不要去找了，如果经过了这么长的时间和挫折他都不能顿悟，这样的人即便回来又能做成什么事情呢？世间没有纯美的玉，没有完善的人，没有绝对的事物，为追求这种东西而耗费生命的人，何其愚蠢啊！

弟弟没有珍惜眼前的美好，而是去追求并不存在的完美，因此失去了本该收获的美好。人要找到内心尘封的珍珠，就要避开人性的误区。一切随缘，褪尽浮华，正视富贵，厚德载物，在世间体验人生智慧，寻求生命真谛。

狐狸作窝的破屋残壁，野兔奔跑的废亭荒台，都是当年美人歌舞的胜地；遍地菊花在寒风中颤抖，枯萎荒草在烟雾中摇曳，都是以前英雄争霸的战场。繁华豪富之地，最终会成荒草野兔出没的郊野。兴衰成败如此无常，而富贵强弱又在何方呢？每当想起这些，都会使人感到心灰意懒，感到世道的沧桑。

辛弃疾曾道“千古江山，英雄无觅……风流总被雨打风吹去”，苏东坡也感叹“大江东去浪淘尽，千古风流人物”，英雄豪杰，富贵荣华，转眼即是云烟。做人应该拥有一颗宁静的心，这样才能从容地面对自己的生活。

宠辱不惊 去留无意

◇原文◇

宠辱不惊，闲看庭前花开花落；去留无意，漫随天外云卷云舒。

◇译文◇

无论是光荣或者屈辱都不会在意，只是悠闲地欣赏庭院中花草的盛开和衰落；无论是晋升还是贬职，都不在意，只是随意观看天上浮云自如地舒卷。

◇精读解析◇

一个人发了财，有了地位，有了年龄，或者有了学问，自然气势就很高，就得意忘形了；也有许多人在功名富贵的时候，修养蛮好，一到了没得功名富贵玩的时候，就都完了，都变了，自己觉得自己都矮了、都小了，变成失意忘形。

世间很多事情都是难以预料的，正当你春风得意的时候却突然发生一些让你痛不欲生的事情，正当你想着要好好努力挣钱的时候，却突然有一笔意外之财从天而降，让你不知所措。或者大悲，或者大喜，人往往很难做到从容地面对意外，所以各种烦恼接踵而至。

这一切追根究底都是心有所住。有所住，就被一个东西困住了。只有在面临一切事情时，物来则应，过去不留，才是真正的修养到家，得意不忘形，失意更不忘形。

有一只木车轮因为被砍下了一角而伤心郁闷，它下决心要寻找一块合适的木片重新使自己完整起来，于是离开家开始了长途跋涉。

不完整的木车轮走得很慢，一路上，阳光柔和，它认识了各种美丽的花朵，并与草叶间的小虫攀谈。这期间它当然也看到了许许多多的木片，但都不太合适。

终于有一天，车轮发现了一块大小形状都非常合适的木片，于是马上将自己修补得完好如初。可是欣喜若狂的轮子忽然发现，眼前的世界变了，自己跑得那么快，根本看不清花儿美丽的笑脸，也听不到小虫善意的鸣叫。

车轮停下来想了想，又把木片留在路边，自个儿走了。

失去了一角，却饱览了世间的美景；得到想要的圆满，却错失了怡然的心境。有时候失也是得，得即是失。也许当生活有所缺陷时，我们才会深刻地感悟到生活的真实，这时候，失落反而成全了完整。所以，与其把生命置于贪婪的悬崖峭壁边，不如随性一些，洒脱一些，不患得患失，做到宠辱不惊，保持一份难得的理智。

尽善尽美未必是幸福生活的终点站，有时反而会成为快乐的终结者。得与失的界限，你又如何准确地划定呢？当你因为有所缺失而执着追求完美时，也许会适得其反，在强烈的得失心的笼罩下失去头上那一片晴朗的天空。

坦然地面对所有，享受人生的一切，得到未必幸福，失去也不一定痛苦。得到时要淡定，要克制；失去时要坚强，要理智。兜兜转转，寻寻觅觅，浮浮沉沉，似梦似真，一路行走一路歌唱。

庭前花开花落，天外云卷云舒，都是自然的起落与循环，人生的失意得意，人世的冷暖炎凉，也是造物的悉心安排。在平淡中给自己一个动力；在昂扬中给自己一份淡薄；在匆忙中懂得适时地给心灵一次释放；在喧闹中为自己找一份宁静，人生真境便会随时显现，可以久久探寻。

从冷视热　从冗入闲

◇原文◇

从冷视热，然后知热处之奔驰无益；从冗入闲，然后觉闲中之滋味最长。

◇译文◇

从热闹的名利声中退出后再来看名利场，才知道热衷于争名夺利最没有意思；从忙碌的生活转到安闲的生活，才知道安闲的人生趣味最长久。

◇精读解析◇

在清朝时，北京城有一个著名的艺人，在京城的一个戏班里唱戏。他本来是满族的世家子弟，开始在戏班不过是客串演唱。后来因为他唱戏技艺越来越精湛，大家就都劝班主把他吸纳进戏班，于是他就成了戏班里正式的演唱艺人。

但是他加入戏班不久之后，他有了承袭家里世爵的机会，但如果他仍然是艺人身份，便不能承袭爵位，所以就有人劝他不要再唱戏了，想法谋求别的差事，争取世袭家里的爵位。然而他一点也不为所动，认为为什么要放弃演戏来谋求爵位呢。

有人劝说他："唱戏职业的地位是低贱的，而爵位的名声是荣耀的。放弃低贱来换取荣耀，本来就是人之常情。"

他却说："我却为自己是唱戏的艺人而感到自豪和骄傲，并不觉得卑污下贱。在戏剧里，我既可以扮作帝王，也可以扮演将军大臣。掀帘出场则引得众人喝彩，在社会上的荣耀应该算是最高的了，还有什么可追求的呢？"

那人说："可是这一切都是虚假的，是扮演出来的，不真实。"

他笑着说："你以为得到爵位就是真的荣耀了吗？或许我还没有来得及享用，第二天又失去了这个爵位了。"

故事中的艺人之所以冷淡看官场，拒绝袭爵，得而不喜、失而不忧，其主要的原因就是已经深深知道官场的风险和危机。以冷眼观世事热闹，以淡漠看人间繁华，才知道繁华热闹处的功名利禄只是虚幻泡影；从忙碌的生活转入悠闲的生活，才能体味到安闲乃是生活中的真正乐趣。

安贫乐道是一种智慧，淡泊名利是一种境界，它们能让迷失于欲望之海的人们，于烦琐的事务中求得片刻安闲，于浮躁的环境中求得些许宁静。

不仅涉足权力需要冷静、自制，对待财富的时候也要如此。

一对贫穷的农民夫妇，依靠自己家的一块田地维持生计，每年只能从田里收获勉强可以维生的收成。唯一值得欣慰的是，他们家还养着一只母鸡，每天可以得到一个鸡蛋，给他们贫穷的生活一点有限的补贴。

或许是由于上天的怜悯，有一天，这只鸡生下了一个金蛋。他们把蛋拿到市场上去卖，结果得到的现金多得吓了他们一跳。这么一大笔的钱，竟然如此简单就得到了。

他们回到家里，直盯着生金蛋的鸡看，哪里明白这是幸运之神的照顾！他们心想：以后再也用不着过那种披星戴月却仅仅果腹的日子了，只要这只鸡每天能给他们下一个金蛋就行。果真靠着一天一个金蛋，夫妇俩逐渐富裕了起来，他们买下肥沃的田地，盖起宽敞漂亮的大房子，请了许多仆人，日子也开始过得奢靡起来。

以前贫穷的日子并没有让他们学会珍惜这上天眷顾的幸福，而是在奢靡之中滋长了无尽的贪欲。在奢侈的舞会结束后，妻子说：“既然母鸡每天可以下一个金蛋，那它的肚子里一定有很多很多的金蛋，说不定就是一个金库……”

丈夫打断她说：“对，我们干脆把鸡杀了，把肚子里所有的金蛋都拿出来！”于是他们三下五除二，将那只下金蛋的鸡杀了。

但是剖开之后，他们发现和普通的鸡并没有两样，根本没有什么金蛋，更不用说什么金库了！夫妇俩非常懊悔亲手毁了自己的致富宝贝，但为时已晚。一直在天上注视着他们的幸运女神目睹了刚才的惨剧，愤怒之下将他们所有的财产化作了一阵清风。

人们应该珍惜生活赐予的，不要再索求太多。物欲太盛，杀鸡取卵，只能得不偿失。贪婪的欲望使这对农民夫妇自己断绝了致富之路，所有的财产也都消失殆尽。也许有一天他们能够明白，应该珍惜生活赐予你的，不要索求太多。可他们还能再恢复到原来清贫淡然却怡然自得的生活状态吗？恐怕是再也不可能了。

人们面对名利时常常容易迷失自我，私心与贪欲常常使他们重重地跌倒在“欲望”的旋涡里。事实上，人们所拥有的并不是太少，而是欲望太多，名利之心太重。安贫乐道，不为名所扰方是为人处世的智慧之道。

荣辱皆忘 冷暖自知

◇原文◇

隐逸林中无荣辱，道义路上无炎凉。

◇译文◇

对于在山林隐居的士人来说，人生的荣耀与耻辱都可以完全忘掉；对于追求道义的人来说，世间所谓的人情冷暖、世态炎凉都不必去考虑。

◇精读解析◇

一个退隐山林，与世隔绝的人，对于世间一切荣辱完全忘怀；一个讲求道德仁义的人，对于世间一切是非，冷暖完全看淡，这是一种很难达到的人格高度。就好像当全世界的人都在恭维他，他却理都不理；当全世界的人都在骂他、都在反对他，他也绝不改变自己的方向。什么是我？什么是他？什么是物？什么是心？为人处世，这样的超然物外，是一种品质的修养，也是一种境界。

这样的人对于自己做人的道理看得很清楚，绝不会受任何外在的环境影响。

一群人到山上去游玩，其中一个人不小心掉进很深的坑洞里，他的右手和双脚都摔断了，只剩一只健全的左手。坑洞非常深，又很陡峭，地面上的人束手无策。幸好，坑洞的壁上长了一些草，那个人就用左手撑住洞壁，以嘴巴咬住草，慢慢地往上攀爬。地面上的人看不清洞里，只能大声为他加油。等到看清他身处险境，嘴巴咬着小草攀爬，忍不住议论起来。

“情况真糟，他的手脚都断了！”

“哎呀！他这样一定爬不上来了！”

“对呀！那些小草根本不可能撑住他的身体。”

“可惜！他如果摔下去死了，留下庞大的家产就无缘享用了。”

“他的老母亲和妻子可怎么办才好！”

落入坑洞的人实在忍无可忍了：“你们都给我闭嘴！”就在他张口的一刹那，他再度落入坑洞。当他摔到洞底即将死去之前，他听到洞口的人异口同声地说：“我就说嘛！用嘴爬坑洞，是绝对不可能成功的！”

如果不理会这些是非，这个伤痕累累的人凭着自己的努力最终一定能够爬出坑洞。但是人就是这样，太在意外在的评论与看法，总想在别人面前展示一个完美的自己，而不能容忍别人对自己的丝毫质疑，却往往忽视了自己的真实处境，置身于别人的话语圈里。

现代画家丰子恺先生有这样一段文字：“有一回我画一个人牵两只羊，画了两根绳子。有一位先生教我：‘绳子只要画一根。牵了一只羊，后面的都会跟来。’我恍悟自己阅历太少，后来留心观察，看见果然如此：前头牵了一只羊，后面数十只羊都会跟去。就算走向屠场，也没有一只羊肯离群而另觅生路的。后来看见鸭也如此。赶鸭的人把数百只鸭放在河里，不需用绳子系住，群鸭自能互相追随，聚在一块。上岸的时候，赶鸭的人只要赶上一二只，其余的都会跟了上岸。即使在四通八达的港口，也没有一只鸭肯离群而走自己的路的。”

字画皆人生，疏淡之间，意趣横生，细细思量，的确有一条隐在尘世中的绳索，牵着在生活中迷乱的人们。我们每天急匆匆地跟在一件事的后面，追逐一些看不见的东西，实际都是在奔赴一个别人成功过的目标，重复别人走过的路，在别人嚼剩的残渣中寻觅零星的营养。可惜漫漫人生征途，又能有几人另辟蹊径？可悲可叹的是，有时甚至盲目到顽愚的地步，眼看跟着别人一步一步走向了人生的绝境，虽有警觉却仍坚持趋同主流。

隐者之所以没有荣辱之感，道者之所以没有炎凉之感，原因是他们已经完全摆脱了一切外在的束缚与世俗的是非观念。每个人都不要泯然于众，不要被欲望束缚，应看清这个世界，做自由自在且真实的自己。

生死成败 任其自然

◇原文◇

知成之必败，则求成之心不必太坚；知生之必死，则保生之道不必过劳。

◇译文◇

如果知道有成功就一定有失败，那么也许求取成功的意志就不会那么坚决；如果知道有生就会有死，那么养生之道就不必过于用心良苦。

◇精读解析◇

有人说，人的一生之中只有三件事，一件是“自己的事”，一件是“别人的事”，一件是“老天爷的事”。今天做什么，今天吃什么，开不开心，要不要助人，皆由自己决定；别人有了难题，他人故意刁难，对你的好心施以恶言，别人主导的事与自己无关；天气如何，狂风暴雨，山石崩塌，人力所不能及的事，过于烦恼，也是于事无补。

人活得不自在，很辛苦，只是因为，人总是忘了自己的事，爱管别人的事，担心老天爷的事。所以要轻松自在很简单：打理好“自己的事”，不去管“别人的事”，不操心“老天爷的事”。所以，在某些地方不必过于刻意强求，一切还是顺其自然更好。

中国古代有一位神射手，叫后羿。经过多年的勤学苦练，加上先天的禀赋，他练就了一身百步穿杨的好本领，立射、跪射、骑射样样精通，而且箭箭都射中靶心，从来没有失过手。人们对他充满敬佩，争相传颂他高超的射技。

夏王从身边人那里听说了这位神射手的事迹，他想一睹其风采，于是把后羿召入宫来，让后羿单独给他一个人演习一番。

后羿被带到宫中，在御花园里的一个开阔地带，夏王叫人拿来一块一尺见方、靶心直径大约一寸的兽皮箭靶，用手指着说：“今天请先生来，是想请你展示一下你那精湛的本领，这个箭靶就是你的目标。为了使这次表演不至于沉闷乏味，我来给你定个赏罚规则：如果射中了的话，我就赏赐给你黄金万两；如果射不中，那就要削减你一千户的封地。现在请先生开始吧。”

后羿听了夏王的话，一言不发，面色凝重。他慢慢走到离箭靶大约一百步的地方，脚步显得相当沉重。然后，后羿取出一支箭搭上弓弦，摆好姿势拉开弓准备射击。

想到自己这一箭出去可能发生的结果，一向镇定的后羿呼吸变得急促起来，拉弓的手也微微发抖，几次都没有把箭射出去。过了好一会儿，后羿终于下定决心松开了弦，箭应声而出，“啪”地一下钉在离靶心足有几寸远的地方。后羿脸色一下子白了，他再次弯弓搭箭，精神却更加不集中了，射出的箭也偏得更加离谱。

后羿收拾弓箭，勉强微笑着向夏王告辞，悻悻地离开了王宫。夏王在失望的同时掩饰不住心头的疑惑，就问手下道：“这个神箭手后羿平时射起箭来百发百中，为什么今天跟他定下了赏罚规则，他就大失水准了呢？”

手下解释说：“后羿平日射箭，不过是一般练习，在一颗平常心之下，水平自然可以正常发挥。可是今天他射出的成绩直接关系到他的切身利益，自然会患得患失，所以不可能静下心来充分施展技术。”

因为被利益所牵扯，后羿便产生了患得患失的心理，在行事的过程中也就出现了差错。患得患失是人生的精神枷锁，是附在人身上的阴影。

一个人的才华、时间、精力毕竟有限，要想做好一切想做的事是不可能的。有些事，别人行，并不一定你也行，昨天行并不意味着今天还行。尊重现实，顺其自然乃智者之举，患得患失不仅折磨自己的心智，更会使自己一事无成，苦恼不堪。

其实，得与失只有一线之隔，意以为得，就是得意；意以为失，就是失意。颜回居陋巷，一箪食，一瓢饮，也能得意在其中；秦王统一六国，兼并天下，也能失意于其间。说到底，总是内心蠢蠢的欲望在作祟。

有得必有失，有成功就有失败，有生就有死，这是“老天爷的事”，是自然的规律，我们只要做好自己分内的事情，将成败盛衰、生死荣辱看作是自然的安排，不必放在心上，这是一种旷达、超然的人生境界，是最好的“保生之道”。

随人接引 随事警惕

◇原文◇

道是一重公众物事，当随人而接引；学是一个寻常家饭，当随事而警惕。

◇译文◇

真理是一件大家都可以去追求和探索的事情，应该随着个人的性情来加以引导；做学问就像平常所吃的家常便饭一样，应该随着事情的变化而有所戒备和警惕。

◇精读解析◇

一个著名人物在总结自己的成功经验时说："你可以超越任何障碍。如果它太高，你可以从底下穿过；如果它很矮，你可以从上面跨过去。总会有办法的。"

人生的道理就好像一条宽阔的马路，每个人都可以走，每个人也都必须走，这个时候，引导他人应该顺着人性；做学问的道理也是一样，学习就好像平常吃饭一样普遍，只是应该懂得顺应事物的变化而有所观察和警惕。

世界上的一切事物，都处于不断运动、变化和发展之中。如果凡事都照搬教条，而不知随机应变，具体情况具体分析，那就难免失策。要获得成功，就要首先去认识事情的性质和特点，然后根据实际情况调整思路和行为方式。只有如此，才能在顺应事物变化的同时，驾驭变化。

战国时期，有施氏和孟氏两家邻居。施家有两个儿子，一个儿子学文，一个儿子学武。学文的儿子去游说鲁国的国君，阐明了以仁道治国的道理，鲁国国君重用了他。那个学武的儿子去了楚国，那时楚国正好与邻邦作战，楚王见他武艺高强，有勇有谋，就提升他为军官。施家因两个儿子显贵，满门荣耀。

孟氏也有两个儿子，这两个儿子也是一个学文，一个学武。孟氏看见施氏的两个儿子都成才，就向施氏讨教，施氏向他说明了两个儿子的经历。孟氏记在心里。

孟氏回家以后，向两个儿子传授机宜。于是，他那个学文的儿子就去了秦国，秦王当时正准备吞并各诸侯，对文道一点也听不进去，认为这是阻碍他的大业，就将这人砍掉了一只脚，逐出秦国。他学武的儿子到了赵国，赵国早已因为连年征战，民困国乏，厌烦了战争，这个儿子的尚武精神引起了赵王的厌烦，砍掉了他的一只胳膊，也逐出了赵国。

孟氏之子与施氏之子条件一样，却形成两种结果。这是因为孟氏及其儿子没能见机行事，观察和权衡事态的发展变化，只是重走别人的老路，最终导致自己的不幸发生。

一条路走不顺畅，可以硬着头皮走下去，也可以放弃原路，另辟蹊径。换一种思想，换一个想法，往往能使人豁然开朗，步入新境，也能使人从“山穷水尽”中看到“峰回路转”和“柳暗花明”。

道理人人都懂，学习人人都会，主要在看怎样顺着人性和事物的变化而发展。鲁迅曾说：“其实世上本没有路，走的人多了，也便成了路。”做人无常势，不懂得另辟蹊径者，将很难赢取成功和荣耀。人生的道路有千万条，条条大路都能通罗马，每条路都是我们的选择之一。所以一旦这条路行不通，不要犹豫，立即换一条路，走出一条适合自己的路。

前念不滞　后念不迎

◇原文◇

今人专求无念，而终不可无。只是前念不滞，后念不迎，但将现在的随缘打发得去，自然渐渐入无。

◇译文◇

今天的人一心想要心无杂念，但终究也没有办法达到完全没有杂念的地步。只要先前的杂念不存在心中，对于未来的杂念不会生起，只将现有的杂念随着机缘打发掉，自然能渐渐达到无杂念的境界。

◇精读解析◇

雪停之后，文益前来告辞，桂琛禅师把他送到了寺门口，说道："你平时常说'三界由心生，万物因识起'。"然后指着院中的一块石头接着说："你且说说，这块石头是在心内，还是在心外？"

文益："在心内。"

桂琛"一个四处行脚的出家人，为什么要在心里头安放一块大石头呢？"

文益被窘，一时语塞，无法回答，便放下包裹，留在地藏院，向桂琛禅师请教难题。一个多月来，文益每次呈上心得，桂琛都对他的见解予以否定。直到文益理屈词穷，桂琛才告诉他："若论佛法，一切现成。"这一句话，使文益恍然大悟。

有一天老禅师带着两个徒弟，提着灯笼在黑夜行走。一阵风吹过，灯灭了。

"怎么办？"徒弟问。

"看脚下！"师父答。

当一切变成黑暗，后面的来路，与前面的去路，都看不见，如同前世与来生，都摸不着。我们要做的是什么？当然是“看脚下，看今生”。

人生最值得珍视的就是当下的实在。然而现代人杂念丛生，正是因为放不下过去，太在意将来。《菜根谭》说，只要先前的杂念不存在心中，对于未来的杂念不会生起，只将现有的杂念随着机缘打发掉，自然能渐渐达到无杂念的境界。

有许多人都相信来生与前世。因为那让我们能对今生的不幸，用前世做借口，说那是前世欠下的。让我们对今生的不满，用来生做憧憬，说可以等到来生去实现。问题是，哪个“今生”不是“前世”的“来生”？哪个“来生”不是“来生”的“今生”？来生的缘，可以是今生结下的；来生的果，可以是今生种下的。前世的债，今生正在还。还不清，来生还得继续。前世的缘，今生正在实现，好不容易盼到了，自当好好把握。

有个小和尚负责清扫寺院里的落叶。这是件苦差事，秋冬之际，每次起风，树叶总是随风飞舞。每天早上都需要花费许多时间才能清扫完树叶，这让小和尚头痛不已。他一直想找个好办法让自己轻松些。

后来有个和尚跟他说：“你在明天打扫之前先用力摇树，把落叶都摇下来，后天就可以不用扫落叶了。”

小和尚觉得这是个好办法，于是隔天他起了个大早，使劲地摇树，以为这样就可以把今天跟明天的落叶一次扫干净了，他一整天都很开心。

第二天，小和尚到院子里一看，不禁傻眼了，院子里如往日一样满地落叶。老和尚走了过来，对小和尚说：“傻孩子，无论你今天怎么用力，明天的落叶还是会飘下来的。”

小和尚终于明白了，世上有很多事是无法提前的，唯有认真地活在当下，才是最真实的人生态度。

我们常听人说，要“活在当下”。所谓“当下”就是指你现在正在做的事、待的地方、周围的人；“活在当下”就是要你把关注的焦点集中在这些人、事、物上面，全心全意地接纳、品尝、投入和体验这一切。

然而大多数的人都无法专注于“现在”，他们总是想着明天、明年甚至下半辈子的事，将力气耗费在未知的未来，却对眼前的一切视若无睹；他们总是抱怨为什么会得不到快乐。殊不知当你存心去找快乐的时候，往往找不到，唯有让自己活在“现在”，全神贯注于周围的事物，快乐便会不请自来。人生无常，很多事情都不是我们能预料的，我们所能做的只是把握当下，珍惜已经拥有的。

看透生死 悠然自得

◇原文◇

试思未生之前有何像貌，又思既死之后作何景色，则万念灰冷，一性寂然，自可超物外而游象先。

◇译文◇

试着想一下在没有出生之前哪里有什么相貌，又想想死了之后还有什么形象，那么原先所有的念头便会冷却消失，内心也会寂静，现出本性，自然可以超然物外，悠游在形体之外。

◇精读解析◇

这里所讲的“万念灰冷”并不是指人失去信心与希望，而是指人因看透生死，而超然物外。看透生死大事的人，内心会沉寂，最后超物外而游象先。那么，什么是生与死？

国学大师南怀瑾先生借古人的一句话点透了生死：“生者寄也，死者归也。”活着是寄宿，死了是回家。上古得道的人没有觉得活很痛快，也没有认为死很痛苦，生死已不存在于心中。

生与死是人生旅途中的一大转折，生死齐一，齐一生死，有着看透生死的勇气，就等于把人生中的生死问题彻底解决了。“善吾生者，乃所以善吾死也。”一个人只有真正认清了生命的意义和方向，才能不畏惧死亡、好好地活着，将生命演绎得无比精彩。生命于一呼一吸之间，如流水般消逝，永远不复回。只要活得明心见性，随缘任运，不管是长寿，还是短命，都不虚度此生。

有一天，佛祖把弟子们叫到法堂前，问道：“你们说说，你们天天托钵乞食，究竟是为了什么？”

“世尊，这是为了滋养身体，保全生命啊。”弟子们几乎不假思索。

“那么，肉体生命到底能维持多久呢？”佛祖接着问。

“有情众生的生命平均起来大约有几十年吧。”一个弟子迫不及待地回答。

“你并没有明白生命的真相到底是什么。”佛祖听后摇了摇头说。

另外一个弟子想了想又说：“人的生命在春夏秋冬之间，春夏萌发，秋冬凋零。”

佛祖还是笑着摇了摇头说：“你觉察到了生命的短暂，但只是看到生命的表象而已。”

“世尊，我想起来了，人的生命在于饮食之间，所以才要托钵乞食呀！”又一个弟子一脸欣喜地答道。

“不对，不对。人活着不只是为了乞食呀！”佛祖又加以否定。

弟子们面面相觑，一脸茫然，又都在思索另外的答案。

这时一个烧火的小弟子怯生生地说道：“依我看，人的生命恐怕是在一呼一吸之间吧！”

佛祖听后连连点头微笑。

人的生命可以延续多长时间呢？佛祖的小弟子给了我们一个答案：生命就在一呼一吸之间而已。生命易逝，我们有什么理由不珍惜时间呢？

人来到世上是偶然的，走向死亡却是必然的。自然给了我们了不起的生命，就是让我们学会面对生命中的一切，包括生与死的重大问题。如果不给我们生命，连死的机会都没有。这，就是看透生死的勇气。面对生死，悠然自得，便是真正懂得了生命。

在这个世界上，每一个人最后都不可避免地走向生命的尽头，有的人走得快，有的人走得慢。走得快的人，看透了生死，反而活出了精彩的人生；而走得慢的人，总是想着自己还有足够的时间去实现人生目标，一拖再拖，直到最后仍然没有完成，碌碌无为地度过了自己平庸的一生。这不能不说是生命的一种悲哀。

人，倘若能时常想起死亡，想到每天都有那么多人死去，而自己能健康地活着，一定会感受到生命的可贵和生活的可爱，再难处理的事也会变得轻松，也会自然而然豁达、超脱起来。人只有看透生死，才能真正冷静理智、大彻大悟、超越自我。

身心自如 融通自在

◇原文◇

身如不系之舟，一任流行坎止；心似既灰之木，何妨刀割香涂。

◇译文◇

身体要像没有系上缆绳的小船，任凭船儿漂流或者静止；心地要像已经烧成灰的树木，不怕刀砍或者涂香，丝毫不觉痛痒。

◇精读解析◇

空中，梧桐落叶飘零；眼前，萧瑟秋花凝霜。一位秀才问赵州禅师：“此情此景，如何感悟人生？”赵州禅师淡淡地说：“不雨花犹落，无风絮自飞。”

有一天，赵州禅师与章禅师在室外品茶。赵州禅师指着茶杯中倒映的青山绿树、蓝天白云说："森罗万象，都在里边。"章禅师将茶水泼在地上，然后问："森罗万象，在什么地方？"赵州禅师说："可惜了一杯茶。"

又有一次，一位禅僧向赵州禅师请教："怎样参禅才能开悟？"百岁高龄的赵州禅师像是有什么急事，匆匆忙忙站立起来，边向外边走去边说："对不起，我现在不能告诉你，因为我内急。"刚走到门口，赵州禅师忽然又停止了脚步，扭头对禅僧说："你看，老僧一把年纪了，又被人称为古佛，可是，撒尿这么一点小事，还必须亲自去，无法找任何人代替。"

禅僧恍然大悟：禅是一种境界，一种体验，如鲈鱼饮水，冷暖自知。

一朵花自有枯荣，一丛柳絮自知漂泊，这些本是自然之事，但是人们常常因为花飘零、絮无依而滋生惆怅。其实，顺着自然看去，人生自有领悟。事情并不总是顺心，但是心顺了就一切都顺了。一个心灵纯净、和顺的人，也就是拥有平常心的人，他们超越了生活的烦琐和繁忙，放任自在的心灵，过着更让人觉得惬意的生活。

生活中需要修行，需要磨炼，但是修行磨炼不是让生活更加复杂、忙碌，而是让生活更加自然、平稳，让我们的身心像没有系上缆绳的小船那样，任凭风吹浪打或是风平浪静。一旦我们达到了这种境界，就能在任何场合下，保持最佳的心理状态，充分发挥自己的水平，施展自己的才华，从而实现完满的"自我"。

所谓"心似既灰之木，何妨刀割香涂"不是意指心如槁木、没有追求的人生，实则说的是一种专注而又任性而为的生活。心灵如果没有羁绊，那么也就没有什么能阻挡一个人的脚步了。专注于生活本身，不让心灵承受外物的浮华和痛苦。有所收获的人生，无甚秘诀，"任性逍遥，随缘放旷，但尽凡心，别无圣解"就是了。这样的人生弃置生活上的情趣，也不执着于只有奋斗的生活。确切地说，当一个人能在吃饭穿衣这样的小事上觅得生活的情趣时，即便工作辛苦也不会失去人与自我的和谐与寂静了。

然而，实际生活中，人们往往很难做到一心一用，他们在利害得失中穿梭，无法用一颗平常心对待浮华的宠辱，产生了"种种思量"和"千般妄想"。

他们在生命的表层停留不前，这是他们生命中最大的障碍，他们因此而迷失了自己，丧失了“平常心”。要知道，“身如不系之舟，一任流行坎止”，顺其自然地感受生命，才能找到生命的真谛。

生活需要不偏不执，心是一颗简单的心。心灵纯净的人，往往是精神潜能真正觉醒的人。他们那些美好的梦想和执着的信念具有强大的感召力，所以能四两拨千斤般创造奇迹。他们强大的影响力与单纯的个人魅力常常形成一种怪异的对比，那天真烂漫的生活和无忧无虑的心态使他们宛若孩童，但思想的感染力和举手投足间的伟人风范却令人心生艳羡。

从容放下 自由畅快

◇原文◇

笙歌正浓处，便自拂衣长往，羡达人撒手悬崖；更漏已残时，犹然夜行不休，笑俗士沉身苦海。

◇译文◇

歌舞娱乐兴味正浓的时候，便毫不留恋地拂衣离去，真羡慕这些心胸豁达的人能够临悬崖而放手；在夜深漏残时，还有人在不停地奔走忙碌，这些凡俗的人在苦海中挣扎真是可笑。

◇精读解析◇

悬崖深谷得重生看似一种悖论，实际上却蕴涵着深刻的道理。“悬崖撒手”是一种姿态，美丽而轻盈。

痛苦源自执着心，人生唯有少执着、多放下。对名利不执着，对权位不执着，对人我是非能放下，对情爱欲念能放下。放手之后，心灵将获得一片自由飞翔的广袤天空，在瞬间释放与舒展。其实，想要达到身轻心安的境界，并不困难。只是不要过于执着，不要让自己过得那么辛苦，能够从容放下，那么自由畅快就在眼前。

有一位波斯匿王出城巡游。国王乘坐在高大的白象上，身边有一群随从围绕在身旁。途中，波斯匿王从远处看到一位白发苍苍的老人走了过来；他生怕这位老迈的长者受到惊吓，即吩咐身边的随从："先停下来！停下来！"他想让老人能慢慢地安全走过来。

这位老迈的长者远远看到国王时，自己也稍微停了下。他望见随从的队伍也停下时，才放心地继续向前走。当长者慢慢地走到这群人的面前时，国王对着他进行轻声呼唤说："老人家！看您白发苍苍，您今年高寿？"

老人仰头看着满脸慈祥的国王，展露天真的笑容，老人缓慢地伸出四个手指头对国王说："我今年才四岁。"

国王听后很怀疑地说："你四岁？"

老人看着国王的眼睛坚定地说："对！我才四岁。因为，我在四年前所过的生活，是很糊涂、懵懂的人生，对于我来说那并不是真正的人生。后来我很幸运地得闻佛法，从此开悟，因为我受佛陀的教育才四年，现在也就是四岁！"

老人看着国王惊讶的表情继续说："如今，我凡事都放得下，不再像以前一样盲目坚持，现在的我一心只想要施舍，在我有生之年尽力去付出。在这个过程中，我体会到付出后让人快乐对于我来说是一件多么值得欢喜的事情，不与人计较是如此的自在！由此，我总结了一下这几年的心得，那就是心无烦恼，才能身轻心安！"

"这四年来，我过得逍遥自在，我那时才明白这才是我想要的人生。所以，我真正会做人的年龄才四岁。"国王听了老人的话后若有所思，然后突然有所悟并欢喜地说："老人家，你说得很对！人生确实要放得下、舍得付出，与人无争、与世无争，这才是最逍遥的人生。我真的很羡慕你！虽然你听闻佛法才四年，但这四年已经让你的人生变得很有价值了。"

通过老人的故事我们更加能体会到，人生若想过得逍遥自在、无痛无苦，必须要有豁达宽广的心怀，学会看得开、放得下。把令我们沮丧的事放下，把心烦意乱的事放下，把那些坏心情放下，不要过分执着，以一分淡定从容自由轻松之心对待自己，对待生活。

行走于人世间，沟沟坎坎不可避免，事情的发展不会总是按照我们的主观意志进行，大多数时候，万事如意只是一个美好的心愿罢了。面对世间万物，只要我们不那么过分执着，换个想法，换个角度，调整一下态度，就能让自己有新的境遇，新的机会。一个人只有把一切受物理、环境影响的东西都放掉，才能够逍遥自在，万里行游而心中不留一念。

孤云出岫　朗镜悬空

◇原文◇

孤云出岫，去留一无所系；朗镜悬空，静躁两不相干。

◇译文◇

一朵孤云从山谷中飘出来，毫无牵挂地在天空飘荡；一轮明月像镜子一样悬挂在天空，世间的安静或喧闹和它毫无关系。

◇精读解析◇

有人说“心”是最有反应、最有感觉的器官。我们看大自然的山川鸟兽、花开花落，我们看人生的生老病死、苦乐无常，我们看世间的生住异灭、轮回流转，等等，都会因心的触动而有喜怒哀乐的表现。所以心保持宁静，就会拥有处变不惊、泰然自若的人生。而在万物都处于宁静的环境下保持宁静或许不能称之为真宁静，而如果能在喧嚣的环境中保持平静的心境，这才算是真正的宁静。

保持宁静的心境是一个人思想修养、精神状态良好的标志。在生活节奏异常快速的今天，一个人只有保持静的心态才能思考问题，才能在纷繁复杂的大千世界中站得高、看得远。诸葛亮所言“非宁静无以致远”，说的就是这个道理。

心静是一种智慧，它源于一个人的冷静的自知、长期的自制，当一个人学会随时保证心静时便是走到了成熟的人生境地。而走到这一步的人往往能对自己经历的是是非非有真知灼见。所以，一个真正心静的人不会在任何事情面前大惊小怪。

有一天，名刹古寺来了一个仕女，她想要出家为尼。仕女年轻且貌美，有一种凛然不可冒犯的气质。当时的住持拒绝了她的请求。

住持说：“虽然说入遁空门的女人自古就有，尚且不少，但是修行对于女人来说太困难了。不但自身没能修成正果，还玷污了佛门。何况施主如此貌美。”

仕女听后，在寺门前跪了三天三夜。住持最终被她的诚心所打动，于是为她剃了发，并且取名为慧春。慧春一直住在古寺旁边的小尼庵里，为人平易亲切，见着往来的路人经常会端水送茶。

忽然有一天，慧春捡来很多柴，堆在庵门前的盘石上，并且烧了一把火，随后自己坐到燃烧的火边打禅入定。古寺的住持听了之后，闻讯赶来，他问：“慧春，在里面打禅热吗？”寂然不动的慧春平静地答道：“冷热不知。”

好一句“冷热不知”，如慧春这样该是达到了怎样的境界。

很多时候，我们的内心都为外物所遮蔽、掩饰，浮夸躁动的心情占领了我们的整颗心，因此在人生中留下许多遗憾：在学业上，由于我们还不会倾听内心的声音，所以盲目地选择了别人为我们选定的、他们认为最有潜力与前景的专业；在事业上，我们故意不去关注内心的声音，在一哄而起的热潮中，我们也去选择那些最为众人看好的热门职业；在爱情上，我们常因外界的作用扭曲了内心的声音，因经济、地位等非爱情因素而错误地选择了人生的伴侣……在进行各种周密而细致的盘算，权衡着可能有的各种收益与损失时，唯独忽视去听一听自己内心的声音。

孤云出岫，朗镜悬空，前者自在逍遥，率性而为，后者则无尘无俗，清朗明净。《菜根谭》告诫大家的是要时时刻刻保持心的宁静，倾听内心的声音，不要被毫无关联的东西牵扯，失去了悠闲自得的生活。

心胸豁达 随遇而安

◇原文◇

机息时，便有月到风来，不必苦海人世；心达处，自无车尘马迹，何须痼疾丘山。

◇译文◇

内心的各种念头消失后，自然会感受到朗月清风缓缓而来，不会再将人生看成是苦海；心胸豁达时，自然不会有车马喧嚣的感觉，哪还需要找个僻静的山林？

◇精读解析◇

“心达处，自无车尘马迹”，俨然一派陶渊明“心远地自偏”的安然豁达。心灵之安者，其心当恬淡如水，为人处世间进退安如，其人生也自有一番怡然之境。怡然之境，亦如中国行书的收放——放则凸显草书风骨，收则尽显楷书风范——可纵情狂放，也可内敛端正，面对世间万事万物，收放自如，怡然自得地享受着生活。

说狂放，不能不提李白。他的狂放在整个中国诗歌史上留下了浓墨重彩的一笔，人们皆以为是狂放成就了诗人李白，其实不然。在狂放的心灵之下，李白也懂得克制隐忍，面对红尘俗世收放自如，从容以对，方能潇洒遨游天下，挥洒出众多的名篇佳句。

当年李白到京城赶考，尽管才学过人，却因不愿给主考官杨国忠和宦官高力士等贪财之辈送礼，最终无缘功名。面对李白的才学，杨国忠不无讽刺地批道：这样的书生只能给我磨墨。高力士甚至说：磨墨算抬举他了，他只配给我脱靴。随之把李白推出考场。面对考场如此的黑暗，李白心生气愤，却隐忍克制不发，“此处不留爷，自有留爷处”。

一年后的一天，有个番使来唐朝递交国书，上面全是鸟兽图形。唐玄宗命杨国忠宣读，杨国忠如见天书，哪里认得？满朝文武亦无一人能辨认。唐玄宗大怒：“三日之内若无人认得，文武官员一律停发俸禄；六日无人问得，一概免官；九日无人认得，统统问罪。”

后有人推荐李白，李白接过番书，不仅一目十行，且应代玄宗写诏书。其时，李白见杨国忠、高力士站在两班文武之首，便对唐玄宗说：“臣去年应考，被杨太师批落，被高太尉赶出，今见二人在班，臣神气不旺。请万岁吩咐杨国忠给臣磨墨，高力士为臣脱靴，臣方能口代天言，不辱君命。”唐玄宗用人心急，就依言传旨。杨国忠只得忍气磨墨，高力士只得跪着脱靴。

李白受辱时不怒，受宠时亦不惊。他被拜为翰林学士后，继续受宠，但他主动上书，要求离去。他在《梦游天姥吟留别》诗中这样写道：“安能摧眉折腰事权贵，使我不得开心颜？”李白不为一时一事的宠辱而惊恐，表现了贤人君子超凡脱俗的思想境界。

该狂时狂，该敛时敛，从容以对天下。进可入世，融入俗世红尘却不觉烦恼牵绊；退可出世，不问红尘俗世，精修其心，乐得逍遥自在。名、利、权、势，都是身外之物、过眼云烟，得意淡然，失意泰然。

苏轼的友人王定国有一名歌女，名叫柔奴，眉目娟丽，善于应对，其家世代居住京师，后王定国迁官岭南，柔奴随之，多年后，复随王定国还京。

苏轼拜访王定国时见到柔奴，问她：“岭南的风土应该不好吧？”不料，柔奴却答道：“此心安处，便是吾乡。”苏轼闻之，心有所感，遂填词一首，这首词的后半阙是："万里归来年愈少，微笑，笑时犹带岭梅香。试问岭南应不好？却道：此心安处是吾乡。"

在苏轼看来，偏远荒凉的岭南不是一个好地方，但柔奴能像生活在故乡京城一样处之安然。从岭南归来的柔奴，看上去似乎比以前更加年轻，笑容仿佛带着岭南梅花的馨香，这便是随遇而安，并且是心灵之安的结果了。

这则小故事传递给我们的是人生的另一种境界——随遇而安。那柔奴便是因为深谙了"随遇而安"的内涵与要义，因而能做到"此心安处是故乡"，并使自己"万里归来更年少""此心安处是吾乡"。直到今天，这句话仍被无数漂泊者当作自况、自慰之语。多少"身在异乡为异客"的人，因能随遇而安，故而不论在什么样的环境里均能安之若素。能安之若素，方可心无烦忧，一心做自己应做或爱做之事。

"随遇"者，顺随境遇也。"安"者，一可理解为听天由命，安于现状；二可理解为心灵不为不如意之境遇所扰，无论于何种处境，均能保持一种平和安然的心态，并继续坚持自己的追求。前者之"安"，或许可以称为"消极处世"，而后者之"安"，则需要一种良好的心理调节能力，甚至需要一种超脱、豁达的胸襟，不是人人都能做到的。

古人云："古之真人，其寝不梦，其觉无忧，其食不甘，其息深深。"真人者，有心灵之安，不仅可以使人"其寝不梦，其觉无忧"，而且可以使人乐观处世，永葆青春。

热不必除 穷不可遣

◇原文◇

热不必除，而除此热恼，身常在清凉台上；穷不可遣，而遣此穷愁，心常居安乐窝中。

◇**译文**◇

不一定要除去暑热本身，如果要去除暑热带来的烦恼，只要保持清凉的心境即可；穷困不一定要用什么特殊的方法改变，要排除穷困带来的忧愁，只要保持安乐的心境即可。

◇**精读解析**◇

某天，几个弟子为了“大悟”一意，争得面红耳赤。于是，他们几个一起来到智禅大师的栖室，问道：“这世间，何谓‘大悟’呢？”智禅大师微笑着说：“大悟自在心静中。”此时，那几个徒弟颇有些迷惑。

午膳之前，智禅大师带着那几个弟子，来到后山的李子林里。树头上的李子大都熟透了，紫里透红的浆果，散发出一缕缕诱人的芳香。智禅大师吩咐两个弟子，从树上采摘了一竹篓李子。而后，他让在场的每一位弟子品尝，李子的汁液像蜜汁一样甘甜。待吃完之后，智禅大师带着弟子走到一个小小的水潭前，他俯身掬起一捧潭水喝了起来。然后，他让弟子们也尝一下。

弟子们纷纷仿效师父的样子，喝了几口潭水后，便咂巴几下嘴。智禅大师问：“小潭的水质如何呢？”弟子们又用舌头舔了舔嘴唇，回答说：“小潭里的水，比我们舍近求远担来的水甜多了。往后，我们可以到这小潭来担水吃呀！”这时候，智禅大师便让一个弟子提了一木桶潭水。然后，他们回到寺院。午膳之后，智禅大师让每一个弟子都重新来品尝一下从后山小潭打回来的水。

弟子们尝过之后，大都将水从口里吐了出来，一个个都皱起了眉头。因为，这些水很涩，而且满是一股腐草味儿。智禅大师解释道：“为什么同一个小潭里的水，却有两种不同的滋味呢？因为你们先前品尝的时候，都吃过李子，口里留有李子的余汁，所以就把这水的涩给掩盖了。”众弟子们都认同地点了点头。

智禅大师看了看面前的徒弟，意味深长地说：“这世上有些事情，即使你我亲自体验过，也未必触及到它们的本质。因为往往有些事情，一时会被繁华的假象给隐藏了，‘大悟’就是这个道理呀！你我必须有一颗平静的心，抛却那些虚荣和浮华……”

人生会遭遇许多事，其中很多是难以解决的，这时心中被盘根错节的烦恼缠住，茫茫然不知如何面对？如果能静下心来思考，往往会恍然大悟，心静则一切豁然开朗。

世上本无事，庸人自扰之。人人都具有心力，大凡终日烦恼的人，实际上并不是遭遇了多大的不幸，而是自己的内心对生活的认识存在片面性，心无力而已。真正聪明的人即使处在烦恼的环境中，也能够自己寻找快乐。

作家吴淡如女士曾经在她的文章中提到过这样一组数据：“我们的烦恼中，有 40%属于杞人忧天，那些事根本不会发生；30%是无论怎么烦恼也没有用的既定事实；另 12%是事实上并不存在的幻象；还有 10%是日常生活中微不足道的小事。我们的脑袋有 92%的烦恼都是自寻烦恼，活该你烦恼。只有 8%的烦恼勉强有些正面意义。”

烦恼的情绪就像我们心灵花园中的垃圾，要给予清理才能保证不会被污染损害。想要消除夏天的暑热，根本不需要特殊的方式，只需消除烦躁不安的情绪，身体就宛如坐在凉亭上一般的凉爽；要想摆脱贫穷也不需要特殊的方式，只要能驱逐为贫穷而忧愁的错误观念，心境就宛如生活在快乐世界一般幸福。《菜根谭》说的便是要保持一颗清静心，以此远离烦恼与迷惘。有了清静心，遇到失意之事能治之以忍，遇到快心之事能视之以淡，遇到荣宠之事能置之以让，遇到怨恨之事能安之以忍，遇到烦乱之事能处之以静，遇到忧悲之事能平之以稳。

一个人的大清静，不是寂静无声、死气沉沉，而是看透繁华后的狂欢喜。当落英成泥，漫天的白雪便是最美的景色；当地瓜不在，周围的石头也能在心中散发出地瓜的香甜。一心清净，即使是冰天雪地、万物沉眠，心里的莲花也能处处开遍。

在忙碌、纷扰的生活外保持一颗清静的心，这是每一个人必须谨记在心的真理。人的心灵就是一方广袤的天空，它包容着世间的一切；心灵是一片宁静的湖水，偶尔也会泛起阵阵涟漪；心灵是一块皑皑的雪原，它辉映出一个缤纷的世界。舍弃了无谓的烦恼，保持内心的清净，我们也才能享受到生活的美好和幸福所在。

人情世态 平常看待

◇原文◇

人情世态，倏忽万端，不宜太过认真。尧夫云："昔日所云我，而今却是伊。不知今日我，又属后来谁。"人常作是观，便可解却胸中挂矣。

◇译文◇

人世间的冷暖炎凉，瞬息就会发生变化，不必看得那么认真。邵尧夫先生说："昨天所说的我，在今天已经变成了他。不知道今天的我，明天又变成谁。"人们常作这样的思考，就可以解开心中许多牵挂。

◇精读解析◇

三国时期，诸葛亮临危受命，立志北伐，以重兴汉室。可是，就在这个时候，蜀国南方的少数民族又来侵犯，诸葛亮当即点兵南征。

诸葛亮在首次交战中就擒住了少数民族的首领孟获。但孟获不服气，说胜败乃兵家常事。孔明知道他不服，就下令放了他。

放走孟获后，孔明故意散布说孟获将叛乱的罪名全推到他的副将身上，副将听后一直愤愤不平。一天，他将孟获请到自己帐内，然后绑送孔明。孔明用计擒获了孟获，但因其不服，就又放了他。

孟获回去以后，他的弟弟孟优给他献了个计谋。半夜时分，孟优带人来到汉营诈降，可惜被孔明一眼识破，于是下令赏了大量的美酒给这些少数民族士兵，结果孟优的士兵都喝得酩酊大醉。这时孟获按计划前来劫营，再次被擒获。这回孟获仍是不甘心，孔明就第三次放了他。

孟获回到大营，立即着手整顿军队，待机而发。一天，有探报说孔明独自在阵前察看地形。孟获听后大喜，立即带了人赶去捉拿诸葛亮，谁知又中了圈套。孔明知他这次肯定还是不会服气，就第四次放了他。

孟获带兵回到营中，洞主杨峰因为孔明对他有恩，就与夫人一起将孟获灌醉后押到汉营。孟获五次被擒仍是不服，大呼是内贼陷害。孔明便第五次放了他。

这次，孟获回去后不敢大意，他去投奔了木鹿大王。木鹿大王的营很偏僻，孔明带兵前往，一路历尽艰险，但最终汉兵还是打了败仗。后来，孔明造了大于真兽几倍的假兽，当他们再次与木鹿大王交战时，木鹿的人马见了假兽十分害怕不战自退了。这次孟获心里虽仍有不服，但再没理由开口了，孔明看出他的心思，第六次放了他。

孟获被释后转而投奔了乌戈国。乌戈国国王兀突骨拥有一支英勇善战的藤甲兵，所装备的藤甲刀枪不入。不过，孔明对此早有准备，他用火攻将乌戈国兵士皆烧死于一山谷中。孟获第七次被擒，孔明故意要再放了他。孟获此时已经心服口服，忙跪下起誓：以后将绝不再谋反。孔明见他已心悦诚服，觉得可以任用，于是便委派他掌管少数民族地区，孟获等听后不禁深受感动。从此孔明便不再为少数民族地区担心而专心对付魏国去了。

孔明七擒七纵孟获，正是着眼于长远，并不看重一时的得与失，而是顺其自然，直到孟获最终自己心服口服地归降。这种举动表面看起来令人不解，似乎白费了许多工夫，但实际上，只有这样才能保证蜀国南方的长远安定，如若没有这七擒七纵，以孟获反复无常的性格来看，再次动乱的可能性是非常大的。孔明七次放走孟获表面上看是失去了多次平定南方的机会，而实际上却是一劳永逸，再也不用分心应付南方的少数民族了。

古人说，人世间的冷暖炎凉变化很快，所以人们不应该看得那么认真，也不必计较于一时的得失，这样的话就可以免除许多烦恼。

的确如此，人生没有绝对的事情。在有些时候，失去的同时也得到了，而得到的远远比失去的要多。也许此时的境遇让我们觉得世界上所有的门都关上了，但是当我们平常待之时，这样的境遇也就变得习以为常了。很多人创造奇迹的关键就在于他们不计较一时的得失，而是顺其自然，以平常心来对待生活中的各种不如意。

因此，人们要相信上天是公正的，在一方面的遗憾一定会有另一方面的补偿，自然而然地面对生活，便会有意想不到的收获。

福祸无常　处之泰然

◇原文◇

子生而母危，镪积而盗窥，何喜非忧也？贫可以节用，病可以保身，何忧非喜也？故达人当顺逆一视，而欣戚两忘。

◇译文◇

孩子出生时母亲面临着生命危险，财富积累多了就会招致盗贼窥视，怎能说这是喜而不是忧呢？贫穷可以使人养成节俭的性格，患病可以使人注意养生，如何说这是忧虑不是喜事呢？所以通达的人应将顺境和逆境同样看待，将高兴和忧愁同时忘掉。

◇精读解析◇

走运与倒霉在世人眼里似乎是绝对对立的两个概念，但《菜根谭》中言，子生而母危，镪积而盗窥，所以，生子与多财都不是绝对的喜；同样，贫可以节用，病可以保身，所以穷与病也不是绝对的忧。事物总有两面，喜乐福祸亦是如此。

“祸兮福之所倚，福兮祸之所伏。”“福”就是走运，“祸”就是倒霉，两者互相依存，互相转化。不过走运有大小之别，倒霉也有大小之别，而两者往往是相通的。俗话说，爬得越高，跌得越重。运气越好，与之相伴生的倒霉恐怕也越惨，二者是一种对比上升的关系。

一个年轻书生，自幼勤奋好学。无奈贫瘠的小山村里没有一个好老师。书生的父母决定变卖家产，让孩子外出求学。

这天，天色已晚，书生饥肠辘辘准备翻过山头找户人家借住一宿。走着走着，树林里忽然窜出一个拦路抢劫的山匪。书生立即拼命往前跑，无奈体力不支再加上山匪的穷追不舍，眼看着就要被劫匪追上了，正在走投无路时，书生一急钻进了一个山洞里。山匪见状，哪肯罢手，也追进山洞里。洞里一片漆黑，在洞的深处，书生终究未能逃过劫匪的追赶，他被劫匪逮住了。一顿毒打自然不能免掉，身上的所有钱财及衣物，甚至包括一把准备为夜间照明用的火把，都被劫匪一掳而去了。劫匪给他留下的只有一条薄命。

之后，书生和山匪两个人各自分头寻找着洞的出口，这山洞极深极黑，且洞中有洞，纵横交错。

劫匪将抢来的火把点燃，他能轻而易举地看清脚下的石块，能看清周围的石壁，因而他不会碰壁，不会被石块绊倒。但是，他走来走去，就是走不出这个洞，最终，恶有恶报，他迷失在山洞之中，力竭而死。

书生失去了火把，没有了照明，他在黑暗中摸索行走得十分艰辛，他不时碰壁，不时被石块绊倒，跌得鼻青脸肿。但是，正因为他置身于一片黑暗之中，所以他的眼睛能够敏锐地感受到洞外透进来的一点点微光，他迎着这缕微光摸索爬行，最终逃离了山洞。

劫匪有火把的照明，结果却是迷失洞中，力竭而死。而书生置身黑暗，却凭借小心的摸索，找到了洞口。这样的一个故事，让我们有理由相信黑暗的降临是为了让我们发现光明。所以说，没有永久的幸福，也没有永久的不幸。否极泰来、苦尽甘来等流传已久的成语无不说明这点。而且中国历代的诗人、文学家，要是不倒霉就没办法走运。

司马迁在《太史公自序》中有这样一段话："昔西伯拘羑里，演《周易》；孔子厄陈蔡，作《春秋》；屈原放逐，著《离骚》；左丘失明，厥有《国语》；孙子膑脚，而论兵法；不韦迁蜀，世传《吕览》；韩非囚秦，《说难》《孤愤》；《诗》三百篇，大抵贤圣发愤之所为作也。"司马迁为他的前人算了总账，不过这个规律并没有停止运动。有许多的文学大家，都是在遭遇了祸事之后，才写出了震古烁今的杰作。像韩愈、苏轼、李清照、李后主等一批人，莫不如此。

最典型"国家不幸文章幸"的诗人就是杜甫了。杜甫早年官场得志、飞黄腾达，而他的才华此时已被荣华富贵、官场应酬等事所分散，他所写之诗往往局限于眼前所见。可当他失志的时候，又正值国家面临危难，他心中充满巨大痛苦，便走向社会，获得了更广阔的人生阅历和积累，写出的诗句往往充满着崇高的爱国情感。

晚唐诗人李商隐，他的一生都是夹杂在牛李党争中的，命运多舛，十分痛苦。他在这痛苦现实当中，却留下了许多空灵的杰作，似游离于佛家的无色界，又似在世不可自拔，既富有现实感，又有超脱的意味，他那优美沉郁的诗句怎能不成为不朽之作呢？

"月有阴晴圆缺，人有悲欢离合。"所谓幸运者是占有天时、地利、人和诸多优势的，因此福祸的变数也居多，谁又能洞明一切呢？"得之，我幸；不得，我命。"得到便是幸运，不得也算不上不幸，就算是不幸，受人奚落，也不必垂头丧气。遇到祸事以后，心里郁闷两天，发点小脾气，转瞬即逝。应该本着"塞翁失马，焉知非福"的生存准则。不过，这可不是一种自我安慰和阿 Q 精神，而是谈笑间淡然处之幸与不幸的关系。

第四章

明心交友

——辨真识假，待人以诚

侠心交友 素心做人

◇原文◇

交友须带三分侠气，做人要存一点素心。

◇译文◇

交朋友要有几分侠肝义胆的气概，为人处世要保存一种赤子的情怀。

◇精读解析◇

范仲淹在泰州当官的时候，结识了当时年仅二十岁的富弼。初次见面范仲淹就为富弼的才华所折服，对他大为欣赏，认为他有王佐之才，并借机把他的文章推荐给当时的宰相晏殊，还替他做媒，让他做了晏殊的女婿。

几年以后，山东一带多有兵变，有些州县的长官为了明哲保身，不仅不抵抗乱兵侵扰，还开门延纳，送礼讨好。后来兵变被镇压，朝廷派人追究这些州县长官的责任。

富弼得知此事后，便生气地说："这些人都应该被判死罪，否则的话，就没有人再提倡正气了。"

范仲淹对这件事的态度却迥异于富弼，他说："这些县官进行抵抗的话，又没有兵力，只是让百姓白白受苦罢了。他们这种做法，大概是为了保护百姓采取的权宜之计。"

二人意见不同，争执起来。

有人劝富弼说："你也太过分了，你难道忘记范先生对你的大恩大德了吗？你考中进士后，皇帝就下诏求贤，要亲自考试天下的士人。范先生听到这个消息以后，马上派人把你追回来，还给你准备好了书房和书籍，让你安心温习考试。如果不是范先生的义举，你岂能被皇帝赏识、谋得今天的成就地位？

富弼却回答说：“我和范先生交往是君子之交，范先生举荐我并不是因为我的观点始终和他一样，而是因为我遇到事情都有自己的主张。我怎么能为了报答他举荐我的恩情而放弃自己的主张呢？”

范仲淹听说这件事后，欣喜地说：“我果然没有看错富弼。恩情是一回事，主见又是另一回事，富弼时刻都懂得不因其中的任何一方而让另一方贬值。这就是我欣赏他的原因之一。”

范仲淹对富弼的举荐出于侠义，对富弼的理解则出于素心。前者让他不能眼看着富弼和机遇擦肩而过，后者使他在遭到反驳时仍能公私分明。范仲淹和富弼的这件事很好地诠释了“交友须带三分侠气，做人要存一点素心”这一句话。

“侠”是中国传统文化的一个方面，它尊崇坦荡无私、患难与共的精神。没有了刀光剑影，“侠”在交友的过程中，强调放下自我、为朋友赴险难、同大家共享安福。而“素心”则是一种修身养性的境界，它是一种朴实无华、纯净无私的心灵境地。为人处世的过程中，拥有一颗素心就要心胸坦荡、知足常乐。《菜根谭》之所以会把这两者并谈，是因为只有同时拥有这两样品质，我们才能在实际交往中于人无害，于己无憾。

如果真的把“君子之交”比作一弯溪流的话，侠义让这水流不断，哪怕朋友之间意见不合，也不会分道扬镳；而素心则保证着水流的清澈，人心不坏，才能澄净见底。

在我们现在的生活中，君子之交，虽然不再虚无，但它仍保留着不乘人之危、不落井下石的内涵和简单丰富的真谛。交友过程中，不失侠气，义字当先，不随波逐流、见利忘义，始终保持纯粹的心境，我们就不会失去珍贵的友谊。

不恶小人 有礼君子

◇原文◇

待小人，不难于严，而难于不恶；待君子，不难于恭，而难于有礼。

◇译文◇

对待心术不正的小人，要做到对他们严厉苛刻并不难，难的是不去憎恶他们；对待品德高尚的君子，要做到对他们恭敬并不难，难的是遵守适当的礼节。

◇精读解析◇

我们生活的世界是一个庞大烦冗的人际关系联合体，其中有各色人物，他们各有性格。只要我们身在一个团体中，我们就会和各种各样的人打交道，这些人有的是君子，有的则是小人。一个人要想拥有良好的人际关系，首先就要有容得小人、敬得君子的气量。

气量首先是指容得小人的气度。只有让小人知道了我们的忍让，我们和小人之间的问题才能迎刃而解。实际生活中，做一个有气量的人，对别人的狭隘主动选择包容，不仅有利于问题的解决，还能赢得他人的敬重。

其实，我们每个人在一生中都难免会遇到让自己不如意的人和事，这个时候，如果双方都得理不饶人，只会将事情越闹越大。所以，遇到这样的情况我们一定要学会去适当地包容，如此才能使“小人不恶”。

而和君子相交，气度不再指向忍让错误，而更倾向于包容差异、把握交往的距离。君子立身往往高于常人，注重涵养礼数，这样的人宁可孤傲一世，也不惜求和世俗相同。和君子相处时，我们不妨把尊敬留给他，而把距离留在心底。所谓君子之交淡如水，高明的人和君子相交，总是包容差异、成就和谐，在这个问题上晏婴的见解最为独到而且深刻。

一次，齐景公出猎归来，指着前来接驾的臣子梁丘据对晏婴说："这个梁丘据与我相处得最和谐。"晏婴不以为然，反驳说："他与你只不过相同而已，哪里谈得上和谐？"齐景公很纳闷："和与同还有区别吗？"晏婴说："和，如羹焉。"意思是说像厨师煮肉汤一样，把各种原料和作料加在一起，施以薪火，过则泄之，不及则济之，才能烹调出淳美大羹之味。晏婴又把和比作音乐，五声六律，刚柔清浊，疾之徐之，抑之扬之，才能奏出和谐动听的乐曲。同则相反，"以水济水，谁能食之？若琴瑟专一，谁能听之？"

晏婴用形象的比喻说明，和有学问、有道德的人交往，就应在不同见解中互相尊重、吸收、融合，和睦相处但不盲目苟同，心有敬重却不随波逐流。盲目趋同，甚至同流合污，虽共同谋事却各怀异心，这样的交往实际上是毫无意义的。

总的来说，要想在人际交往中和谐圆满，就要辨清君子小人，随机调控我们胸怀的容量。而人际是相互的，要想把气量调控用到点子上，关键靠三点：一是平等的待人态度，不自认为高人一等，保持一颗平常心，平视他人，尊重他人；二是宽阔的胸襟；胸怀坦荡，虚怀若谷，闻过则喜，有错就改；三是宽容的美德，能够仁厚待人，容人之过。因此，气量，实际上反映了一个人的素养和品性。

善人和气 凶人杀气

◇原文◇

善人无论作用安详，即梦寐神魂，无非和气；凶人无论行事狠戾，即声音笑语，浑是杀机。

◇译文◇

心地善良的人不要说其言行都很安详，即使是睡梦中的神情，也都洋溢着祥和之气；凶狠的人不要说其为人处世凶狠狡诈，即使是在谈笑之中，也一样充满了肃杀恐怖。

◇精读解析◇

为人善恶，本性使然，而本性这颗火种是不可能被一个人的表象所隐藏的。因为人的言谈举止是心灵的密码，细细观察一个人的神色气韵、举手投足，就可以从中品读出这个人的内心世界。《菜根谭》就在此道出这一世间常态：内心和善的人无论何时何地都显得安然祥和，一个生性凶恶的人再怎么百般掩饰，总会显露出凶猛。世人多善于伪装，所以，我们识人交友要多方面地考察、推究，切不可被表里不一的人迷惑。

我们在实际生活中会遇到形形色色的人，有的诚实、率真、胸无城府，有的则虚伪、圆滑、两面三刀。面对这种纷繁情况，如果不保持内心明慧、明察秋毫，就很有可能被人欺骗、利用。唐朝有一个叫吕元膺的人，他在交友上就独具慧眼，明察秋毫。

吕元膺任东都洛阳留守时，有和门客下棋的习惯。有一次，吕元膺和一名下级官吏一边下棋，一边批阅公文。这小官为了获胜，就趁吕元膺改公文的时候偷换了一枚棋子。等吕元膺回过神来再下棋时，棋局已变，而且自己是必输无疑。其实，小官的这个小动作已被吕元膺看在眼里。只是为了顾全对方的面子，吕元膺不好当即拆穿他，就做出甘拜下风的样子结束了这盘棋。

第二天吕元膺又把这个小官吏请到了自己的府上。小官吏本以为自己凭借一盘棋获得了吕元膺的赏识，表现得十分兴高采烈。不想吕元膺说了半天话，关于提拔却只字未提。正当小官吏心里打鼓时，吕元膺客客气气地对那门客说：“我这儿机会有限，难免会影响你施展抱负，如果你想有更好的发展，还是另请高就吧。”说罢，他命人呈上已经准备好的礼物，亲自为他送行，让他离开了自己的辖地。当时很多人对他的做法很是不理解，但是无论别人怎样询问，吕元膺都只是顾左右而言他。

直到病危前夕，他嘱咐自己的儿孙时才道出真相，说："十多年前我在东都时，为了这么一枚棋子辞却了一个和我交往甚好的门客，并且再也没有和他有过任何来往。说起来，他偷换一枚棋子本是小事一桩，但我却从中看到他的心术不正。后来果然不出我所料，这个人因贪赃枉法而丢掉了性命。别人误解我也好、说我无情也罢，我只是想让你们明白：为人处世，识人交友一定要认真对待，切不可被表象蛊惑。"说罢，他坦然地闭上双眼，溘然长逝。

吕元膺明察秋毫，识人于微，可谓明智。判断一个人的思想境界如何并不能只听这个人的一面之词，也不一定要等到这个人犯了什么大错才有顿悟，透过很多微小的细节就可以定夺了。

虽然说"恶之性不能易，如水之不能燥，火之不能温"，但是在如今这个时代，与不同的人打交道的时候用不同的策略，循循善诱，就可以掌握识人交友这一门学问。

忘功念过 忘怨念恩

◇原文◇

我有功于人不可念，而过则不可不念；人有恩于我不可忘，而怨则不可不忘。

◇译文◇

当我对别人有恩惠的时候，不应该总是记挂在心中；而当我做了对不住别人的事，则应当时时反省。别人对我有恩惠，不能够不牢记在心中；而别人对我有过失，则应当及时忘掉。

◇**精读解析**◇

一个人心里老是记着给予过别人的帮助，曾经帮助人的快乐就会慢慢变质，成为一种骄傲。同样的道理，一个人如果总是对别人的错误耿耿于怀，总有一天淤积的怨恨会搁浅这个人的人际关系。这个世界上能真正抑制这种骄傲和怨恨的唯有宽宏的器量。历史上，大凡声名显赫的人物，大多是那些拥有广阔胸襟的人。

胸襟广阔的人善于忘却，在为人处世时，他们总是淡忘自己的功劳，释放对别人的仇恨并能容忍对方，从而清除自己成功路上的绊脚石。光武帝刘秀之所以能开启汉代的中兴，其善于忘却的性情与宽宏的度量不能不说是其中的一个关键因素。

东汉光武帝刘秀在河北与自立为帝的王郎展开大战时，王郎节节败退，逃入邯郸城里。经过二十多天的围攻，刘秀大军攻破邯郸，杀死王郎，取得胜利。在清点缴获来的书信文件时，官员们发现了几千封和王郎私通的信件。写这些信件的人都是刘秀这一方的人，有官吏，有平民，也有士兵，而信件的内容大都是吹捧王郎、攻击刘秀的。

看到这些信件后，有的人很气愤，说这些人吃里爬外，应该抓起来统统处死。曾经给王郎写过信的人，也都害怕刘秀怪罪，终日提心吊胆。

刘秀知道这件事后，立即召集文武百官，又叫人把那些信件取过来，连看也不看，就叫人当众把它们扔到火中烧掉了。刘秀对大家说：“有人过去写信私通王郎，做了错事。但事情已过，可以既往不咎。希望那些过去做错事的人从此安下心来，努力供职。”

刘秀的这种处理方法，使那些曾经私通王郎的人松了一口气。他们都从心底里感激刘秀，甘愿为他效劳。

要想成就大事，必定要涉及用人。而用人除了知人善用外，最难的怕是容忍他们的过错了。世界上没有不犯错的人，如果抓住别人的错误不放，三天一提，五天一批，不仅会有损团队的锐气还会降低自己的魅力。做到“人有怨于我，不可不忘”也不过刘秀这般。正是因为刘秀放下了别人的背叛才赢得了更多人的忠诚，这是他自己的胸怀和智慧，也是后人尊崇他的理由。

其实这种善于淡忘的宽容不仅是成大事的关键因素，还是人们在人际交往中，获取成功的重要因素。

子夏的弟子问子张：“什么是交朋友之道呢？”

子张反过来却问：“你的老师是怎么告诉你们的？”

子夏的弟子说：“我们的老师教我们，对于可以交的朋友，就和他往来做朋友，不可以交的朋友，就距离远一点。”

子张听后摇摇头说：“我听到的和你说的不一样，我的老师孔子说，一个人在社会中交朋友要尊贤，有学问有道德的人值得尊敬，而对于一般没有道德、没有学问的人则需要包容，对于好的有善行的人要鼓励他，对不好的、差的人要同情他。”

子夏的交友之道是明哲保身的做法，而子张口中的交友之道是胸怀宽广的表现。不同交友之道，同样有可取之处，但是后者比前者更有胸怀。

在现实生活中我们要时刻修炼这种胸怀和器量，这是一种不需投资便能得到的精神高级滋补品。首先，我们要学会记住别人给过我们的帮助，哪怕滴水之恩，我们也要涌泉相报。其次，我们要反省自己给别人带去的麻烦，并尽量改正和弥补。最后，我们才要学会淡忘，忘记自己给予别人的帮助，忘记别人给我们带来的不便。当我们这样去做的时候，我们和他人的交往，就会淡去不平、烦恼和怨恨，提纯友情、快乐和幸福，最后得到的是宽广、博大、舒畅和融洽的人际关系。

热心之人 其福亦厚

◇原文◇

天地之气，暖则生，寒则杀。故性气清冷者，受享亦凉薄。惟和气热心之人，其福亦厚，其泽亦长。

◇译文◇

自然界的气候规律是，气候温暖的时候就会催发万物生长，气候寒冷的时候就会使万物萧条沉寂。所以一个人如果心气孤傲冷漠，只会受到同样冷漠的回报。只有那些充满生命热情而又乐于助人的人，他所得到的回报才会深厚，福祉也才会绵长久远。

◇精读解析◇

有过用柴草生火经历的人都知道，要点燃木柴，先要用干枯的细枝去引火，火才能越烧越大；如果里面有湿柴，刚燃的火苗很快就会熄灭。但是，一旦火堆燃烧起来了，即便扔进去的是刚砍的湿木头，很快也会被火焰带动起来，一起燃烧。这其中便蕴含了《菜根谭》中所讲的一个道理：用足够的真诚去感染他人，就能让对方感受到自己的善意，并能在我们陷身于险境时给予我们帮助。

秦缪公当政时，秦国遭遇大饥荒，国势危急。想到曾经有恩于晋国，秦缪公认为如果派人去向晋国求救，晋国应该会出于感激而资助自己的国家。可是结果却事与愿违，晋国不但不给秦国援助，还趁机派兵攻打秦国。

秦缪公大怒，便对全国百姓说：“我们秦国曾有恩于晋国，可是晋国忘恩负义，还乘人之危，攻打我们，是可忍孰不可忍！我们一定要让他们知道这样做的后果。”于是缪公派丕豹带领军队攻打晋国，而且旗开得胜。但是毕竟秦国刚逢大灾，国库空虚，不宜久战。可秦缪公出于一时怒气做出了继续追击晋军的错误决定。

这天，秦缪公带领他的部队带领自己的几个手下，一直追到晋国腹地，渐渐地和大队人马失去了联系。

被逼到死角的晋军见秦缪公人少，趁机包围了秦缪公和他的几个手下。眼见着寡不敌众的时候，晋国的军队大乱。原来有一群人在晋军后面来了个突然袭击。这些人都是曾经受过秦缪公恩惠的人。这些人感恩戴德，便在秦缪公有难时给予了及时的帮助，帮他渡过了难关。

孟子说："得道者多助，失道者寡助。"晋国忘恩负义引来战事，秦国施惠散义赢得援助。战争就是这样充满戏剧性，而冲突解决往往有利于那些道德上略高一筹的人。

生活也蕴含着同样的道理，当我们孤傲冷漠地对人时，只会得到同样冷漠的回报。只有那些充满生命热情而又乐于助人的人，得到的回报才会深厚，福祉也才会绵长久远。一言蔽之就是"帮人最终帮自己"。

在日常工作中，人与人之间免不了互相帮忙。但帮助必须是诚挚的。这不仅使得付出关切的人和接收关切的人都有成就感，还会使当事人双方都会受益。当一个人尽自己所能成人之美时，他就是在帮助自己。因为在这个由人组成的社会里，当接受我们帮助的人对我们十分感激时，我们就会感受到一种温情，这种温情让我们感觉更舒服。那种因为使别人幸福而令自身欣喜的感觉，让我们知道幸福的真正含义，让我们想远离那种生活如行尸走肉般的冷漠世界。

幸福是捉摸不定的事物。但是当我们用足够的真诚给他人以方便时，对方的心灵就会成为幸福生长延伸的土地。当我们的善意被对方接受时，我们的幸福也就来到了。而且这样得来的幸福会像《菜根谭》这里说的那样"福亦厚，其泽亦长"。所以说人的一生当中为自己找到幸福的最有保障的方法就是奉献我们的精力，努力使其他人获得快乐。

毋形人短 毋忌人能

◇原文◇

毋偏信而为奸所欺，毋自任而为气所使；毋以己之长而形人之短，毋因己之拙而忌人之能。

◇译文◇

不要盲目相信某一方面的言辞而被那些奸邪的小人所欺骗，也不要自以为绝对正确而被一时的意气所驱使；不要用自己的长处来比较人家的短处，不要因自己的笨拙而嫉妒人家的才能。

◇精读解析◇

人生境界关系个人的成就、品位与气度。人生境界有高有低，有狭有宽，有大有小，境界在哪里，人生就到哪里。所以《菜根谭》说不要意气用事，不要偏信谗言，不要以己所长比他人所短，不要因自己的无能而嫉妒他人，不要妄执烦躁，应该冷静处世，不能太浮躁，这样才能清楚地衡量自己，把握人生。虽然说境界各有不同，且也各有各的自在，但人生总是要由自己写就。回归本性，谦虚从事，尊重他人，不仅可以远离谄媚，也能为自己修身进福。

西汉时期，汝南的翟方进与清河的胡常曾经是同窗，在一起共同研习过经学。

后来虽然胡常比翟方进先当官，但在学问上的名声却一直不如翟方进，因此胡常对这位昔日的同窗好友十分嫉妒，经常在别人面前讲翟方进的不是，挑他的毛病。这件事情，后来传到了翟方进耳中，他非但没有生气，反而在胡常给门生讲课时，派自己的学生去胡常处旁听，并让他们经常向胡常请教经书中的疑难问题，认真进行记录。胡常并不知道翟方进此举动的初衷，只是过了很长一段时间后，胡常才猛然觉悟翟方进这是在有意推崇他，为他树立良好的威望，心中顿时感到惭愧。自此，胡常再也不处处与翟方进作对，反而改变了以往的做法，无论是为官，还是论学，都对翟方进极度称赞。

翟方进不以自己的长处比人家的短处，也不像胡常那样因自己的不及而妒忌他人，他宽容待人，谦虚处事，尊重他人最终也赢得了别人的尊重。

比他人之短，嫉妒他人的人，总是会有的。“生活不是攀比，幸福源自珍惜。”嫉妒是一种难以公开的阴暗心理，是人们普遍存在着的人性弱点，有时嫉妒心理还会带来自身的毁灭。

嫉恨别人，于是竭力贬低、败坏别人，对别人的进步和成就总是不屑一顾，看不到自己和别人之间的差距，不想奋力赶上。这样，自己与被嫉妒者之间，必然拉开更大的距离，到头来自己只能是越来越落后。嫉妒人家，无非是怕人家比自己强。但是，怕也无济于事，嫉妒不能给自己增加什么好处，反而更加显示出自己的落后、狭隘。

常说人的精神境界要高，越高越好，但人的行动及现实生活，要尽量放低，因为只有在最低处，你向上的势能才更大更足。所以，做人有时候需要像静静的流水一般，不论在什么情况下都不会让自己锋芒毕露，树敌太多。

人各有长短，看到自己长处的同时，也要看到自己的短处；看到他人的短处时，也应看到他人的长处。发扬己长，克服己短，学习人长，避开己短，这才是积极的态度和方法。为人处世一定要把握一个度，不要把自己看得太高，不要到处争强好胜，应收敛锋芒，平平淡淡地处世，这样在人生的道路上才能走得更好。

己所不欲 勿施于人

◇原文◇

人之短处，要曲为弥缝，如暴而扬之，是以短攻短；人有顽固，要善为化诲，如忿而疾之，是以顽济顽。

◇译文◇

对于他人的不足之处，要想办法为人家掩饰弥补，故意暴露宣扬，那就是用自己的毛病去攻击人家的毛病；对于别人的执拗，要善于诱导教诲劝解，因为他的固执而愤怒或讨厌他，不仅不能使他改变固执，还等于用自己的固执来强化别人的固执。

◇精读解析◇

别人犯了错误，有了短处，你耳闻目睹，关键的是要懂得保持沉默，可以在没有旁人的时候会心交谈，让对方改正，而千万不要宣扬。否则，不仅将他人推入窘境，也有可能为自己树立了一个敌人。即使人家固执一些，你也应当耐心说服，而不是讨厌他，拒绝他，若那样做，对方就越发错上加错。正所谓“己所不欲，勿施于人”。

“己所不欲，勿施于人”是指自己不想要的东西，一定不要强加给他人。这里强调的同样是一个宽恕待人的道理。看过鲁迅《阿 Q 正传》的人都知道阿 Q 有一头癞疮，他平时最记恨别人这么说他。“打人莫打脸，骂人不揭短”，谁都会有不完美的地方，如果非刻薄地揪住他人的短处不放，那结果肯定是不欢而散。此时要懂得用发自内心的诚意以切实的言行引导和感化他人。

春秋末期，齐国和楚国都是大国。有一次，齐王派大夫晏子去访问楚国。

楚王仗着自己国势强盛，想乘机侮辱晏子，显显楚国的威风。

楚王知道晏子身材矮小，就叫人在城门旁边开了一个五尺来高的洞。晏子来到楚国，楚王叫人把城门关了，让晏子从这个洞进去。晏子看了看，对接待的人说："这是个狗洞，不是城门。只有访问'狗国'，才从狗洞进去。我在这儿等一会儿，你们先去问个明白，楚国到底是个什么样的国家？"接待的人立刻把晏子的话传给了楚王，楚王只好吩咐打开城门，迎接晏子。

晏子见了楚王，楚王瞅了他一眼，冷笑一声，说："难道齐国没有人了吗？"晏子严肃地回答："这是什么话？我国首都临淄住满了人。大伙儿把袖子举起来，就是一片云；大伙儿甩一把汗，就是一阵雨；街上的行人肩膀擦着肩膀，脚尖碰着脚跟。大王怎么说齐国没有人呢？"楚王说："既然有那么多人，为什么打发你来呢？"晏子装着很为难的样子，说："您这一问，我实在不好回答。撒谎吧，怕犯了欺骗大王的罪；说实话吧，又怕大王生气。"楚王说："实话实说，我不生气。"晏子拱了拱手，说："敝国有个规矩：访问上等的国家，就派上等人去；访问下等的国家，就派下等人去。我最不中用，所以派到这儿来了。"说着他故意笑了笑，楚王只好赔着笑。

接着，楚王安排酒席招待晏子。正当他们吃得高兴的时候，有两个武士押着一个囚犯，从堂下走过。楚王看见了，问他们："那个囚犯犯的什么罪？他是哪里人？"武士回答说："犯了盗窃罪，是齐国人。"楚王笑嘻嘻地对晏子说："齐国人怎么这样没出息，干这种事儿？"楚国的大臣们听了，都得意扬扬地笑起来，以为这一下可让晏子丢尽了脸了。哪知晏子面不改色，站起来，说："大王怎么不知道啊？淮南的柑橘，又大又甜。可是橘树一种到淮北，就只能结又小又苦的枳，还不是因为水土不同吗？同样道理，齐国人在齐国安居乐业，好好地劳动，一到楚国，就做起盗贼来了，也许是两国的水土不同吧。"楚王听了，只好赔不是，说："我原来想取笑大夫，没想到反让大夫取笑了。"

从这以后，楚王不敢不尊重晏子了。

楚王有失礼节，晏子知礼且据理力争，几个回合下来，楚王输给了晏子，并且心服口服。假如当初晏子不顾礼节，面对楚王的挑衅勃然大怒，那结果只会惹来楚国君臣的耻笑而已。

揭他人的短处，有时是故意的，那是互相敌视的双方用来作为攻击对方的武器；揭他人的短处，有时又是无意的，那是因为某种原因一不小心犯了对方的忌讳。有心也好，无意也罢，在待人处世中揭人之短都会伤害对方的自尊，轻则影响双方的感情，重则反目成仇。

人应该有宽广的胸怀，用对待自己来作为参照物对待他人。既不会破坏与他人的关系，也不会将事情弄得僵持而不可收拾。这是尊重他人，平等待人的体现。每个人都有所长，亦有所短，要善于发现别人身上的优点，夸奖其长处，而不要抓住别人的隐私、痛处和短处，大做文章。

阴者勿交 傲者勿言

◇原文◇

遇沉沉不语之士，且莫输心；见悻悻自好之人，应须防口。

◇译文◇

遇到表情阴沉不说话的人，暂时不要急着和他交心谈心；遇到高傲自大、愤愤不平的人，要谨慎自己的言谈。

◇精读解析◇

俗话说，在家靠父母，出门靠朋友。朋友在我们的生活、工作中扮演了极为重要的角色。会交友，广交友，交好友，应该把握一定的尺度，这样方能取朋友之利，助你一臂之力。另外，对待朋友要真诚坦率，设身处地为朋友着想，这样朋友间的友谊才会天长地久。

《菜根谭》讲，“遇沉沉不语之士，且莫输心；见悻悻自好之人，应须防口”。其中的道理是，如果你遇到一个表情阴沉、不喜欢说话的人，千万不要推心置腹表现你的真情；如果你遇到一个自以为是、固执己见的人，你要小心谨慎，尽量不和他说话。交朋友要谨慎选择，不要因为错选了朋友而影响了你的一生。然而选准真朋友并不简单，所以古人常有“相识满天下，知音能几人”的慨叹。

一天傍晚，有两个要好的朋友在林中散步。突然，有个人惊慌失措地从林中跑了出来，两人见状，便拉住那个人问：“你为什么如此惊慌，到底发生了什么事情？”

那人忐忑不安地说：“我正在移植一棵小树，却忽然在土里发现了一坛金子。”

两个人对视一眼，说：“你这个人真蠢，挖出了黄金还被吓得魂不附体，真是太好笑了。”随后他们又交换了一下眼色问道：“你是在哪里发现的，告诉我们吧，我们不害怕。”

那人说：“还是不要去了，这东西会吃人的。”

两个人异口同声地说：“我们不怕，你就告诉我们黄金在哪里吧。”

那人告诉了他们具体的地点，两个人跑进树林，果然在那个地方找到了黄金。

其中一人说：“我们要是现在把黄金运回去，不太安全，还是等天黑再往回运吧。这样吧，现在我留在这里看着，你先回去拿点饭菜，我们在这里吃过饭，等半夜再把黄金运回去。”

于是，另一个人就回去拿饭菜去了。

留下的人看着满坛的金子，不由得动了歪心思，他想：“要是这些黄金都归我，那该多好呀！”而回去的那个人一边准备饭菜一边想：“如果他死了，那么黄金不就都归我了吗？”

当他提着饭菜刚到树林里，留守的人突然出现在他背后，用木棒狠狠地打向了他的头，这人当场毙命了。然后，那个人拿起饭菜狼吞虎咽地吃了起来。不久之后，他也倒地抽搐起来，这才明白原来饭菜里已经被下了毒。

临死前，他想起了发现金子那人说的话："果真是应验了，原来金子也会吃人呀！"

故事里的这两个人根本算不得真正的朋友，他们抵不住诱惑，在利益面前互相算计，最终只会自尝苦果。真正的友情应该具有无所求的品质，一旦有所求，"求"也就成了目的，友情就会因此转化为一种外在的装点，而丧失了最初对灵魂相知的渴望。

友有"益友""损友"之不同。孔子说"益者三友"——"友直、友谅、友多闻，益矣""损者三友"——"友便辟，友善柔、友便佞，损矣"。就是说，要与正直的、诚恳的、见闻广博的人交朋友，这才有益；同谄媚奉承、当面恭维背后诽谤、喜欢夸夸其谈的人交朋友，那是有害的。交益友，在品德上可以互相砥砺，在工作上能够互相促进，在生活上可以互相照顾，有了困难能够互相帮助，有了缺点能够互相规劝、批评，在学识上能够互相取长补短，这对一个人的成长进步无疑大有好处。反之，交了"损友"，当面说好话，背后却要手腕、使绊子，甚至攻讦戕害，自然是有害无益、有损无补了。

阴者不交，傲者勿言，主要是要求在与人交往的过程中要善于辨别，慎重选择。

故旧之交 意气越新

◇原文◇

遇故旧之交，意气要愈新；处隐微之事，心迹宜愈显；待衰朽之人，恩礼当愈隆。

◇译文◇

遇到过去的老朋友，情意要如同对待新知一样特别热烈真诚；处理某些隐秘细微的事情，态度要更加光明磊落；对待年老体弱的人，礼节应当更加恭敬周到。

◇精读解析◇

任昉是南朝梁著名的作家，以散文著称于世，时人把他的文章和沈约的诗相提并论，誉为“沈诗任笔”。

任昉喜爱交朋友，任御史中丞时，热情好客的他几乎每天都邀请文友到家中来饮酒赋诗。除此之外，任昉还经常和友人张率、到溉、陆倕等人游山玩水，颇为有兴致，他们之间的聚会游玩号称龙门游，又称兰台聚。这些朋友们聚在一块，总是会称赞任昉绝妙的文笔，并且信誓旦旦地要与之保持永久的友谊。但是，任昉死后，家道中落，生前的好友再也没出现在任家，而任昉的儿子们也只好过着异常穷困的生活。

有一天，学者刘峻偶遇到任昉的儿子西华，听他说完任家的近况后，深感愤慨：那些称千秋万代都要成朋友的人，都跑到哪里去了？于是，提笔写了一篇《广绝交论》，刘峻在文章中将朋友分为了几种类型，有以贿赂交、以权势交、以贪富交、以善谈交、以气量交等，特意来讥讽任昉生前的旧友，慨叹人心的险恶。

这篇文章一传开后，那些旧时的朋友，纷纷感到不安，深感惭愧。

任昉满腹才华，家庭富有时，门庭也若市。而当他死后，家道中落，后代却无人问津，这听起来未免有些悲凉。人是需要关怀和帮助的，也最为珍惜自己在困境中得到的关怀和帮助。有人说，真正的朋友是雨中的一把伞，是雪中的一捧炭，是寒室中温暖的棉被，是佳肴中不可缺少的盐。

在别人富有时送他一座金山，不如在他落难时送他一杯水。人们总会在现实生活中遇到一些困难，遇到一些自己解决不了的事情，这时候，如果能得到别人的帮助，他们将会永远铭记在心，感激不尽。帮助别人不一定是物质上的帮助，简单的举手之劳或关怀的话语，就能让别人产生久久的感动。

有许多曾经被我们一度引以为近友的人，由于经不起漫漫岁月的消耗，渐渐远离。剩下的一些，有的或许能一同走完生命的长路，有的依旧慢慢地分离。对于早年的交情，理当珍惜，失去它是件非常可惜的事情。尽管常常可以摆出许多理由说自己只是出于无奈，性格志趣越来越不相投，对方的缺点越来越多等，但是这些统统只是逃避的借口。

喜新厌旧是很多人都犯过的毛病，交了新朋友就会渐渐疏远旧日的朋友，这不算是真正的朋友。即便平时真的忽略了，当朋友有了困难，这个时候应该挺身而出。

遇到多年不见的老友时，情意要特别真诚与热情，气氛要特别热烈；处理某种隐秘事情时，居心要特别坦诚，态度要特别开朗；服侍衰弱的老人时，举止要特别殷勤，礼节要特别周到。朋友之间就是要相互帮助的。

人常说，“三十年河东，三十年河西”，今天对别人真心相助，说不定哪一天陷入困境，求助于别人的人成了自己。不仅如此，如果能做到帮助曾经伤害过自己的人，不但能显示出博大的胸怀，而且还有助于“化敌为友”，为自己营造一个更为宽松的人际环境。

交友识人　独具慧眼

◇原文◇

毋因群疑而阻独见，毋任己意而废人言，毋私小惠而伤大体，毋借公论以快私情。

◇**译文**◇

不能因为大家都持怀疑的态度而影响自己独到的见解，不要固执己见而不重视别人的意见，不要因为贪恋小的私欲而影响了大家的利益，不要借公众的舆论来满足自己个人的私欲。

◇**精读解析**◇

《菜根谭》中“毋因群疑而阻独见，毋任己意而废人言，毋私小惠而伤大体，毋借公论以快私情”是一种中庸之道，是锻炼个人性格的极好方式，也是完善自我、超越自我的一种表现。而且这种智慧完全可以运用到识人察人上来，识人不能从众，要有自己的见解，还要有远见，目光长远才会获得成功。因为今日落魄的人明日也许一鸣惊人。清朝著名徽商胡雪岩就深知这一点，在识人用人时别具一格，不受私欲是非所扰。

胡雪岩曾经选用过一个外号为“小和尚”的小混混，他叫陈世龙。在别人看来，陈世龙整日游手好闲，不务正业，但是胡雪岩认为他虽然不适合做档手，却是个跑外场的好手。

胡雪岩与他初次见面时就发现他头脑很灵活，毫不怯场，对胡雪岩提出的问题对答如流，因此初步的印象就是“这后生可以造就”。此外，他从其他人那里得知，虽然陈世龙吃喝嫖赌样样都精，但是也很重义气，绝不吃里爬外，这也让他很满意。

但是，胡雪岩也对陈世龙做了一番试验。他们在交谈的时候，陈世龙已经答应会戒赌，所以分别的时候，胡雪岩故意给了陈世龙一张五十两的银票，他知道好赌成性的人但凡有钱，手就会痒。果然，陈世龙拿到钱后去了赌场。但是他只是转了一圈，挡住了别人对他的诱惑。胡雪岩向来重信义，这件事让他确信陈世龙说话算话，是个真汉子，也是个可造之材，于是就把陈世龙留在了身边，后来陈世龙果然成为他的得力助手。

在旁人看来陈世龙是不值得重用的，但是胡雪岩并没有放弃自己的见解，却也没有忽视他人的忠告，在坚持己见的同时也对陈世龙进行了一番考验，从他身上发现对自己的事业有帮助的潜力，于是才委以重任，加以磨炼。

子曰：“众恶之，必察焉；众好之，必察焉。”大家都厌恶他，我必须考察一下；大家都喜欢他，我也一定要考察一下。近代学者章太炎先生认为孔子主张在察人、识人时，不能人云亦云、随波逐流，不以众人的是非判断标准决定自己的是非判断。要经过自己的独立思考，进行理性的判断，然后再做出结论。

察人的慧眼需要有预见的能力，然而，预见能力本身是无法学习的，必须通过具备丰富的知识和经验来获得。更重要的是，具有开阔的思路，不轻易地下决断，更不能因个人私利而伤害整个大局。

识人要有远见，只看眼前的景象和一时的情况做出的判断并不完整和全面。人要有长远的眼光，在人际关系中，才能得到更多你想要的信息和帮助，并最终走向成功。

亲善杜谗 除恶防祸

◇原文◇

善人未能急亲，不宜颂扬，恐来谗谮之奸；恶人未能轻去，不宜先发，恐遭媒孽之祸。

◇译文◇

好人不能急着和他亲近，也不应当事先就去赞扬他的美德，为的是防止遭受奸邪小人的诽谤；坏人不能轻易除去，则不应当事先揭发他的罪行，为的是防止受到报复和陷害之灾祸。

◇精读解析◇

如果想结交一个有修养的人不必急着跟他亲近，也不必事先来赞扬他，为的是避免引起坏人的嫉妒而背后诬蔑诽谤；如果想要摆脱一个心地险恶的坏人，绝对不可以草率行事随便把他打发走，尤其不可以打草惊蛇，以免遭受这种人的报复。

与人交往切忌不要操之过急，否则只会取得相反的效果。我们必须尝试着去保持所谓的“等距离外交”。

清朝末年，陈树屏做江夏知县的时候，张之洞在湖北做督抚。张之洞与湖北巡抚谭继洵关系不太融洽，多有矛盾。谭继洵就是后来大名鼎鼎的“戊戌六君子”之一谭嗣同的父亲。

有一天，张之洞和谭继洵等人在长江边上的黄鹤楼举行公宴，当地大小官员都在座。后来，有人谈到了江面宽窄问题，谭继洵说是五里三分，曾经在某本书中亲眼见过。张之洞沉思了一会，故意说是七里三分，自己也曾经在另外一本书中见过这种记载。

督抚二人相持不下，在场僚属难置一语。于是双方借着酒劲儿戗戗起来，谁也不肯丢自己的面子。于是张之洞就派了一名随从，快马前往当地的江夏县衙召县令来断定裁决。知县陈树屏，听来人说明情况，急忙整理衣冠飞骑前往黄鹤楼。他到了以后刚刚进门，还没来得及开口，张、谭二人同声问道：“你管理江夏县事，汉水在你的管辖境内，知道江面是七里三分，还是五里三分吗？”

陈树屏对两人的过节已有所耳闻，听到他们这样问，当然知道他们这是借题发挥。但是，张、谭二人他谁都得罪不起，所以肯定任何一人都会使自己陷入困境。后来，他从容不迫地拱拱手，言语平和地说：“江面水涨就宽到七里三分，而水落时便是五里三分。张制军是指涨水而言，而中丞大人是指水落而言。两位大人都没有说错，这有何可怀疑的呢？”

张、谭二人本来就是信口胡说，听了陈树屏这个有趣的圆场，拊掌大笑，一场僵局就此化解。

陈树屏深知自己两边都得罪不起，但是又不能不表明态度和立场。这个时候谁也不得罪才是求生存的最好办法。

也许有很多人认为，这种等距离外交、谁也不得罪的做法是一种墙头草的行径，十分令人瞧不起。大丈夫敢作敢为，必须敢于挺身入局表明自己的立场。其实这是一种误解。等距离外交不过是中庸的处世方式，其目的是在冲突的最初阶段更好地保护自己，并且在将来挺身入局的时候能够占据更为有利的地位。所以它不是墙头草的行径，而是一种智慧的选择。

常言道，人心险恶。有的人外表看起来很敦厚老实，和气慈祥，但是内心却是十分奸险与凶悍。而有些人外表看起来严厉，可是内心却通情达理。所以，在人际交往中，应该谨记等距离外交，“善人未能急亲，恶人未能轻去”。

警言救人 无量功德

◇原文◇

士君子，贫不能济物者，遇人痴迷处，出一言提醒之，遇人急难处，出一言解救之，亦是无量功德。

◇译文◇

一个有学问、有节操的人，虽然贫穷无法用物质去接济他人，但当碰到别人为某件事执迷不悟时，能去指点他、提醒他、使他领悟，在别人危急困难时，能为他说几句公道的话，说几句安慰的话，使他摆脱困境，这也算是无限的大功德。

◇精读解析◇

生活就好像在爬山。如果在前面的人能够经常回头来跟后面的人开一句玩笑，或者招招手，说一些鼓励的话，对后面的人有很大的帮助。生活里的每一个人都是爬山的人，应该相互帮助和鼓励。

一个人贫穷落后并不值得自卑，也不影响其帮助和鼓励别人。其实在别人惶惑和痴迷中给予一个正告，也就是莫大的恩惠。或许因为你这句警语，能转变了他的命运，把他从困境中解脱出来，让他身心愉悦，这也是你的积德之举。汉代有个县令叫陈实，就因为一句话解救了他人并使之走上正道。

汉太丘县令陈实，早年在家乡时就以公正而闻名。当地的百姓凡有争执纠纷的，都请他出面判定，他总是都能清楚公道，说明是非曲直，被判双方都很满意，有的甚至感叹说："宁可遭受肉体处罚，也不要被陈先生说声不是。"

当时经常发生饥荒，老百姓都很穷，有个小偷夜间潜入陈实的卧室，躲在房梁上准备等他睡着了行窃。陈实发现了，没有大喊"捉贼"，而是起身整了整自己的衣服，将儿孙们召进房门，严肃地教导说："人不能不知道自勉。那些后来表现不好的人，未必一生下来就坏，只是因为沾染了坏习惯，才达到这种地步，梁上的那位君子大概就是这样。"

小偷一听大吃一惊，连忙跳下地来，向他叩头请罪。陈实慢慢地开导他说："看你的模样，不像坏人，应该很好地克服自己的恶习，重新做人。你干这种见不得人的事，只怕是因为贫穷所迫吧。"随即，陈实吩咐家人送给他二匹绢，让他回去自力更生。

此事很快就传遍全县，全县的盗窃案从此销声匿迹。

陈实讲这些话时，不是严厉的呵斥，也不是讲什么仁义道德的大道理，而是合乎情理，娓娓道来，晓之以理，动之以情，令小偷改过自新。

宋代文士袁采说过："圣贤犹不能无过，况人非圣贤，安得每事尽善？"人不可避免地会出现或大或小的错误。同时，人生不如意十之八九，即使是一个十分幸运的人，在他的一生中也总有一个或几个时期处于十分艰难的情况，总能一帆风顺的时候几乎没有。既然如此，我们就不应横加指责，鄙夷嫌弃，而是要懂得向处于迷途与困境中的人伸出援助之手，给他以精神上的鼓励，让他产生改正错误、战胜一切困难的信心。

一个人的才能和力量总是有限的，很多时候我们都需要别人的帮助。不要吝啬对他人的鼓励和帮助，因为一句话可能会让对方终身受益。每个人都有可能遇到生活上的不同考验，在别人经历风雨的时候，及时地给予一些安慰和鼓励，送上一句“下次努力”“这些困难算什么”的话，那么，有一天当我们自己也陷入困境中时，我们也会得到这样的安慰和鼓励。

着眼内在 鸣其天机

◇原文◇

人情听莺啼则喜，闻蛙鸣则厌，见花则思培之，遇草则欲去之，俱是以形气用事。若以性天视之，何者非自鸣其天机，非自畅其生意也?

◇译文◇

一般人总是听到黄莺啼叫就高兴，听到蛙鸣就厌恶，看见花木就愿意栽培它，看见野草就想拔掉，这都是根据对象的外形来决定好恶。如果以自然的本性来看待，哪一类动物不是随其天性而鸣叫，哪一种草木不是在畅显自己的生机呢?

◇精读解析◇

一对夫妇的一个朋友从国外回来，给他们带了一篮价格昂贵的苹果。夫妻俩觉得很新鲜，把苹果放在果盘里摆着，一直舍不得吃。后来妻子认为这样好的苹果，放在一个普通的果盘里，显得那么不协调，于是他们狠狠心买了价值不菲的水晶果盘，觉得这样才配得上这些色泽美丽的苹果。

可过了一段时间后，他们又发现放置果盘的茶几太旧了，实在不配，于是又买了一个新茶几。既然买了新茶几，肯定也要买配套的沙发，不久，沙发也搬回家了。

但更糟糕的事情发生了，贵重的果盘、新式的茶几、流行的沙发和其他家具是那样地格格不入，于是他们狠狠心，把家里的家具全换了一遍。家具换完了，这下是房子了，这房子还是这对夫妇刚工作的时候单位分的旧房，也有十几年的历史了。他们最后下定决心，要换就换彻底。他们把旧房子卖了，又向朋友东借西凑，好不容易买了一栋小商品房。

当二人坐在新家里，再次款待那位朋友时，女主人让朋友给她的新家提点意见，朋友笑了笑，指着空空如也的水晶果盘说，里面放上些苹果不是更好吗？夫妻二人忽然发现他们已很久很久没有吃苹果了。

不管是多么漂亮的苹果也仅仅是一种水果而已，它的用途只是供人们食用而不是炫耀。故事中的这对夫妇盲目追求外在的华丽，而忘记了事物的价值和用途是根植于它们的内在，结果白白给自己添了那么多的麻烦。人们在生活中应该相信，人生本来是什么就是什么，生活原本应该怎样就怎样，用富裕的外表掩盖贫穷的本质，无论生活或人生，都将以痛苦终结。

《菜根谭》中讲，一般人总是听到悦耳的声音就高兴，听到嘈杂的声音就厌恶，看见花木就愿意去栽培它，看见野草就想拔掉它，这都是以貌取物的表现。如果以自然本性来看待，万物都是一样的，并没有高低好坏之分。所以，人们对待事物的时候不要只看外表，应该着眼于其内在的价值，对待人也是一样，不可以貌取人。

孔子弟子三千，在对待弟子的问题上，孔子也难免以言取人、以貌取人。

孔子的弟子中有一个叫宰予的，伶牙俐齿，能说会道，孔子很喜欢他，后来孔子发现他既没有高尚的德行，做学问也不勤奋，大好时间都用来睡懒觉，不禁喟叹“朽木不可雕也”。而孔子的另一个弟子，子羽，相貌丑陋，孔子以貌取人，认为他不会成才。但是，子羽为人光明磊落，不趋炎附势，为学也勤奋努力，后来仰慕他的弟子达到了三百人，他的贤名天下皆知。

孔子知道以后后悔地说，我只凭言辞判断人，结果看错了宰予，我只凭相貌判断人，结果误会了子羽。

圣人尚且会以貌取人，以言取人，对于普通人来说就更是如此。以貌取人的做法是很可笑的，容颜是父母给的，谁也改变不了，而个人的气质和修养却是后天形成的，对于一个人来说，这才是属于他自己的本质的东西，以貌取人岂不是舍本逐末吗?

人与人交往，特别是初次交往，第一印象很重要，但是这第一眼往往从形象开始，因此人们常常习惯以貌取人。其实，以貌取人有其偏颇，甚至会因此错过品德高尚之人，或者遇人不淑。我们在交友的过程中，切忌以貌取人，而是要看到他内在的品质。

宽之自明 纵之自化

◇原文◇

事有急之不白者，宽之或自明，毋躁急以速其忿；人有操之不从者，纵之或自化，毋躁切以益其顽。

◇译文◇

有些事情在很短的时间内想弄明白很困难，宽限一些时间也许自然就会明白，不要急躁以免增加紧张的气氛；有的人想指导他却不听从，如果放松约束也许他会自然受到感化，不要急切地去约束他以免增加他的抵触情绪。

◇精读解析◇

明朝李清的著作《三垣笔记》中记载了一件事：

崇祯有一天在宫里无意中听到自己最宠爱的田贵妃在独自抚琴，心中十分怀疑，便询问贵妃的琴艺师从何处，贵妃说是母亲自幼教授的。第二天，崇祯立马将贵妃的母亲召入宫中，田母与贵妃对弹，崇祯才释然作罢。崇祯对于自己的后宫宠妃尚且如此猜忌，对于手下的朝廷重臣、封疆大吏便可想而知了。

他在位十七年中，频繁更迭阁部臣僚，多次诛杀督抚大吏，其中总督有七人，巡抚有十一人。内阁重臣更频繁替换，先后用了近五十人，“崇祯五十相”说的便是崇祯用人多疑，举措乖张，有恩不欲归下，有过全盘推脱。

袁崇焕一案更是崇祯自毁长城。崇祯三年，镇守边关的辽东巡抚袁崇焕被以“谋叛”大罪论死，随着刑场上的千刀万剐，大明江山也随即支离破碎。“自崇焕死，边事益无人，明亡征决矣。”

崇祯的多疑与偏执使得他对于朝臣的态度复杂多变。对身担重责的大臣，崇祯通常是先寄予极大的，甚至是超出实际的期望，一旦令其失望之后，又一变而为切齿愤恨，必杀之而后快。

崇祯以唯才是用为标准，但有讽刺意味的是，偌大的一个朝廷居然没有一个可以撑局面的人。

崇祯在乎人才，可是却不懂得真正地用人。一个领袖最不应该多疑、偏执，这样势必增加紧张的气氛，最终使得队伍涣散。真正有智慧的人，是光明磊落的，即使有所疑虑，真是到了迫不及待的时刻也绝不过分神经，而是放松自己，努力缓解氛围，给下属一个宽松的环境，以此调动积极性，助成大事。

唐代大文学家韩愈说：“古代的资能之人，要求自己严格而全面，对待别人则宽容而简约。对己严格而全面，所以才不怠懈懒散；对别人宽容而简约，所以别人乐于为善，乐于进取……现在的人却不这样，他对待别人总是说：某人虽有某方面的能力，但为人不足称道；某人虽长于干什么事，但也没有什么价值。抓住人家的一个缺点，就不管他有几个优点；追究他的过去，不考虑他的现在。提心吊胆，生怕别人得到了好名声，这岂不是对人太苛刻了吗？”

对待别人太苛刻的人，只能落得个孤家寡人，众叛亲离，他们不可能很好地去用人，当然也没有人愿意与这样的人共事，为这样的人效力。所以春秋时五霸之一的齐桓公说：“金属过于刚硬，就容易脆折，皮革过于刚硬则容易断裂。为人主的过于刚硬则会导致国家灭亡，为人臣过于刚强则会没有朋友，过于强硬就不容易和谐，不和谐就不能用人，人亦不为其所用。”

心急喝不了热粥汤，这个道理人人都懂，但无论是在事业上，还是学业上，常会遇到一些难以解决的问题，有些人就会被这个大问号套住了，越钻研，越想弄明白，却陷得越深。这个时候不妨放松自己的心情，去浮戒躁，多给自己一些时间，如此，问题反而能迎刃而解。

第五章

方圆处世

——路退一步乃宽，礼让三分为功

心胸开阔 与人为善

◇原文◇

面前的田地，要放得宽，使人无不平之叹；身后的惠泽，要流得久，使人有不匮之思。

◇译文◇

待人处事要心胸开阔，与人为善，使人不会有不平的怨恨；死后留下的福泽，要能够流传得长久，才会赢得后人无穷的怀念。

◇精读解析◇

天地生养万物，默默奉献无所欲求，所以老子说天地之所以能够长久存在，是因其“不自生”“故能长生”。天地自然而生，不为物，不为人。天地的“不自生”，正是天地极其自私的表现。然而天地恩泽不断，所以天地的“极私”，其实也是天地的“至公”。

从万物个体的生命来看，生死仿佛为不幸之事，但从天地长生的本位来说，生生死死，只是万物表层的变相。万物与天地本来便是一个同体的生命，天地能生能死的功能，并没有随个体生死的变化而消灭，它本来便是一个整体的大我，无形无相，生而不生，真若永恒似的存在。当一个人不被小节拘束，更不为他人、外物影响时，就会无形中放宽自己的视野和心胸，从而成就自己的人生。

西汉有个叫朱买臣的人，家境贫寒却十分钟爱读书，只好一边靠打柴卖钱维持生计，一边潜心读书。所以人们经常会在大街上看到他负薪读书的身影，并对他赞赏有加，但是和他一起走路的妻子，却认为这件事很丢人，便跟他发脾气，指责他在途中诵读有失体统。谁知，朱买臣不但不听从，还把读书的声音提高了。

他的妻子恼羞成怒，便打算离开他。朱买臣说："我五十岁时就会富贵的，你已经跟我吃了这么多年的苦，再等我几年不行吗？"妻子生气地说："像你这样的穷书生，只会饿死，哪有可能富贵？"于是妻子改嫁他人，弃朱买臣于不顾。

朱买臣后来因同乡庄助推荐，得到武帝赏识，并登上了太守的职位。朱买臣赴职时正赶上郡邸官吏开怀畅饮。因为朱买臣穿着朴素，官吏们对他不理不睬。闲来无趣，朱买臣便和守门人吃喝起来。酒足饭饱后，朱买臣不小心将怀内印章丝带露了出来。守门人拔出丝带，发现眼前这个人就是新上任的太守，急忙出门向众吏报告。

众人异常畏惧，战战兢兢。朱买臣衣锦还乡，受到当地人的热烈欢迎，场面十分壮观。朱买臣在路边看见前妻与其夫，便令后车同载而归。

朱买臣相信有才必能尽其用，忘我读书，胸怀广阔，根本没有不平之叹。而他的妻子却正好相反，放不下富贵，敞不开心胸，最后和富贵擦肩而过。这一正一反的结局正好是对"面前的田地要放得宽，使人无不平之叹；身后的惠泽要流得长，使人有不匮之思"这句话的经典阐释。视野放远了，自然不会担心成功来得太晚，心胸广了，自然不会占据别人的领空。同理，一个人心胸宽厚，待人处世公平了，他身边的人就不会有不平之感。留给后人的恩泽要立足长远，这样才会使子孙后代过上繁荣昌盛的生活。

生活之中，我们同样会发现，如果不将自己局限在一个狭小自私的位置，获得的将会更多。至公便是至私，无私自有一种自赏。在人生的大道上，总会遇到许多公与私之间的艰难抉择。此时，要把眼界放得高一些，把心胸放得开一些，不为眼前的困境所局限。救得他人一时，留得英名一世。种得今生善果，恩泽后代无量。

路留一步 味减三分

◇原文◇

径路窄处，留一步与人行；滋味浓的，减三分让人尝。此是涉世一极安乐法。

◇译文◇

在经过狭窄的道路时，要留一步让别人走得过去；在享受甘美的滋味时，要分一些给别人品尝。这就是为人处世中取得快乐的最好方法。

◇精读解析◇

战国时期，楚梁两国交界，两国在边境上各设界亭，亭卒们在各自的空余土地里种了瓜菜。梁国的亭卒勤劳，锄草浇水，瓜秧长势喜人；而楚国的亭卒懒惰，不务农事，瓜秧瘦弱，与梁亭瓜田的长势有天壤之别。楚国的亭卒心生忌妒，于是，乘着夜色，偷跑过境把梁亭的瓜秧全给扯断了。

第二天，梁亭的人发现自己的瓜秧全被人扯断了，气愤难平，报告给边县的县令宋就，请示将楚亭的瓜秧扭断。宋就说："这样做当然很解气，可是，我们明明不愿他们扯断我们的瓜秧，那么为什么还反过来要扯断别人的瓜秧呢？别人不对，我们再跟着学，那就太狭隘了。从今天起，我们每天晚上悄悄去给他们的瓜秧浇水，让他们的瓜秧长得好。"梁亭的人虽然不解，但也不得不照办。

渐渐地，楚亭的人发现自己的瓜秧长势一天好过一天，每天早上给瓜秧浇水时发现瓜田都被人浇过了，经过暗查原来是梁亭的人在黑夜里悄悄为他们浇的。楚国的边县县令听到亭卒们的报告后，感到十分惭愧和敬佩，于是把这件事报告给了楚王。

楚王听说这件事后，感于梁国人修睦边邻的诚心，特备重礼送给梁王，以示自责，也以此表示酬谢，最后两国成了友好的邻邦。

有时候，宽阔的心胸就是那滋养瓜秧的水，释怀自己，也感动别人。狭窄心胸永远不可能孕育根深枝茂、郁郁葱葱的参天大树。梁国的人，不但忍了一时，退了一步，更是以德报怨，令人佩服。但在现实生活中，并不是每个人都像梁国人一样在面对冲突时选择忍让，我们更多地会选择抱怨和争抢。

曾有一位大师以杯子和湖泊容量的小与大做比喻化解人们心中的抱怨和争抢。他说："生命无论长短总归是有限的，而痛苦就像水中的盐分，所以痛苦也是有限的。我们品味到的生活滋味，不取决于痛苦的多少，而在于心胸的宽窄。宽阔的胸怀，就像湖泊一样，淡化咸涩的痛苦，让我们尝到是微咸或甘洌；狭窄的心胸，容不开郁积的痛苦，只会让人感到奇苦无比。"既然人生注定要接受苦涩的盐，为何不在杯子和湖泊中选择后者，淡化别人给的、自己造的苦涩，历练出一个宽阔的胸怀，再去丈量人生的舞台呢?

现在是一个讲求效率的时代，大家都希望在有限的时间里完成更多的事情，每天都像挤独木桥一样谨小慎微、忙忙碌碌，却不愿停下来想一想，为什么挤破头皮也收效不多。事实上，狭窄的道路，如果我们都争先恐后地往前挤，原来狭窄的道路只会让人觉得越来越窄，而每个人退后一步，狭窄的道路自会宽平些许；鲜美刺激的美食，如果只是一个人独自享用，这个享受过程就会稍纵即逝，而分一些给别人，虽然清淡了些，但是这份清淡会因为他人的分享和赞誉而多一分回味的悠长。这就是《菜根谭》中赞赏的处世方法：与人无争，就能收获一份从容；与物无争，自会育抚万物。多一些忍让和分享，就会让幸福延散、持久。生活中，无论是欲成大事的人，还是想安安稳稳过生活的人，都需要这样的胸怀，只有这样才能把万事万物的快乐忧伤都汲取为自己的能量，心平气和地接受生活、接受自己。

和衷少争 谦德少妒

◇原文◇

节义之人济以和衷，才不启忿争之路；功名之士承以谦德，方不开嫉妒之门。

◇译文◇

崇尚节义的人要用谦和诚恳的态度来适当加以调和，才不至于留下引起激烈纷争的隐患；功成名就的人要保持谦恭和蔼的美德，这样才不会给人留下嫉妒的把柄。

◇精读解析◇

做人讲究庸和之道，得让人处且让人，事事留有余地，才能在与人相处中不结仇、不结怨、不吃亏。相反，事事争先、目空一切，每次都要居人之上，必然会遭人嫉妒，隐忍记恨，给自己带来祸患。所以，《菜根谭》提醒人们，和衷才能少争，谦德方能少妒。

如果想要得到长久的快乐，获得更大的成功，就应该豁达一点，少些欲念，多些忍让，不必把一点小惠小利看得过重，也不必对每一件事都过于计较。适时糊涂，生活就会轻松不少，生命中也会有更多的快乐与幸福。五代时的冯道，就是这样一个难得糊涂的清醒之人。

冯道曾事四姓、相六帝，在世事变乱的八十余年中，始终不倒，令人称奇。

首先，此人品格行为炉火纯青，无懈可击，清廉、严肃、淳厚、宽宏；其次，他深谙中庸处世之道，深浅有度，中正平和，大智若愚。

冯道有诗云："莫为危时便怆神，前程往往有期因。须知海岳归明主，未必乾坤陷吉人。道德几时曾去世，舟车何处不通津。但教方寸无诸恶，狼虎丛中也立身。”

冯道能够在乱世之中屹立不倒正得益于他和衷少争的中庸智慧。和衷少争，是一种老谋深算的清醒，也是卧薪尝胆的大度，更是一种心中有数的正派。和衷少争，不是那种与世无争的软弱，而是退一步海阔天空的豁达；不是明哲保身的逃避，而是让三分风平浪静的睿智；不是苟且偷生的迂腐，而是真金不怕火炼的坚贞。

除了和衷少争之外，谦德少妒也是一种处世智慧。深谙此道可以明哲保身，否则，很容易给自己遭来祸患。

春秋时期，郑庄公准备伐许。战前，他先在国都组织比赛，挑选先行官。将士们一听露脸立功的机会来了，都跃跃欲试，准备一显身手。

首先进行的是击剑格斗，将士们都使出了浑身本领，争先恐后。经过轮番比试，选出了六个人，参加下一轮射箭比赛。在射箭项目上，取胜的六名将领各射三箭，以射中靶心者为胜。最后颍考叔与公孙子都打了个平手。可先行官只有一位，所以，他们俩还得进行一次比赛。后来，庄公派人拉出一辆战车来，说：“你们二人站在百步开外，同时来抢这部战车。谁抢到手，谁就是先行官。”公孙子都轻蔑地看了颍考叔一眼，哪知跑了一半时，公孙子都一不小心，脚下一滑，跌了个跟头。等爬起来时，颍考叔已抢车在手。公孙子都当然不服气，于是提了长戟就来夺车。颍考叔一看，拉起车就飞跑出去，庄公忙派人阻止，并宣布颍考叔为先行官。公孙子都因此对颍考叔怀恨在心。

战争开始了，颍考叔果然不孚庄公所望，在进攻许国都城时，手举大旗率先从云梯冲上许都城头。眼看颍考叔就要大功告成，公孙子都记起前事，竟抽出箭来，搭弓向城头上的颍考叔射去，一下子把没有防备的颍考叔射死了。

所谓“花要半开，酒要半醉”，鲜花盛开、万般娇艳的时候，不是立即被人采摘，也会是衰败的开始。颍考叔正是自以为是，不懂谦让，精明过头，才落得个惨死的下场。

人生就是这样，不要把自己看得太重要，应该适时隐藏锋芒，能忍则忍，能让则让。过于锋芒毕露，难免会遮挡别人的光芒，遭到别人的记恨。许多灾祸都是在不知不觉之中酝酿成的，之所以要强调“和衷”、强调“谦德”，就是让人们把这种意识深入脑海，实践于点点滴滴的小事之中。

洞悉世态 低调通达

◇原文◇

完名美节，不宜独任，分些与人，可以远害全身；辱行污名，不宜全推，引些归己，可以韬光养德。

◇译文◇

完美的名声和高尚的节操，不应该自己独自拥有，与大家共同分享这些名节，可以避免发生祸害之事而保全自己；令人耻辱的事情和不利于己的名声，不应该全部推到别人身上，自己主动承担几分责任，才能够做到收敛锋芒而修养品德。

◇精读解析◇

曾国藩开始锋芒太露，处处遭人忌妒、受人暗算，咸丰皇帝也不信任他。1857年，他的父亲曾麟书病逝，朝廷给了他三个月的假，令他假满后回江西带兵作战。曾国藩上书试探咸丰帝，说自己回到家乡后念及当今军事形势之严峻，日夜惶恐不安。

咸丰皇帝十分明白曾国藩的意图，他见江西军务已有好转，而曾国藩不过是大清帝国一颗棋子，授予实权休想。于是，咸丰皇帝朱批道：“江西军务渐有起色，即楚南亦就肃清，汝可暂守礼庐，仍应候旨。”假戏真做，曾国藩真是欲哭无泪。在内外交困的情况下，曾国藩忧心忡忡，遂导致失眠。朋友欧阳兆熊借用黄、老来讽劝曾国藩，暗喻他过去所采取的铁血政策，未免有失偏颇，锋芒太露，伤人伤己。面对朋友的规劝，曾国藩陷入深深的反思。

经过多年的宦海沉浮，曾国藩深深地意识到，仅凭他一己之力，是无法扭转官场这种状况的，如若继续为官，那么唯一的途径，就是去学习、去适应。“吾往年在官，与官场中落落不合，几至到处荆榛。此次改弦易辙，稍觉相安。”此一改变，说明曾国藩日趋成熟与世故了。

攻下金陵之后，曾氏兄弟的声望可说是如日中天，达于极盛，曾国藩被封为一等侯爵，世袭罔替。但树大招风，朝廷的猜忌与朝臣的妒忌随之而来。所以不等朝廷的防范措施下来，曾国藩就先来了一个自我裁军。曾国藩意识到鸡蛋是不能与石头碰的，既然不能碰，就必须改变思路，明哲保身。他在两江总督任内，便已拼命筹钱，两年之间，已筹到 550 万两白银。钱筹好了，办法拟好了，战事一结束，即宣告裁兵，不要朝廷一文，裁兵费早已筹妥。

同治三年六月攻下南京，取得胜利，七月初即开始裁兵，一月之间，首先裁去 25000 人，随后亦略有裁遣。人说招兵容易裁兵难，以曾国藩看来，因为事事有计划、有准备，也就变成招兵容易裁兵更容易了。

曾国藩曾引用过管子的“斗斛满则人概之，人满则天概之”这句话，用以概括自己在仕途上圆熟通达的哲学理念。曾国藩的一生，曾因为锋芒毕露、铁血无情而落落不合，也曾因深谙老庄之法，不独享美名、正视责任而进退自如。其中的拐点就在于“完名美节，不宜独任，分些与人，可以远害全身”。

人在功高位显之时更应该洞悉世态人情之险，保持低调通达的作风，不让自己的权限侵犯他人心胸空间，才能确保成就一个人应有的功德。

现实生活中，努力进取、坚持不懈的行为无疑是值得肯定的。然而，在复杂的人生道路上，既需要有为有守，也需要有所放下有所分享。交友时，适时地分享荣誉，让别人觉知我们的感恩，不仅可以避免别人妒忌，还可以进一步获得朋友的信任。工作中，懂得承担是一种坚忍的毅力和顽强的意志，让自己在别人眼里保持内敛谦虚的形象，可以给自己提供更大的成长空间。

总的来说，得意之时，与人多一些分享，人生之路就多一分畅达；关键时刻，自己多一分承担，就多一次韬光养晦的历练。

目光放远 胸怀放宽

◇原文◇

事事留个有余不尽的意思，便造物不能忌我，鬼神不能损我。若业必求满，功必求盈者，不生内变，必招外忧。

◇译文◇

如果做任何事都能留些余地，那么全能的造物主就不会忌恨我，鬼神也不能对我有所伤害。如果做事情一定要做到极点，求取功名一定要得到最高，那么即使内部不发生变化，也必然会招来外面的忧患。

◇精读解析◇

我们都知道，由于每个人的智慧、经验、价值观、生活背景都不相同，因此与人相处，竞争是难免的，不管是利益上的竞争，或是是非的竞争，都不可做得太极端，应该给自己、给他人留些可以回旋的余地，这样哪怕是造物主也不会嫉妒自己，神鬼也不会伤害自己。人活世间，给别人留有余地就是给自己留条后路。如果万事都做得不留余裕，只求自己功劳达到圆满，那么即使不应该发生的内乱，也会招致外来的忌恨。这就是人们需要“事事要留个有余不尽的意思”的缘由。

在我们周围，常常会遭遇这样那样的竞争，即使我们无意“过招”，但在别人的不断逼迫下，我们还是容易不由自主地陷入竞争的旋涡。这时，一个人最好的应对方式就是以容纳百川的胸怀对待对方的挑战，让对方有个台阶可下，为他（她）留点面子，对自己则好处多多。

一次，胡雪岩到苏州的永兴盛钱庄兑换二十个元宝急用，这家钱庄不仅不给他及时兑换，还说阜康银票没有信用，使他受了一点气。

这永兴盛钱庄的经营存在问题，他们贪图重利，只有十万银子的本钱，却放出二十几万的银票，已经岌岌可危了。

胡雪岩无端受气，心中有不满，起先他想借用京中“四大恒”排挤永兴盛钱庄。京中票号，最大的有四家，招牌都有一个“恒”字，称为“四大恒”。行大欺客，也欺同行。胡雪岩要想排挤永兴盛钱庄，其实是一件很简单的事情。浙江与江苏有公款往来，胡雪岩可以凭自己的影响，将海运局分摊的公款、湖州联防的军需款项、浙江解缴江苏的协饷等几笔款子合起来，换成永兴盛的银票，直接交江苏藩司和粮台，由官府直接找永兴盛兑现，这样永兴盛不倒也得倒了，而且这一招借刀杀人，一点痕迹都不留。

不过，胡雪岩最终还是放了永兴盛一马，没有去实施他的报复计划。他放弃计划，有两个考虑，一个考虑是这一手实在太辣太狠，一招既出，永兴盛绝对没有一点生路。另一个考虑则是这样做只是徒然搞垮永兴盛，自己却劳而无功。这样一种损人不利己的事情，胡雪岩也不愿意做。

其实，即使胡雪岩将永兴盛钱庄击倒在地，也不会有多少人同情。但胡雪岩还是下不了手，足见他所说的“将来总有见面的日子，要留下余地，为人不可太绝”，并不是口头上说说而已，而是确确实实这样去做的。这期间自然有胡雪岩对于自我利益的考虑，所谓将来总有见面的机会，事情做得留有余地，也就为将来见面留有了余地。

事实上，胡雪岩的这条处世准则对于一个人的人生来说也是十分必要的。万事做到极点，虽然让人暂时吹着胜利的号角凯旋，但这也是下次争斗的前奏；“战败”的对方失去的面子和利益，他当然要“讨”回来。如此“你来我往”，其结果只能是纠纷不断，两败俱伤。相比较而言，为人处世讲求恰到好处，万事留有回转的余裕，才是避免内忧外患的长远之计。做人应该把目光放远一些，人生之路才会越来越宽。

内敛谨慎 明哲保身

◇原文◇

爵位不宜太盛，太盛则危；能事不宜尽毕，尽毕则衰；行谊不宜过高，过高则谤兴而毁来。

◇译文◇

爵禄官位不能够太高，太高就很危险了；才能和本事不能全部用尽，用尽之后就会走向衰落；言行论调不可太高，太高就容易遭来流言蜚语的毁谤。

◇精读解析◇

在与大型猛兽为伍时，狐狸通常都不会逞能，而是装作愚笨的样子，然后让猛兽去捕猎，它则毫不费力地吃到猎物的残渣。狐狸这种低调行事的作风，令它活得格外自在。有时候，伪装弱者、显现低调并不是懦弱的表现，而是一种自我保护的方式。

在生活当中，能够处处表现自己是抓住机遇的较佳的方式，但是也常常会招来别人的妒恨，树木过于高大，风必摧之。这是自然界的规律，也是官场生存规律。自古身居高位者，尤其是那些辅佐他人成就一番事业者虽然深知“飞鸟尽，良弓藏；狡兔死，走狗烹”的下场，却不懂当如何自处，因此化做刀下冤魂，而只有那些懂得身在高位急流勇退的人，才能够远离灾祸，保全自身。

所以，居上位者同样需要明白“高行微言，所以修身”的道理，身居高位依然要保持低调谨慎，这样才不至于招致忌恨。

西汉的张良是汉高祖刘邦的谋士，汉六年（公元前201年），刘邦大封功臣，请他自选齐地三万户，作为封邑。张良推辞不受，最后被封为留侯。

从此闭门不出，在家潜心修炼神仙之术。一次，群臣因刘邦要废掉太子刘盈之事找他相商，他枯坐良久，最后只轻声说："皇上有此意愿，定有其道理，做臣子的怎能妄加评议呢？我对太子素来敬重，只恨我人微言轻，不能帮太子进言了。"

吕后派吕泽去强求张良，软硬兼施之下，张良无奈给他出了主意，让吕后请出商山四皓辅佐太子。刘邦一直崇敬这四个人，见他们出山相助太子，自知太子羽翼已成，不得不放弃了废太子的念头。

吕后派人向张良致谢，张良却回绝说："这都是皇后的高见，与我何干呢？请转奏皇后，此事千万不要再提起了。"

刘邦死后，吕后专权。张良对世事的变故一概不问，求见他的大臣他也一律不见。吕后见他潜心研学道家养生之术，便不以他为患，反而对他越发钦敬。

张良刻意隐藏自己的智慧是智者的选择。在封建专制时代，一个人的智慧越高，如果他不为君主所用，他面临的危险也就越大。纵使卖身投靠，他们也常常被君主所猜忌，被视为潜在的威胁。如张良这般大智若愚、弃智绝俗，最大限度地隐藏自己的智慧，就可以避免君王的猜忌，保全自己。

古今中外，过分张扬、锋芒毕露之人，不管功劳多大、官位多高，最终多数不得善终，这是尽人皆知的历史教训。为官者放低姿态，表现得谦逊、低调、圆融、平和，收拢更多人心，即使达不到收拢人心的目的，至少不会招来敌人。居上位者低调做事，亦能在这段时间内培养自己的能力、经验、人际关系，令自己的羽翼更加丰满，进而展翅高飞，主宰自己的未来。

为人处世 方圆并用

◇原文◇

好动者，云电风灯；嗜寂者，死灰槁木。须定云止水中，有鸢飞鱼跃气象，才是有道的心体。

◇译文◇

一个好动的人，就像云中的闪电一样飘忽不定，又像风中的残烛一样忽明忽暗；而一个嗜好安静的人，就像火已经熄灭的灰烬，又像已毫无生机的枯木。以上这两种人都不合乎中庸之道。应该像在静止的云中有飞翔的鸢鸟，在不动的水中有跳跃的鱼儿，用这种心态来观察万事万物，才算是达到了真正符合道的理想境界。

◇精读解析◇

我们在生活中总会有两种相对的生活状态，比如“动与静”，比如“刚与柔”。它们是两种极端，同时又有统一的关系。任何人都有动的时候，也有安静的时候，有时需要刚强地应对，有时则需要柔情地处理，但是任何人办任何事都不可走极端，固守于一处绝不是修养身心的合适做法。只有将相对的双方辩证结合，一个人的生活状态和心境情绪才是合乎自然之道的修行法则。

幽密的森林因为一声鸟鸣而备显幽静，波涛的江面因为多一只泊船而增添气势，这就是自然中动静结合的妙处，同样也是不失人生节度的准则。正像《菜根谭》中用形象的比兴说，只有浮动的彩云下和平静的水面上，才能够出现飞舞的鹞鹰和跳跃的鱼儿，意思就是只有用动静结合、刚柔相济的思维看待事物，才是一种无往而不胜的方圆之道，这也是一种交友处世的方法，它可使激烈的争论停下来，也可以改善气氛，增进感情。而如果做事只知圆，不知方，不懂得刚柔相济则会带来很严重的后果。

前秦时苻坚即位后，任用汉人王猛治理朝政，在近二十年的时间内，先后攻灭前燕、仇池、代、前凉等割据政权，占领了东晋的梁、益两州，把整个黄河流域和长江、汉水上游都纳入了前秦的控制。为了争取支持者，他对各族上层人物极力优容和笼络，如鲜卑族的慕容垂、羌族的姚苌，都委以重任。对苻坚这一做法，谋臣王猛曾多次劝说苻坚对那些外族重臣有所制约，甚至还不止一次利用机会，设法除掉这些人。但苻坚阻止他这么做。

在鲜卑贵族慕容垂、慕容泓相继谋反后，苻坚面责仍为自己手下的原前燕国主慕容玮说："卿欲去者，朕当相资。卿之宗族，可谓人面兽心，殆不可以国士期也。"在慕容玮叩头谢过之后，他又说："《书》云，父子兄弟相及也……此自三竖之罪，非卿之过。"但是，慕容玮并未被苻坚所感化，在暗中仍企图谋杀苻坚来响应起兵复国的慕容氏鲜卑贵族，后来阴谋泄露才被苻坚擒杀。苻坚这才后悔不听王猛的忠谏，一味地纵容这些人，但这时大局已无法挽回了。

只有懂得中庸调和的人，才是深谙方圆之道的人。大凡固执于一种极端的人，往往凭一股冲动或者习惯去做或不做某些事情，这便是他们的特点，同时又是其致命的弱点。俗语说："百人百心，百人百姓。"有的人性格内向，有的人性格外向，有的人性格柔和，有的人性格刚烈，各有特点，又各有利弊。然而纵观历史，我们不难发现，在历史上留名，在生活中游刃有余的人往往是那些懂得审时度势适度融合的人。

无论我们倾向于哪一方，都要注意留有一定的尺度。内向的人如果时刻封闭在自己的世界就会失去为生活调味的人与物，外向的人，如果不适时收敛自己的光芒，难免会让人觉得浮躁。所以我们应该在大自然动静结合的悠然意境中，学会中庸调和的艺术。为人时，好动的人适时沉静，沉静的人则要适时灵动。处事时，忙碌和安闲调和。当我们做出这样的调试，生活、工作以及人的内心都会多些从容。

不争功劳 不矜成就

◇原文◇

处世不必邀功，无过便是功；与人不求感德，无怨便是德。

◇译文◇

为人处世不必刻意去追逐名利，能够做到不犯错误就是最大的功劳；对待他人多予以施舍不一定要求回报，只要别人没有怨恨，就是最好的回报。

◇精读解析◇

成功的人生不是强调出来的，别人的信任不是施舍得来的。过于积极的人反而让别人觉得做作。相比之下，自在为人，无愧于心的人显得更为真诚实在。有需要自己去承担的责任时，就尽全力把落在自己肩上的担子挑起来，把事做得尽量完美，成功就来了。别人需要时，出于真诚而非图报地给予帮助，信任就来了。而古往今来，能将此智慧运用得得心应手的代表人物之一便是中唐时期的郭子仪。国学大师南怀瑾在“谈典论人”时，曾写下《能进能退的郭子仪》一文，谈到郭子仪一生善用黄老，做人处世既有智慧，又不失自然坦荡。

唐代宗时，天下大乱，郭子仪又奉命击退吐蕃和回纥军队。他不孚众望，凭借一己之力说服回纥首领，单骑退兵，从此名震千古，传为佳话。在大唐危难之际，郭子仪立下赫赫战功。然而皇帝又担心功高震主，命其归野。郭子仪接到圣旨二话不说，马上移交清楚，坦然离去。等国家有难时，一接到命令，他又不顾一切，马上就位。如此以往。郭子仪屡黜屡起，四代君主都离他不行。

唐代宗大历二年十月，正当郭子仪领兵在灵州前线与吐蕃军拼杀的时候，鱼朝恩却偷偷派人掘了他父亲的坟墓。当郭子仪从泾阳班师回朝时，朝中君臣包括代宗本人心都悬着，猜想郭子仪此次归朝一定不会放过鱼朝恩。所以郭子仪入朝的那一天，代宗主动提了这件事，不想，郭子仪却躬身自责起来。他说："臣长期带兵打仗，治军不严，未能制止军士盗坟的行为。现在，家父的坟被盗，说明臣的不忠不孝已得罪天地，这是我自作自受，怪不得他人。"君臣们听了，都由衷地佩服郭子仪坦荡的胸怀。

郭子仪心里明白，自己功劳越大，麻烦就越大。即便当朝皇帝代宗对自己信任有加，但是伴君如伴虎，他不得不处处谨慎小心，不过度地要求，对自己的职责也丝毫不懈怠。所以每次代宗给他加官晋爵，他都恳辞再三，实在推辞不掉，才勉强接受。广德二年，代宗要授他"尚书令"，他死也不肯，说："臣实在不敢当！当年太宗皇帝即位前，曾担任过这个职务，后来几位先皇，为了表示对太宗皇帝的尊敬，从来没有把这个官衔授给臣子，皇上怎能因为偏爱老臣而乱了祖上规矩呢？况且，臣才疏学浅，已累受皇恩，怎敢再受此重封呢？"代宗没法，只得另行重赏。

郭子仪的一生可谓是对"处世不必邀功，无过便是功；与人不求感德，无怨便是德"这句话的最好解读，做人如此，做官亦如此，有功不争功，有祸不畏惧，这样的智慧值得我们现代人学习。

相反，如果任何事都要争个说法，逞强好胜不可一世，那么只会给自己带来不必要的伤害，最终输家还是自己。在历史上，就存在一些人在取得了一些成绩以后，不知道收敛自己的锋芒，居功自傲，终于给自己惹来了杀身之祸。

三国时的许攸，本来是袁绍的部下，虽说是一名武将，却足智多谋。官渡之战时，他为袁绍出谋划策，可袁绍不听，他一怒之下投奔了曹操。曹操听说他来，没顾得上穿鞋，光着脚便出门迎接，鼓掌大笑道："足下远来，我的大事成了！"可见此时曹操对他很看重。

后来，在击败袁绍、占据冀州的战斗中，许攸又立了大功，他自恃有功，在曹操面前便开始放肆起来。有时，他当着众人的面直呼曹操的小名，说道：

“阿瞒，要是没有我，你是得不到冀州的！”曹操在人前不好发作，只好强笑着说：“是，是，你说得没错。”但心中已十分嫉恨，可许攸并没有察觉，还是那么信口开河。又一次，许攸随曹操进了邺城东门，他对身边的人自夸道：“曹家要不是因为我，是不能从这个城门进进出出的！”曹操终于忍耐不住，将他杀掉。一代谋臣，终成了刀下亡徒。

所以，我们做人一定要以此为戒，不管功劳有多大，都不能心高气傲，没有规矩。与人相处，总是要懂得把握分寸，不争功劳，不矜成就，对人有恩，也不要总想着别人有把柄在自己手里。适时低头，进退有道，谦和为尚。

人际交往中也好，职场相处也罢，如果我们表现得过于刻意和急功近利，就会让别人认为我们是有所目的才接近他们的，从而让自己的人际和工作陷入一种尴尬境地。相反如果我们处世时做到有功劳而不争，有成就而不矜夸，谦退坦荡，就能让自己的生活像一泓活水，永远不盈不满，来而不拒，去而不留，吐故纳新，流存无碍而长流不息。

折其两端 取其平衡

◇原文◇

忧勤是美德，太苦则无以适性怡情；澹泊是高风，太枯则无以济人利物。

◇译文◇

尽自己的努力去做好事情本来是一种美德，如果过于认真，把自己弄得太苦，就无助于调适自己的性情而使生活失去乐趣；淡泊寡欲本来是一种高尚的情操，如果过分逃避社会，就无法对他人有所帮助。

◇精读解析◇

一次子贡问孔子："老师，颛孙师和卜商相比，谁更贤德一些？"孔子回答说："他们都很贤德，只是颛孙师做得过了，而卜商做得稍有不够。"然后子贡又问："那么，颛孙师比卜商更好一些吗？"孔子回答却说："过犹不及。"

成语"过犹不及"即出于此处。意在说明在为人处世中，做得过分和做得不足对于结果来说都是一样没有意义的。什么事情都要讲究适度原则，凡事掌握一个度，才有可能避免我们的行为偏离本来的目标。实际上这种智慧是儒家中庸思想的另一种表达。

"中庸"即中和，不是说人活着要平庸碌碌无为，而是换种方式活：不亏不盈，可进可退，不急不缓，不过不及，不骄不馁，从而得到人生大智慧与为人处世中较为完美的平衡点。这样的活法是儒家心中的妙境，也是我们普通人需要的一种处世智慧和难能可贵的品德。做人也好，处事也罢，不偏不倚才能正中目标。道理虽简单，但真正实行起来却不那么容易。《尹文子·大道上》中的一个故事正好可以说明这一点。

齐国有一个姓黄的老相公，他有两个女儿，都长得十分漂亮，堪称国色天香。但这位黄公每与人谈起他的两个女儿，总是"谦虚"地说："小女质陋貌丑，粗俗蠢笨。"这些话被一传十、十传百，以致他两个女儿因"丑陋"远近闻名，直到过了婚嫁的年龄，仍无人求聘。后来有个鳏夫，因无钱再娶，无奈之下，便到黄公门上求婚。黄公因大女儿年龄已大，也不再考虑是否合适，便一口答应了。婚礼完毕，这位新郎揭开新娘的盖头一看，不禁大喜过望，原来自己娶到的竟然是一位绝代佳人。消息传开，人们才知道黄公言之不实，于是一些名门子弟竞相求娶他的小女儿，自然也是天姿国色。

齐国黄公本想得到一个谦虚的美名，但由于他谦虚过分，反而耽误了大女儿的青春，这就是"过犹不及"，真是得不偿失。做什么都应该适度，这个度是办事的分寸，其实也是一条警戒线。它是规定事物性质的数量界限。

超越这一个界限，事物就向反面转化，会带来不良的后果。

可在生活和工作中，最难掌握的就是这个度。勤于事业，忙于工作，固然是一种敬业美德，但如果每天都紧绷神经，过分担忧自己的业绩，就会使自己疲惫不堪。工作是一种追求，但是如果让工作成为生活的全部，那么一个人的身心修养就会被疏忽以至于失去生活的乐趣。淡泊名利，清心寡欲纵然是一个人修身养性的至高境界，如果他过分执着于此，逃避社会，以致不食人间烟火，那么他便会成为一座孤岛，自己苦闷不说，对于别人对于社会也无所帮助。这两点正是《菜根谭》中指出、警示我们要避免的两个极端。

其实，要想工作有实效，生活有趣味，只要学会折其两端、取其平衡，尽量做到不偏不倚，就可以拥有别样的人生。工作时全身心投入，把每天的八个小时发挥到极致，我们在八小时之外就可以读自己喜欢的书、去自己想去的地方了。同样的，做人不要抱过分的想法，不要过高过低地估计自己，找到自己合适的定位才是每个人应当重视思考的。人活着，首先懂得平衡工作和生活，才能使自己的事业和涵养均衡发展。

偏见害人 聪明障道

◇原文◇

利欲未尽害心，意见乃害心之蟊贼；声色未必障道，聪明乃障道之藩屏。

◇译文◇

名利和欲望未必能够伤害自己的心性，而刚愎自用、自以为是、死抱偏见才是残害心灵的毒虫；淫乐美色并不一定会妨碍一个人的品德，自作聪明、目中无人才是影响道德的障碍。

◇精读解析◇

提起《红楼梦》中的王熙凤，人们一方面惊叹于她无与伦比的治家才能、应付各色人等的技巧，另一方面又感慨于她的结局。她就是因“机心”太重而遭悲惨结局的典型。

《聪明累》中这样总结王熙凤的一生：“机关算尽太聪明，反送了卿卿性命。生前心已碎，死后性空灵。家富人宁，终有个家亡人散各奔腾。枉费了，意悬悬半世心，好一似，荡悠悠三更梦。忽喇喇似大厦倾，昏惨惨似灯将尽。呀！一场欢喜忽悲辛。叹人世，终难定。”

王熙凤“于世路上好机变，言谈去得”“心性又极深细，竟是个男人万不及一的”“少说着只怕有一万心眼子，再要赌口齿，十个会说的男人也说不过她呢”“从小儿大妹妹玩笑时就有杀伐决断，如今出了阁，在那府里办事，越发历练老成了”“真真泥腿光棍，专会打细算盘”“天下人都叫你算计了去”“嘴甜心苦，两面三刀”“上头笑着，脚底下使绊子”“明是一盆火，暗是一把刀”，她都占全了。这些熟悉凤姐为人的各色人等对凤姐的评价，活脱脱展现出了一个“机关算尽太聪明”的人物。然而，就是这样一个十分精明的人物，却落得孤家寡人，身心劳碌至死，最终又一无所得的下场，岂不正应了“聪明反被聪明误”那句话了吗？

凤姐比一般人更多地体验了痛苦的折磨，且不说她劳心竭力，绞尽脑汁，在背后遭骂挨咒，就是死时的凄凉和死后的寂寞也会使她备尝苦楚。

王熙凤不可谓不聪明，但导致她悲剧结局的因素也正是因为她“太聪明”了。她想尽各种办法，使用种种计谋，想使贾府振兴起来，然而她的努力、她的“鞠躬尽瘁”，却换来了贾府上下人的一片不满，最终也没有使贾家有什么起色，死后甚至连女儿也保不住。

其实，“聪明反被聪明误”，这句话，点中了很多人的痛苦根源。在现实生活中人们往往因为偏执和自我，自命不凡、投机取巧，最后连自己都葬送了。然而能够建功立业的，大多是谦虚圆通的灵活之人；喜欢惹是生非、错过机缘的，才大多是固执己见、聪明反被聪明误的人。人生是一个取舍的过程，其中有很多事情需要“半途而废”，随时调整自己，凡事不能太以自我为中心，只有这样才能找到更好的前进方向。

在人生的大风浪中，我们应常常向掌舵人学习，在狂风暴雨之下把笨重的货物扔掉，以减轻船的重量。如果一味地坚持什么都不松手，最后可能就是船倾人亡的结局。

人生需要一个正确的方向。目标犹如心灵的安稳归宿，远大的目标让心灵充满力量，看到了自身的渺小，心灵自然也就更加开阔，不会过于看重眼前的得失，不会偏执于某一件事，不会自命不凡、自以为是。

以自我为中心的人，总是生活在一个狭小的圈子里，时时刻刻提防伤害，也就很难看到远处的美景。爬到山顶的人才知道“一览众山小”的妙境，能够体会到这种感觉，跋山涉水又何妨？

知退一步 加让三分

◇原文◇

人情反复，世路崎岖。行不去处，须知退一步之法；行得去处，务加让三分之功。

◇译文◇

人间世情变化不定，人生之路曲折艰难，充满坎坷。在人生之路走不通的地方，要知道退让一步、让人先行的道理；在走得过去的地方，也一定要给予人家三分的便利，这样才能逢凶化吉，一帆风顺。

◇精读解析◇

退一步之法和让三分功劳是高深修养、远大抱负的外现，实际上是让人们在为人处世的过程中懂得礼让待人，宽忍接物。当我们从他人的角度来处理问题时，实际上是在变相地为自己的目标铺平道路。尤其是在面对风险时，冷静大度地后退一步再做决定，反而会取得意想不到的效果。

无论是在古代还是在现代，以宽忍开始、因退步居上是与人打交道时不可多得的一个黄金法则。历史上有许多典型事例，充分说明忍让退却、与人为先的好处。

唐宣宗李忱在即位之前，贵为王公的他却不得不离京出走，这得从他当时的处境说起。

李忱的母亲并不是一个有身份有地位的妃子，她作为当时叛臣的罪孥进宫，结果邂逅了当朝皇帝——唐宪宗李纯，生下了李忱，可惜在李忱的幼年，宪宗皇帝就被宦官暗杀了，留下这一对母子，孤苦无依。

820 年，李恒（李忱之兄）被宦官扶上皇位，是为唐穆宗。四年后穆宗服长生药病逝，其子敬宗李湛接任，但他只活到十八岁，驾崩后由其弟文宗李昂、武宗李炎相继接任。

在这长达二十年的时间里，三朝皇叔李忱的地位既微妙又尴尬，他只能以黄老之道，韬光养晦，装傻弄痴。尽管他为人低调，不事张扬，但光王的特殊身份，还是让他逃避不了被侄儿们猜忌、排挤的命运。

文宗、武宗两位皇帝更是对他心存芥蒂，非但不以礼相待，还想方设法地迫害他。841 年，唐武宗登基时，李忱为避祸全身，便“寻请为僧，行游江表间”，远离了是非之地。

法号“琼俊”的李忱虽然隐居于与世隔绝的深山之中，但他并没有一心向佛，忘却心中之志。握瑾怀瑜的他，效法孔明抱膝于隆中、太公钓闲于渭水，准备待时而动。在唐武宗统治的六年间，他不停地通过秘密渠道打探宫内情况，积极从事夺权的活动，以实现“归去宿龙宫”的夙愿。

虽然他一直隐藏自己的这一志向，在福建境内的天竺山真寂寺的三年间，他大智若愚、言行谨慎，不露端倪，但在一次与当时的名僧黄蘖和尚观瀑吟联时，他那深藏于心的雄才大略却通过一对联暴露无遗。

一日，两人在山中闲话，面对悬崖峭壁上的一条飞瀑，黄蘖来了雅兴，对李忱说道："我得一上联，看你能否接下联？"李忱也兴致盎然，说道："你道来我听，我必对得上。"黄蘖于是吟道："千岩万壑不辞劳，远看方知出处高。"李忱几乎是脱口而出："溪涧岂能留得住，终归大海作波涛。"黄蘖听了，赞赏有加。

没有深沉的寂寞，哪有动地的长歌？李忱就像那瀑布，经历"千岩万壑不辞劳"的艰险后，终将飞珠溅玉、石破天惊。公元846年，深谙权谋、忍辱负重的李忱果然在太监们的拥戴下，从侄儿手中夺过大位，成为唐宣宗，时年三十七岁。由于他长期在民间阅世读人，深知黎民疾苦，故躬行节俭，虚怀纳柬，颇有作为，号称"大中之治"。

李忱能忍人所不能忍，终于忍而后发，结束了多年的屈辱生活，并达到了自己的目标。可见要做大事，要成大事，就要懂得忍退一时方可厚积薄发的道理。

生活中我们同样要懂得退一步之法和让三分功劳的智慧，因为人生纷扰不断，若总以"得理不饶人"的心态去面对，自然会让自己处于一种孤立的境地。每一位优秀人物的身旁总会萦绕着各种纷扰，对它们保持沉默要比寻根究底明智得多。

生活中有些事情是我们看不惯的，但这样的日子换谁都得一天一天地过下去。既然一个人没有能力改变现状，我们就要懂得退一步加让三分的道理，等一切都过去了，剩下的就是美好。当然，作为一种为人处世的谋略，善于运用才有助于事态向好的方面发展，反之就会恶化。生活的艰辛在人们的心中埋下了太多的隐痛，《菜根谭》的一句话却可使人相信，风雨过后才见彩虹。

不可浓艳 不可枯寂

◇原文◇

念头浓者，自待厚，待人亦厚，处处皆浓；念头淡者，自待薄，待人亦薄，事事皆淡。故君子居常嗜好，不可太浓艳，亦不宜太枯寂。

◇译文◇

一个对任何事情念头太多的人，往往能够善待自己，同时也能善待别人，他要求处处都丰富、气派、讲究；一个对任何事情念头很淡的人，不仅对自己要求低，同时对别人也不严格要求，于是事事显得松散，毫无生气。所以作为一个真正有修养的人，日常生活的喜好，既不可过度奢侈华丽，也不可过度枯燥孤寂。

◇精读解析◇

一个人总是按对待自己的思维方式和行为习惯对待别人，自己需要的多，就会自然地认为别人也需要这么多，自己需要的少，便会认为别人匮乏就是理所当然。这恰好符合洪应明先生在此说明的道理，当我们对自己的任何事都考虑得多并善待自己时，我们对待别人也会这样，反之亦然。但这种以自己为中心的思维和处事方式应该有个限度，否则一个人就会走向两个极端：一是自私，二是自贱，即《菜根谭》所说的“太浓艳”和“太枯寂”。

“太浓艳”的人，会让生活变得繁复狭隘，“太枯寂”的人则会让每天逝去的时间寡淡无味、毫无价值。正因为这样，一个人日常修养过程中对自己的需求要有个限度，既不要为自己没有得到的苦恼，也不要忽视自己本身已经拥有的，这样人生就会浓淡适宜了。我们生活中的大多数烦恼大多都是源于对这个度的失守。

一个人找到智者，悲哀地说："先生，我已经看破红尘，在山水间隐居多时，每天在这青山白云之间，寄情山水，品茗读书，陶冶自己的性情，丰富自己的知识。可是踏遍这里的山山水水，读遍卧中的书书本本，心中的烦恼不但不减，反而增加，怎么办啊？"

智者对他说："点一盏灯，使它能照亮你，但不会留下你的身影，就可以体悟了！"

几十年之后，这山中多了一个万灯苑的私人宅院，而且宅院远近闻名。因为小小的宅院中总是灯火万千，每当夜幕降临时，这所宅院就像一只明亮的眼睛在吸引更多人的关注。而一旦走进宅院，便会被灯海包围，刺得人睁不开眼睛。

这家宅院的主人就是当年那个愁眉苦脸的人，虽然很多年已经过去了，但是如今他仍然不快乐。因为尽管他每当有所收获的时候就点一盏灯，但无论把灯放在脚边，悬在顶上，乃至以一片灯海将自己团团围住，还是会见到自己的影子。灯越亮，影子越显；灯越多，影子也越多。他困惑了，却已经没有智者可以问，因为智者早已去世，而他自己也将不久于人世。

有一天当所有的烛火都已燃尽时，他独自徜徉在自己的宅院中。看着燃尽的蜡烛、狼藉的烛泪，他悲从心来。他回想着这将要像烛火一样燃尽的一生，有时出仕，有时归隐，曾有过位高权重的浮华，也有过洗尽铅华的落寞，但是，经历得多了，忽然发现自己的起起伏伏如同点灯，灯再亮，却只能造成身后的影子。

这时一个侍从走过来，说了一句："月光比烛光还要明亮，都不用点灯了。"听到这句话，这个人忽然顿悟，自然的光明来自自然，人的光明来自内心。人的一生，只要一盏心灯便可烛照世界，它既能让自己心态明朗，也会让周围的环境清晰，而且还不会留下自己的影子。

想到这些，这个人迎着月光微微一笑。

万千烛火，营造的灯火通明终究逃不过燃尽后的黑暗，但是心灯长明，只要一盏便可让生活时时豁然明朗。万灯苑的主人苦苦寻觅的解惑之法，实际上就在心中，但是由于把过多的精力集中在外物的寻找中，直到人生将尽时才醒悟。

在生活中，我们经常习惯说：我的钱、我的面子、我的家、我的财产、我的儿子、我的父母、我的妻子、我的丈夫、我的名誉、我的身体……“我的”这两个字让人们太计较身外的得失，而世间事常常因求不得而心生烦恼，进而衍生痛苦和悔恨。一旦突破这种思维定式，则一切烦恼痛苦即时消失，淡定的境界立现于眼前。

庸人自扰，自寻烦恼。这是世间天天不断上演的悲剧。我们常常像蚕蛹一样，忙碌地为自己编织一个难破的茧。用一个成语来形容，就是“作茧自缚”，这一切都是因为“太浓艳”或者“太枯寂”。处世时放下从自我出发的思考方式，点亮心灯，一个人自会摆脱被外物牵着鼻子走的尴尬处境。

高处立身 低处处世

◇原文◇

立身不高一步立，如尘里振衣，泥中濯足，如何超达？处世不退一步处，如飞蛾投烛，羝羊触藩，如何安乐？

◇译文◇

立身如果不能站在更高的境界，就如同在灰尘中抖衣服，在泥水中洗脚一样，怎么能够做到超凡脱俗呢？为人处世如果不退一步着想，就像飞蛾投入烛火中，公羊用角去抵藩篱一样，怎么会有安乐的生活呢？

◇精读解析◇

生活中，我们不能小看一些相貌平平的人。虽然他们给人愚钝、软弱的印象，但是这样的外表下往往隐藏着一颗拥有大志的雄心。所以他们表面上的愚钝，实则是一种韬光养晦的策略。这就像老子所说：“我愚人之心也哉，沌沌兮。”“愚”，并非真笨，而是故意显示的。“沌沌”，不是糊涂，而是如水汇流，随世而转，自已内心却清楚明了。而这加起来便可以构成对“立身高人一步，处世让人一步”的解读。

这样做事的人无疑是一个有所顿悟的人，他们虽然普通，却可以立身高原并可以不出差错地做到“俗人昭昭，我独昏昏，俗人察察，我独闷闷，澹兮其若海，漂兮若无止”。外表“和光同尘”，混混沌沌，而内心清明洒脱，遗世独立。虽然聪明才智高人一等，但却以平凡庸陋、毫无出奇的姿态示人，行为虽是入世，但心境是出世的。

然而用出世的心做入世的事，不是每个人都能做到的。因为我们许多人其实都是内心充满着矛盾情绪，在入世与出世之间徘徊不决。与其这样，倒不如在二者的中间做个半路之人。

做人做事，莫让心境局限在一个狭小的空间。所谓身做入世事，心在尘缘外。唐朝李泌便为世人演绎了一段出世心境入世行的处世佳话，他睿智的处世态度充分显现了一位政治家的高超智慧。该仕则仕，该隐则隐，无为之为，无可无不可，将出世入世的智慧拿捏得恰到好处。

李泌一生中多次因各种原因离开朝廷这个权力中心。

玄宗天宝年间，当时隐居南岳嵩山的李泌上书玄宗，议论时政，颇受重视，却遭到杨国忠的嫉恨陷害被贬送蕲春郡安置，他索性“潜遁名山，以习隐自适”。

自从肃宗灵武即位时起，李泌就一直在肃宗身边，为平叛出谋划策，虽未身担要职，却“权逾宰相”，招来了权臣崔圆、李辅国的猜忌。收复京师后，为了躲避随时都可能发生的灾祸，也由于叛乱消弭、大局已定，李泌便功成身退，进衡山修道。

代宗刚一即位，又强行将李泌召至京师，任命他为翰林学士，使其破戒入俗，当时的权相元载将其视做朝中潜在的威胁，寻找名目再次将李泌逐出。

后来，元载被诛，李泌又被召回，却再一次受到重臣常衮的排斥，再次离京。建中年间，泾原兵变，身处危难的德宗又把李泌招至身边。

李泌屡蹶屡起、屹立不倒的原因，在于其恰当的处世方法和豁达的心态，其行入世，其心出世，所以社稷有难时，义不容辞，视为理所当然；国难平定后，全身而退，没有丝毫留恋。如儒家中所说，“用之则行，舍之则藏”“行”则建功立业，“藏”则修身养性，出世入世都充实而平静。这是历史留给我们的处世要诀，更是值得我们现代人借鉴的做人智慧。

在生活中，立身高一点，处世低一点。不让别人感到我们的光芒，就不会给自己招致危险，也可以借此机会修养心态、丰富自身能力，等待可以一鸣惊人的机会。具体说来可以分以下三点：第一，先把自己的工作做到精益求精，再去想如何得到嘉奖；第二，和周围的人保持良好的关系，但是要保持自我，明白自己的追求；第三，尽量淡化生活的清苦和烦恼，清虚无为地修养自己的德行，享受现有的幸福。

当方则方　当圆则圆

◇原文◇

处治世宜方，处乱世当圆，处叔季之世当方圆并用；待善人宜宽，待恶人当严，待庸众之人当宽严互存。

◇译文◇

生活在太平盛世，为人处世应当严正刚直；生活在动荡不安的时代，为人处世应当圆滑老练；生活在衰乱将亡的时代，为人处世就要方圆并用。对待心地善良的人，应当更多一些宽容；对待凶恶的人，应当更加严厉；对待那些庸碌平凡的众生，则应当根据具体情况，宽容和严厉互用，恩威并施。

◇**精读解析**◇

东汉末年刘备落难投靠曹操，曹操很真诚地接待了刘备。刘备住在许都，在衣带诏签名后，也防曹操谋害，就在后园种菜，亲自浇灌，以此迷惑曹操，放松对自己的注视。一日，曹操约刘备入府饮酒，谈起以龙状人，议起谁为世之英雄。刘备点遍袁术、袁绍、刘表、孙策、张绣、张鲁，均被曹操一一贬低。曹操指出英雄的标准——“胸怀大志，腹有良谋，有包藏宇宙之机，吞吐天地之志”。刘备问：“谁人当之？”曹操说：“天下英雄唯使君与我。”刘备本以韬晦之计栖身许都，被曹操点破是英雄后，竟吓得把筷子丢落在地上，恰好当时大雨将至，雷声大作。曹操问刘备，为什么把筷子弄掉了？刘备从容俯拾筷子，并说：“一雷之威，乃至于此。”曹操说：“雷乃天地阴阳击搏之声，何为惊怕？”刘备说：“我从小害怕雷声，一听见雷声只恨无处躲藏。”自此曹操认为刘备胸无大志，必不能成气候，也就未把他放在心上，刘备才巧妙地将自己的慌乱掩饰过去，从而也避免了一场劫难。

这就是历史上很有名的曹操煮酒论英雄。虽然这出戏的主角是曹操，但刘备在煮酒论英雄的对答中表现得也很出彩。而他之所以能避开曹操的怀疑和猜忌，化险为夷，最重要的就是他巧妙地运用了方圆之术。

在古代那个战乱频发的年代，人们大多数情况下根据时局来做方圆的取舍。而今和平是时代的主流，《菜根谭》中讲的“处治世宜方，处乱世当圆，处叔季之世当方圆并用”的现代意义已经很淡了，但是“待善人宜宽，待恶人当严，待庸众之人当宽严互存”的待人之道却仍然有着鲜活的实效价值。其中的“宽严互存”是“方圆并用”的另一种说法。

“方圆并用”中的方和圆，从不同的角度、不同的方面理解，有不同的定义。方，做人的正气，优秀的品质；圆，处世的技巧。方，原则性；圆，灵活性。方，个体与群体的对立；圆，个体与群体的统一，等等。一个人无论是交友、婚恋，还是谋职、做官，都需要坚持“方”的底线和“圆”的变通，如此才能游走于各色人物之间，不为世事牵连。

在现实生活中，无论是巨富、领导，还是人际关系良好的普通人，他们的成功要诀都离不开对“当方则方，当圆则圆”这一处世技巧的精通。曾有一个人问一个成功人士是如何拥有广阔的人际关系的。他说：“中国古代的铜钱会告诉你答案的。”接着他做了这样一番解释：“一枚小小的古铜钱，圆圆的外形，中间却是棱角分明的方孔。这样的铜钱握在手里才不会硌到掌心，如果这枚铜钱是外方内圆的，效果则会相反。这就是人际交往的智慧——外圆内方。”

一个人如果过分方方正正，有棱有角，必将碰得头破血流；但是一个人如果八面玲珑，圆滑透顶，总是想让别人吃亏，自己占便宜，必将众叛亲离。与人交往，保持内心的方正就好，没有必要用自己心中的框框去构架别人的行为方式，这样做的人不仅不会让人觉得正直，反而让人觉得这个人很苛刻。善良的人本来就已经做得很好，和他们相处，用圆的心态对待他们，双方就可以相处融洽，而对待有太多缺点的人，我们应该对他们严厉些，才可以尽到做朋友的责任。做得如此就会找到熟练运用方圆之术的秘诀。

无为养心　半分做人

◇原文◇

欹器以满覆，扑满以空全。故君子宁居无不居有，宁居缺不处完。

◇译文◇

欹器因为装满了水才会倾覆，扑满因为空无一物才得以保全。所以正人君子宁可无所作为也不愿有所争夺，宁可有些欠缺也不愿十分完满。

◇精读解析◇

帆只扬五分，船便安；水只注五分，器便稳，发挥出自己的所有才能有着同样的道理。向世人展示自己最好的一面本来是我们一直追求的目标，但这种毫无保留的状态只能在理想的世界里实现。在现实生活中，由于每个人都有不同的理想，难免产生竞争和冲突，如果太过强调自己的能力和利益，就会在不经意间触犯别人，也就变成了我们常说的“树敌”。

人总是要相互帮助和依靠的，“树敌”对一个人的发展来说，是非常不利的。要想实现自己的理想，就要先为自己创造良好的条件，保护好自己，而不是设置诸多障碍。这就需要我们懂得低调做人的道理，学着做一个适度的“妥协主义者”。

低调不是对世事的消极和畏缩，而是一种为人处世的谦逊品德。掌握了低调做人的方法，不仅可以减少自己对别人的无意伤害，也会在无意之中实现自己的理想。

西汉的开国功臣曹参，在未能功成名就前，跟萧何友好，但是随着萧何的官位越来越高，他和萧何的隔阂也随之越来越深了。但是萧何将死的时候，还是推荐曹参做了相国。

曹参接替萧何的官位后，处理任何事物都完全遵守萧何生前制定的规约。但是他有一个爱好，就是时不时地邀请各级官吏前来喝酒。而且在酒宴上，还不让前来参宴的宾客官吏们说话进言。这种状况让当政的惠帝很是担忧和气愤。

有一天曹参的儿子曹窋，当时的中大夫，前来觐见。惠帝便趁机向他责怪他的父亲虽然身为相国，却不专心治理国事，并嘱咐他找机会劝解一下曹参。曹窋休假回家后，不敢怠慢皇帝的嘱托，便旁敲侧击地劝谏曹参。哪知，曹参根本就不容他说完，便已怒不可遏，还命人杖打曹窋二百下，说：“赶快入朝侍奉皇帝去，天下的事不是你这年轻人可以领会的。”

第二天早朝时，惠帝责问曹参说：“曹窋是遵照我的意愿劝你的。你为何要责罚他？”

曹参鞠躬谢罪说：“如果让陛下作个判断的话，您认为自己和高皇帝相比哪一个更英明神武？”

皇上说：“放肆！竟敢拿我和先帝作比较！”

曹参不慌不忙地说：“那么在陛下眼里，我和萧何比哪一个更有辅助国政的能力？”

皇上说：“这个你自己也应该心知肚明才对。你赶不上萧何。”

“陛下说的没错。现在法令清明，陛下垂衣拱手间便可治国，那我遵循前代之法不要丢失，并恪守职责，难道就不可以了吗？”

惠帝说：“我明白了，你可以退下了。”

成语“萧规曹随”即来源于这个故事。曹参在任期间，一方面遵照已有的法规治理国家，另一方面又极力主张清静无为，从而使得西汉国泰民安。曹参的治国之道正好应了《菜根谭》中“宁居无不居有，宁居缺不处完”这句话。而在生活中，抱着无为的心，低调做人，也是同样的道理。

低调做人，就是不要把自己看得太重要、太能耐、太高明，认为自己处处胜人一筹、高人一等，处处表现，这样就难免虚华。能力超群的人让人敬畏，而看起来成绩平平，却有谦逊之德、平易之美的人，更容易赢得别人的亲近和信赖。

当然，低调做人不是反对表现自己，适当地表现可以为自己带来更多的机会，但如果不能把握分寸，让自己在某种情境下成为“出头鸟”，就是极不明智的做法了。

所以，在表现自己时要选对时机，要令众人信服和羡慕，而不要表现得让众人厌恶和怨恨。要收敛起自己的过分言行，不要做出格的行为，也不要说出格的语言。在平时的生活中，要常常自省自戒。

心域打开 宽心待事

◇原文◇

福不可徼，养喜神，以为召福之本而已；祸不可避，去杀机，以为远祸之方而已。

◇译文◇

福分不可强求，只有保持愉快的心境，才是追求人生幸福的根本态度；祸患不可逃避，只有排除怨恨的心绪，才是作为远离祸患的办法。

◇精读解析◇

人们口中常说的幸福和祸患，都没有实体，他们的降临往往不是由于外物，而是因为内心。所以愉快的心情，可以成为幸福的泉眼，仇恨的内心可以成为危机四伏的渊薮。那么什么能放大愉快的情绪、稀释仇恨的杀机呢？答案是宽心。它是一种美德和修养，也是一种看透世事的明智。

人间的幸福美得像极光却让人缺乏真实感，但只要能让宽广的心域像海稀释盐分一样淡化悲伤从而衍生愉悦，也就有了追求人生幸福的基础；人间的灾祸是难以避免的，只有消除怨恨他人的念头，才是远离灾祸的良策。我们每个人的生活总是被他人插入，从而总是免不了与他人产生矛盾，对此失去耐性甚至动怒记恨必然会引起人际关系的冲突。任何一个精神愉快、有所作为的人都不会让消极的情绪、仇恨的心理跟随自己，所以，我们要学会的是放宽心境。

有这样两句话：一只脚踩扁了紫罗兰，它把香味留在那脚跟上，这就是充满馨香的宽容。世界上没有定格的福与祸，只有因心境不同而产生的福祸相依。

塞翁是一个善于推测人事吉凶祸福的人，见得多了，也许就想得开了。塞翁对待自己的事，总是很淡然。

有一天，他的马跑进了胡人的境地。人们以为他会因此而难过，纷纷前来劝慰，然而塞翁却笑笑说："我的马虽然走失了，但说不定会有好事发生呢？"几个月后，这匹马果然跑回来了，而且一匹胡地的骏马也随之而来。人们纷纷来道贺说塞翁家好运气，塞翁却有些担忧地说："这匹骏马恐怕会招来不好的事。"

塞翁的儿子很喜欢骑马，对这匹意外得来的骏马当然爱不释手。有一天骑着这匹骏马出去游玩，骑到忘情时不小心从马背上摔了下来，而且还摔断了一条腿。人们想到塞翁的惊喜一下子变成了他儿子的祸事觉得塞翁肯定会很伤心，便又来到塞翁家中，安慰塞翁。没想到塞翁又淡淡地对大家说："虽然我的儿子摔断了腿，也未必不是件好事。"这样一而再、再而三，邻居们都觉得塞翁肯定糊涂了，该喜的时候不喜，该悲的时候不悲伤，就兴味索然地走了。

不久之后，胡人进犯，当地官府要求所有的青年男子都要去服兵役。大家都知道胡人的剽悍，参加此次战争必然有去无还。最后塞翁的儿子因为腿上有伤没有去成，反而保全了自己的身家性命。

直到此时，人们才领悟出塞翁的不喜不悲其实是因为其心怀生活的智慧。

我们生活在这个世界上，必须协调的生活层面太多了。例如，在社会上，如何与亲族、朋友取得协调；在经济上，如何量入为出；在家庭上，如何培养夫妻、亲子的感情；在健康上，如何使身体不出问题；在精神上，如何选择自己的生活方式。能够如此才不会辜负我们可贵的生命。面对如此多的烦心琐事，唯有宽容才能不被生活所累。淡定地对此放宽心域，不要让一些小事情影响我们一天的好心情。争强好斗只能两败俱伤，而宽心却可造就温馨。

"宽心"两字包含着人生的大道理。一个人的心域如果不够辽阔，他的生活就会像不会流动的水一样，不能净化、稀释生活中的压力、悲伤和祸事。如果我们的心域够辽阔，我们就会在困难面前保持淡定，在惊喜面前保持冷静。

生活中，对眼前的困难看淡些、用些心力去克服，困难就会成为人生的跳板。同样的，对眼下的幸福和平顺的境遇看得远些，幸福就能避免成为祸事的转弯之地。

第六章

功业沉浮

——事穷留初心，功成思末路

得意回头 拂心莫停

◇原文◇

恩里由来生害，故快意时，须早回首；败后或反成功，故拂心处，莫便放手。

◇译文◇

在得到恩惠时往往会招来祸害，所以在得心快意的时候要想到早点回头；在遇到失败挫折时或许反而有助于成功，所以在不如意的时候不要轻易放弃追求。

◇精读解析◇

孙叔敖原来是位隐士，后来被人推荐给楚庄王，三个月后就做了令尹（宰相）。他善于教化引导百姓，经过他的治理，官民上下和睦，国家安宁和顺。

有位孤丘老人，很关心孙叔敖，特意登门拜访，问他：“高贵的人往往有三怨，你知道吗？”孙叔敖回问：“您说的三怨是指什么呢？”

孤丘老人说：“爵位高的人，别人嫉妒他；官职高的人，君王讨厌他；俸禄优厚的人，会招来怨恨。”

孙叔敖笑着说：“我的爵位越高，我的心胸越谦卑；我的官职越大，我的欲望越小；我的俸禄越优厚，我对别人的施舍就越普遍。我用这样的办法来避免三怨，可以吗？”

孤丘老人很满意，笑着离去。

孙叔敖严格按照自己所说的行事，避免了不少麻烦，但也并非是一帆风顺，他曾几次被免职，又几次复职。有个叫肩吾的隐士对此很不理解，就登门拜访孙叔敖，问他：“你三次担任令尹，也没有感到荣耀；你三次离开令尹之位，也没有露出忧容。我开始对此感到疑惑，现在看你的心态又是如此平和，你的心里到底是怎样想的呢？”

孙叔敖回答说：“我哪里有什么过人的地方啊，我认为官职爵禄的到来是不可推却的，离开是不可阻止的。既然得到和失去都不取决于我自己，那我为何要觉得荣耀或忧愁呢？况且我也不知道官职爵禄是应该落在别人身上，还是应该落在我的身上。落在别人身上，那么我就不应该有，与我无关；落在我身上，那么别人就不应该有，与别人无关。我追求的是顺其自然，哪里有工夫顾得上什么人间的贵贱呢？”

肩吾对他的话很钦佩。

孙叔敖后来得了重病，临死前告诫儿子说：“楚王认为我有功劳，因此多次想封赏我土地，我都没有接受。我死后，楚王为了奖励我生前的功绩，一定会封给你土地，你千万不要接受富饶的土地。在楚国和越国之间，有个地方叫‘寝丘’。这个地方土地贫瘠，名字也很不好听。楚国人信奉鬼神，越国人讲求吉祥，都不会争夺这个地方，因此这个地方可以长久拥有。”

孙叔敖死后，楚王果然要封给他儿子一块好的土地，他儿子辞谢不受，只请求寝丘之地，楚王答应了他的请求。按照楚国的规定，分封的土地不许传给下一代，唯有孙叔敖儿子的封地可以世代相传。

孙叔敖之所以能保全自己的名声，保全子孙的福禄，主要是因为他不争名，不夺利，懂得进退之道，并以一颗淡泊之心处世。其实万物发展有其规律，到极致时就会走向反面，到鼎盛时就会走向衰败，所以在实际生活中福祸相依、盛衰互转并不是史话传说。

事喜则人喜，事忧则人忧，这本是人之常情，但是一个有修养有远见的人，哪怕一生几经沉浮，他们会依然故我，丝毫不见喜色或者忧容。道破这一点，足见《菜根谭》洞见人生智慧的妙处，它告诫人们得意时早回头，失败后莫灰心。富贵名利当然人人都想要，但是得之喜，或者失之惊的话就谈不上什么高境界了。只有做到淡泊明志，宠辱不惊，才能看透世事的险恶，做到“不以物喜，不以己悲”，获得心灵的宁静。对于功名利禄不必强求，宠辱不惊的人生修养唯有豁达的心胸才能做到。人生境界的高低不在于个人社会地位的高低，而在于眼界的高下。如果我们的胸怀够宽广，能够承载很多得意与失意，那么我们就可以从容地走完一生。

看淡荣辱 远离骄矜

◇原文◇

盖世功劳，当不得一个矜字；弥天罪过，当不得一个悔字。

◇译文◇

一个人即使立下了举世无双的汗马功劳，如果他恃功自傲、自以为是，他的功劳很快就会消失殆尽；一个人即使犯下了滔天大罪，却能够浪子回头改邪归正，那么他的罪过也会被他的悔悟所洗净。

◇精读解析◇

人贵在自制，良好地控制自己的情绪才能比较准确地掌控事态的发展。在取得成绩时，用“一将功成万骨枯”来警示自己，避免自己掉进骄矜的泥沼。当我们犯下过错时，只要能真心悔改，我们的错误就有可能被人原谅。所谓“盖世功劳，当不得一个矜字”说的就是掌控情绪中最重要的道理：避免骄傲。

古语有云：“彼矜者，满也。满者，虚心。满虚之物，在物为制也。”骄矜骄傲，是自满的表现，更是外强中干的表现。他们或许有才，但却恃才傲物，刚愎自用，最后因为听不进别人的意见，而前功尽弃，一事无成。正是基于此，哲人才会下结论：“矜物之人，无大士焉。”富贵不与骄傲相约，但骄傲自然而然地随富贵出现了；骄傲和死亡并没有联系，但死亡也会随骄傲而来临。中国历史上深受其害的人可谓比比皆是。

清朝的年羹尧早期仕途一路顺畅，康熙也很重用他，就是希望他能平定与四川接近的西藏、青海等地叛乱。年羹尧也没有让康熙失望。

在1718年参与平定一次叛乱的过程中，年羹尧表现出了非凡才干。他当时负责清军的后勤保障工作，虽然运送粮饷的道路十分艰险，但是在年羹尧的努力下，清朝大军的粮饲供应始终是充足的，从而为取胜创造了条件。因此，第二年年羹尧就被康熙皇帝晋升为四川、陕西两省的长官，成为清朝在西北最重要的官员。

但是，随着权力的日益扩大，年羹尧以功臣自居，变得骄矜自大起来。一次他回北京，京城的王公大臣都到郊外去迎接他，他对这些人看都不看，显得很无礼。他对雍正有时也不恭敬。一次，在军中接到雍正的诏令，按理应摆上香案跪下接令，但他随便一接了事，令雍正很生气。此外，他还大肆接受贿赂，随便任用官员，扰乱了国家秩序。

年羹尧对此不但不知收敛，反而更加得意忘形，更加骄横。雍正三年十月，雍正帝命逮年羹尧来京审讯。十二月，案成。此距发端仅有九个多月。议政王大臣等定年羹尧罪：计有大逆之罪五、欺罔之罪九、僭越之罪十六、狂悖之罪十三、专擅之罪十五、忌刻之罪六、残忍之罪四，共九十二款。

年羹尧的最终结局有多种因素造成，但骄横无疑是他的致命伤。如果一个人喜欢自大自夸，就算他曾经功不可没，也会画地为牢。同样的骄矜之人，即便有其他的美德，也会因为目中无人，让自己的美德被遮蔽。过分炫耀自己的能力，看不起他人的工作，就会失去自己的功劳。相反，如果一个人能看透世间富贵的起伏，看淡自己的荣辱，深谙骄傲的害处，自会远离骄矜的陷阱。

北魏贾思伯，益都人，武帝时做仟成王澄手下的军司。到肃宗和明宗时，又让思伯做诗讲，也就是老师。皇帝也跟思伯学《春秋》。贾思伯地位虽然很尊贵，但对下人很平易，对贤人很尊重。有人问他：“您为什么能做到不骄傲？”贾思伯说：“骄傲必然伴随衰败，天下哪有富贵恒定不变的道理？”当时的人们都认为这是很高明的见解。

谦受益，骄致败，可谓千古一理。权、财、势大时，容易冲昏头脑，小看对手。这时只有谦虚、听劝、忍耐骄矜之气的增长，谦和对人，才能无往而不胜。

在生活中，对待问题，应多思、慎虑，认真对待。不要以为有把握，或是已熟悉了，就可以轻视它。问题在未解决之前，即使是百分百的把握，也应视为三成、四成的把握来考虑。事情是变化的，人与人、人与事，关系都会转过来。在关键的地方，错失一步，可能会全盘皆输。故此，万事小心为上，切不可骄矜。骄矜的危害是很大的。作为管理者骄傲自大，不能以平等的态度待人，则会失去人才，失去人心，最后也必然要失去江山。作为统帅如果产生骄傲情绪，则骄兵必败。即使普通人，自以为是也会众叛亲离，难以成事。

永葆初心 不受纷扰

◇原文◇

事穷势蹙之人，当原其初心；功成行满之士，要观其末路。

◇译文◇

一个人在事业上遭受失败、穷途末路时，应当还原最初创业时的心境；一个人功成圆满时，应该想到自己在以后的道路上如何保住晚节。

◇精读解析◇

《菜根谭》中的这句话告诉我们一个做人道理：时刻保持一颗初心，才能善始善终。

所谓“初心”应是一种相对稳定的为人处世的态度，不在逆境中改变初衷，不在顺境中放下坚守，是它最核心的内涵。每一个人刚走上社会都是满怀希望与抱负，然而一些人遭受多次挫折，经历艰难困苦之后，一颗原本质朴的心变了：爽直的人变得吞吞吐吐，心灵歪曲了，抱负丧失了，最后变得窝囊了。事实上，一个人要有独立的修养，永远保持一颗光明磊落、纯洁质朴的心，外界环境不仅不会影响改变他，还会促使他不断精进。

著名作家沈从文是一个没有高学历却有大学问的学者。当年他怀着梦想只身来到北京闯荡，一边在北大做旁听生，一边阅读大量书籍，并与诸多大师结识，不断成长。后来，他带着一身泥土气闯入十里洋场的上海，时间不长，即以灵气飘逸的文字震惊文坛。

1928 年，时年二十六岁的沈从文被当时任中国公学校长的胡适聘为该校讲师。

在此之前，沈从文以行云流水的文笔描写真实的情感，赢得了一大批读者，在文坛享有很高的声望。但他给大学生讲课却是头一回。为了讲好第一堂课，他进行了认真准备，精心编订了讲义。尽管如此，第一天走上讲台，看见台下黑压压地坐满了学生，他心里仍不免发虚。面对台下满堂坐着的莘莘学子，沈从文竟整整呆站了十分钟，一句话也说不出。后来开始讲课了，由于心情紧张，他只顾低着头念讲稿，事先设计在中间插讲的内容全都忘得一干二净。结果，原先准备的一堂课，十分钟就讲完了。接下来的几十分钟怎么打发？他心慌意乱，冷汗顺着脊背直淌。这样的尴尬场面，他以前可从来没有经历过。

后来，沈从文没有天南地北地瞎扯来硬撑“面子”，而是老老实实拿起粉笔在黑板上写道：“今天是我第一次上课，人很多，我害怕了！”于是，这老实可爱的坦言“害怕”，引起全堂一阵善意的笑声……

胡适深知沈从文的学识、潜力和为人，在听说这次讲课的经过后，不仅没有批评，反而不失幽默地说：“沈从文的第一次上课成功了！”后来，一位当时听过这堂课的学生在文章中写到，沈先生的坦率赤诚令人钦佩，这是有生以来听过的最有意义的一堂课。

此后，沈从文曾先后在西南联大师范学院和北大任教。正因为不是“科班”出身，他不墨守成规，而代之以别开生面的言传身教的文学教育，获得了成功。而他那“成功”的第一课，则在学生之中不断流传，成为他率直人生的真实写照。

世界上唯有真实最能打动人心。一句“我害怕了”，袒露了一代文学巨匠的质朴内心，面对失败不敷衍，不做作，不逃避，能老实可爱地袒露内心的人，当然会得到别人的谅解。其实，不仅是面对失败挫折时我们要保留初心，功德圆满、名利双收时更应该以一颗初心警醒自己不因此时顺境就放松自己为人处世的原则。

生活在世事纷扰的世界里，我们应该让自己的心灵在纷扰的世事中学会静止。在事业上遭受失败、穷途末路时，我们应该保持初创事业时的雄心和信念；当一个人功成圆满时，守住曾经拥有过的动态思维，想想如何让成功升值。当我们学会了静止的艺术，生命就会在时间的流逝中永远保持健康，让心灵和功业细水长流。

头脑清醒　登高思危

◇原文◇

居卑而后知登高之为危，处晦而后知向明之太露，守静而后知好动之过劳，养默而后知多言之为躁。

◇译文◇

到了低矮的地方观察，才知道向高处攀登充满着危险；到了黑暗的地方，才知道当初的光亮过于耀眼；持有宁静的心情，才知道四处奔波的辛苦；保持沉默，才知道过多的言语所带来的烦躁不安。

◇精读解析◇

世态万象，都蕴含着正反阴阳的辩证机理，要明白个中情味，就要居此思彼，动态地看待问题而不为表面现象所迷惑。居卑时想到高处不胜寒，处境平淡时想到繁华后的落寞，静默时考虑夸夸其谈的聒噪，一个人的心中就会少些觊觎，多些理智。真正高明的人，善于辩证统一地看问题，虽不赞一词，却能有真知灼见。

一次，孟子觐见齐宣王，齐宣王问孟子："以我现在的修为，齐国现在的实力，要实现'君临天下，四海归心'的构想能成功吗？"

孟子在问了齐宣王相关的问题后，却给他浇了一盆冷水，说："依照齐国的现状，想要开辟疆土，使秦、楚臣服于自己，从而使齐国莅临天下。这个愿望无异于缘木求鱼，根本不可能。"

其实齐国也是战国时期的大国，经几代君主的治理，国力强大，百姓富足。但正是因为这样齐国百姓皆沉浸于"吹竽鼓瑟，击筑弹琴，斗鸡走犬，六博蹹踘"中，一个个都显得志得意满的样子，才可能酿成某种弊害的源头。当一个国家社会安定，经济繁荣，国民收入增加之后，往往就流于浪费，生活方式多半骄奢淫逸，道德堕落，并且容易产生优越感，看轻别人。因此，孟子说齐宣王想到"莅中国而抚四夷"，那是妄想，是"缘木求鱼"，不可能实现。

天下事总是祸福相依，如果我们不辩证地对待国泰民安，治世也可能由盛转衰。正如魏徵在《谏太宗十思疏》中，提醒唐太宗要"居安思危，戒奢以俭"。只有富而不骄，不一味地沉浸于歌舞升平，好日子才会持久。历史已经给了我们很多镜鉴，唐朝由盛转衰就是很好的一例。

自李隆基登基始，到开元二十九年，恰好是三十年。他第一年用的年号是先天，次年改为开元。古人以三十年为一世，李隆基为皇一世，天下太平富足，国家稳定，经济繁荣，农业和手工业都有较大的发展。经过贞观之治和武则天的励精图治，唐朝在李隆基开元时期的精心治理下，达到了全面兴盛。

凡事有兴盛必有衰亡，兴盛的巅峰往往是衰亡的开始。开元以后唐玄宗用人失当，任李林甫、杨国忠等为相，并且迷恋贵妃杨玉环，“后宫佳丽三千人，三千宠爱在一身”“春宵苦短日高起，从此君王不早朝”。政治腐败，奸臣当道，大唐终于由兴盛走向衰亡。最终酿成安史之乱，大唐盛世的景象一去不返。

盛唐景象一直是中国人心向往之的治世之极，盛唐也是外国人对古代中国的一贯记忆。也正因此，很多人想着梦回唐朝，一睹那富甲天下、雄视四海、宽容和谐、英气勃勃的伟大盛世。但是在安史之乱的马蹄声中，一个盛世渐渐远去，留给人们的是凄凉的背影和无尽的思索。历史的前车之鉴，有力地印证了《菜根谭》的说法。国家也好，个人也罢，如果固守于事物的单个方面时，结局往往会向事物的另一方面转变。

生活中，我们要把眼光放长远，时刻要有居此思彼的意识，不能因为贪恋一时而失之一世。一个人现在拥有的不一定永远都属于他，一个人现在没有的，也不意味着终生与其无缘。“常将有日思无日，莫待无时思有时”，按照《菜根谭》中说的那样去思考，思路就不至于僵化。

相观对治 方便法门

◇原文◇

人之际遇，有齐有不齐，而能使己独齐乎？己之情理，有顺有不顺，而能使人皆顺乎？以此相观对治，亦是一方便法门。

◇译文◇

人生的遭遇，有顺利有不顺利，所处的境况各有不同，在这种情况下，自己又如何要求特别的幸运呢？自己的情绪，有平静的时候也有烦躁的时候，每个人的情绪也各有不同，在这种情况下，又如何能要求别人时刻都心平气和呢？用这个道理来反躬自问，将心比心，也不失为人生中一种进修品德的好方法。

◇精读解析◇

如果说只有顺境的人生、美丽的身体和聪明的头脑是完美的，那么世界上并没有完美。因为世界上没有完全顺利的人生，也没有没有瑕疵的身体，更没有不犯糊涂的头脑。所以没有必要总是刻意寻找自己没有而别人拥有的东西。正视我们自己的缺陷和不足，我们的生活反而会坦然一些。

这个道理虽然浅显，谁都可以说得头头是道，可当我们真正面对自己的缺陷，面对生活中不尽如人意之处时，却又总感到懊恼、烦躁。其实追求完美没有错，可怕的是追而不得后的自卑与堕落。即使缺陷再大的人也有其闪光点，正如再完美的人也有缺陷一样。能够充分发挥自己的长处，照样可以赢得精彩人生。正如清朝诗人顾嗣协所说："骏马能历险，犁田不如牛；坚车能载重，渡河不如舟。舍长以取短，智者难为谋；生材贵适用，慎勿多苛求。"过分地追求完美只会让自己徒增烦恼。

有些人以为自己追求完美是积极向上的表现，其实他们才是最可怜的人，因为这种完美根本不存在。他们所有的追求如海市蜃楼，只是一个幻影而已。

世界上本来就没有完美，但我们每个人都可拥有完美，因为我们口中时时叨念的完美其实是我们心中的知足。做到心中知足，我们也就找到了《菜根谭》中说的"方便法门"。看到别人因偷盗钱财而锒铛入狱时，我们会庆幸自己的生活没有到一无所有的境地，于是会倍加珍惜我们现有的财富；看到别人面部被烧伤，却仍能保持微笑时，我们就不会在苦恼自己没有生得一张明星脸；看到富翁死后，他的儿女为了争夺遗产而抛弃亲情时，我们就会满足于自己平淡而没有纷争的生活……这就是所谓的"相观对治"。因此当我们满足时，我们的心和生活就都是完美的。

苦中有乐 得意生悲

◇原文◇

苦心中，常得悦心之趣；得意时，便生失意之悲。

◇译文◇

人们在苦心追求时，因为感受到追求成功的喜悦而觉得乐趣无穷；人们在得意时，因为面临着顶峰过后的低谷，往往潜藏着失意的悲哀。

◇精读解析◇

人的一生，或多或少，总有浮沉，不会永远如旭日东升，也不会永远痛苦潦倒。面对人生的起伏，真正的高手都是那些能以平常心牢牢地驾驭人生这匹烈马的人。但凡能苦中作乐、能在得意之时而做到不忘形的人，都拥有一颗平常心。平常心就是一个人心灵中最美丽的地盘和最上乘的人生哲学。拥有这颗心的人，无论人生几分沉浮都会像一个凡人那样活着，像一个诗人那样体验，像一个哲人那样思考。

其实，人生宠辱有时只是一种表象，从人生的长远来看，宠是得意的总表象，辱是失意的总表象。当一个人在成名立功时，除非平素具有淡泊名利的修养，否则一般都会欣喜若狂，喜极而泣。这就是所谓的“得意忘形”。

古时候，有一个老童生考秀才，胡子都白了，仍没考取。有一年，他正好与儿子同科应考。到了发榜的那一天，他正在屋里洗澡，儿子看榜回来，高兴地报喜：“父亲，我已考取了。”老童生在屋里一听，便大声呵斥：“考取一个秀才算得了什么，这样沉不住气！”儿子一听，吓得不敢大叫，便轻轻地说：“父亲，你也取了。”老童生一听，忘了自己光着身子连衣服还没穿上，忙打开房门，大声呵斥：“你怎么不早说！”

这便是“得之若惊，失之若惊”的极端事例。

宠辱是常常交替的，于是，人们常感到“世态炎凉”，感到人际交往的势利。比如有人在台上时，不少人都巴结他，门前是车水马龙，拜访的人络绎不绝；而一旦下台，就门可罗雀，无人理睬。

战国时，名将廉颇的“一贵一贱，交情乃见”能很好地说明这个问题。

《史记》所载，廉颇失势之时，他的门客全都走了。当朝廷又复用他为大将后，门客又都回来了。他愤怒地吼道：“你们都滚！”门客却笑着说：“您怎么到现在才知道，天下都是势利之交，您有权势，并养得起我们，我们当然都来追随您；您一失势，我们当然要散去，这是世道的当然道理，您难道连这点也看不到吗？”

诸葛亮有一句名言，可作为人们学习修养的最好的座右铭：“势利之交，难以经远。士之相知，温不增华，寒不改弃，贯四时而不衰，历坦险而益固。”这句名言的意思是，势利之交，是难以长远的。真正的友情，是经得起时间考验的，在我们得意时，真正的朋友不助长我们的得意；在我们失意时，真正的朋友绝不会将我们舍弃，同甘苦共患难，友谊反而在患难中越来越牢固。所以说，无论是我们对别人，还是别人对我们，拥有豁达的平常心，不仅能做到宠辱不惊，还能做到面对毁誉不动心。

孔子曰：“吾之于人也，谁毁谁誉？如有所誉者，其有所试矣。斯民也，三代之所以直道而行也。”意思是说，听了谁毁人，谁誉人，自己不要立刻下断语。另一方面也可以说，有人攻讦自己或恭维自己，都不要去管。如果一个人这样做了就会“苦心中，常得悦心之趣；得意时，也不会生失意之悲”。

宠辱不惊，对外界的毁誉、对人生起伏都怀一颗平常心。便是一种圣人境界。在我们的现实生活中，做好自己、看淡外界是非可以帮助我们在飞速变化的时代保持一颗平常心。对别人的赞誉，少受几分，心境就不会飘飘然；对别人的批评，多些反省，我们就不会耿耿于怀。同样的道理，遇到人生的嘉奖，不要得意忘形，遇到生活的坎坷，不要妄自菲薄，既然我们已经尽力而为了，就不要强迫自己符合外界的框架。这样去做，我们就可以避免在得意时，生出失意之悲，在苦心时，丧失生活的乐趣。

居安思危 天亦无伎

◇原文◇

天之机缄不测，抑而伸，伸而抑，皆是播弄英雄，颠倒豪杰处。君子只是逆来顺受，居安思危，天亦无所用其伎俩矣。

◇译文◇

上天的变化不可把握，有时先让人陷入困境，然后再进入顺境，有时又让人先得意而后失意。不论是处于何种境地，都是上天有意在捉弄那些自命不凡的所谓英雄豪杰。因此，一个真正的君子，如果能够坚忍地度过外来的困厄和挫折，平安之时不忘危难，那么就连上天也没有办法对他施加任何的伎俩了。

◇精读解析◇

“胜可知，而不可为。”意思就是说，胜利是可以预测的，但是不能够强求。这句话听起来很悲观，但其实是非常冷静和理性的。我们总是很容易被美好的幻想迷住眼睛，尤其是当自己感到胜券在握的时候，就放松了神经守株待兔。但是，万一没有自投罗网的兔子，而家人还在等着吃兔肉，我们要怎么办呢？真正万无一失的计划，就是要想到万一失败了，我们该如何应对，这是一种忧患意识和危机意识，是我们生活中不可缺少的。

有一只野猪每天在树干上磨牙，一只狐狸见到了，感到很奇怪便嘲笑他说：“老兄，现在又没有猎人和猎狗，大好的晴天怎么不坐下来享受一下阳光呢？”

野猪回答："等猎人和猎狗出现的时候再磨牙齿，一切都来不及了。"

狐狸听了不以为然，在阳光下继续漫步，悠然自得。这时猎人意外出现，狐狸丢掉了自己的性命。

显然，这只野猪具备危机意识。大自然中有着惬意悠然的生活，但是这里面却也潜藏着危机，任何一种动物，如果不提前练就应对的本领，随时有可能丢掉性命。我们生活的环境同样是这样的，虽然总体来说现在的情况已经相当优越，并没有出现严重的生存危机，但是时刻要给自己提一个怎样完善自己、充实自己的问题。这样做就是一种忧患意识、危机意识的表现。时常保持这种意识的敏感，无论是对一个人来说，还是对一个国家来说，都是至关重要的。

唐朝是我国历史上辉煌的一个朝代，尤其是在唐太宗时期，"贞观之治"让中国的版图和文化影响力达到了高潮。推动这一盛世的众多人当中，有太宗的"镜臣"魏徵。魏徵才华出众，主张"居安思危，善始克终"。他常常以隋朝灭亡作为教训，规劝唐太宗要有危机意识，要看到唐朝将来的发展和重重困境。魏徵多次在奏章中写到自古失国之主、亡国之君都是因为纵情安逸，不思考危亡才导致灭国的。

魏徵成为辅佐唐太宗治理国家的功臣，是靠他的忧患意识。而对于一个人来说，培养自己的忧患意识、危机意识不仅是鞭策我们严格要求自己的重要动力，也是我们心理减压的重要"防震气囊"。"谋事在人，成事在天。"不可预知的未来因素可能会改变我们的计划，甚至将美好幻想毁灭。如果事先预想过最坏的结果，即使真的失败了也不会给心理带来过大的压力。

《菜根谭》中将危机意识进一步引申，不仅给我们讲了危机意识"抑而伸，伸而抑"的转换功能，同时也告知人们，真正的英雄和君子是如何修炼的。其实，大自然也好，生活也罢，它们的运行与变化实在是变幻莫测，任何起伏与变化都是捉弄和戏耍那些自命不凡的英雄豪杰的手段而已。因此，一个真正的君子，如果能够坚韧地度过外来的困厄和挫折，平安之时不忘危难，那么就连上天也没有办法对他施加任何的压力了。

偏激之人 难建功业

◇原文◇

燥性者火炽，遇物则焚；寡恩者冰清，逢物必杀；凝滞固执者，如死水腐木，生机已绝。俱难建功业而延福祉。

◇译文◇

那些性情暴躁的人就像炽热的火焰，遇到物体就会点燃烧毁；那些刻薄寡恩的人就像冰块一样冷酷，遇到物体就会无情残杀；那些固执呆板的人，就像静止的死水和腐朽的枯木，毫无生机。这些人都难以建立功业、延续幸福。

◇精读解析◇

一次，鲁哀公问孔子："你的人生走到这里，可谓是桃李满天下了。那么在这么多的学生中，你自认为谁是学得最好的并可继承你未竟的事业的人呢？"

孔子把自己教过的学生在头脑中简单地过了一下，然后说："学得最好的当属颜回这个人了。因为他性格温和、不迁怒，品行端正、不贰过。可惜他已经死了，但是即便这样直到现在我再也没有遇到比他做得更好的人了"。

颜回他不一定有帝王之才，但却因为有良好控制情绪的能力而被孔子认定是可以继承他自己的师道风范的人。为孔子称赞的"不迁怒""不贰过"大致等同于《菜根谭》此处由批评引申出来的品德。同时也是他给"燥性者"和"凝滞固执者"的建议。

"燥性者"是我们常说的那些脾气暴躁、不懂得克制情绪的人。而"凝滞固执者"则是那些固执而不肯改过的人。这两种人都是难以"建功业而延福祉”的人。在我们的生活工作中，事实也的确如此。迁怒他人与过而不改都是不能控制自己情绪的表现，也是人们工作、生活中的两大弊病。它们小则使人际关系紧张，大则导致事情的失败。曾经有个人因为不能控制自己的情绪，而与即将到手的胜利擦肩而过了。

在一次台球比赛中，有个选手在最初的几场比赛中得分一直遥遥领先，只要再得几分便可稳拿冠军了。就在这个时候，他发现一只苍蝇落在主球上，他挥手将苍蝇赶走了。可是，当他俯身击球的时候，那只苍蝇又飞回主球上，他在观众的笑声中再一次起身驱赶苍蝇。这只讨厌的苍蝇破坏了他的情绪。而且更为糟糕的是，苍蝇好像是有意跟他作对，他一回到球台，它就又飞回到主球上来，引得周围的观众哈哈大笑。

这名选手的情绪恶劣到了极点，他终于失去理智，愤怒地用球杆去击打苍蝇，球杆碰到了主球，裁判判他击球，他因此失去了一轮机会。结果，他方寸大乱，连连失利，而他的对手则越战越勇，终于赶上并超过了他，最后拿走了桂冠。

第二天早上人们在河里发现了这个人的尸体，他投河自杀了！

为一只苍蝇，付出了生命的代价，让人唏嘘不已。假如他能及时控制自己的怒火，而不是将之狠狠地发泄到苍蝇的身上，假如他在失败后好好反省自己，并主动改正，也许会有不一样的结局。只可惜这个世界上没有假设，更没有因为悔恨而扭转的败局。

迁怒和固执各有自己的一个规律。迁怒的人，往往迁怒于他者，迁怒于外物，迁怒于对自己没有巨大威胁的对象；固执的人，常常固执于自认为对的想法，却不肯回头看看。虽然两个规律方向相反但都是一种阴暗心理的外现。而在我们的生活，特别是在和别人交往时，工作的成败与合作气氛的融洽与否，情绪起着至关重要的作用。要成就一番事业的人应该学会心理调控，学会及时尽快走出消极情绪的笼罩。任何管理者都无法相信一个动辄生气、却不肯为自己的过错主动承担的人，能为公司带来业绩。

一个人要成就大的事业，就不能随心所欲、感情用事，而是要对自己的言行有所克制。

自制能力是在工作中善于控制自己情绪和约束自己言行的一种能力。能够掌控自己的情绪是“燥性者”和“凝滞固执者”突破谶语的法门。不发火，从根本上来说是不现实的，但是如果我们一味放纵自己的情绪，那么我们也将沦为情绪的奴隶。冲突总是不可避免，但少一份暴躁，淡去些固执，就会多一份宁静，就会多一份美丽。

有吾之有 心逸身安

◇原文◇

图未就之功，不如保已成之业；悔既往之失，不如防将来之非。

◇译文◇

与其去谋划不能完成的事业，不如将精力用来保持已经完成的事业；与其去追悔过去的失误，不如将精力用来防止再发生错误。

◇精读解析◇

有一个村庄，里面住着一个独眼的孩子。

孩子的左眼是在他九岁那年瞎的。一场高烧之后，他忽然对他的爹娘说：“我的左眼看不见东西了！”两位老人一惊，忙过来用手在他左眼前晃，而那只左眼果然像坏了的钟摆一样一动不动。他爹娘顿时泪流满面，仅有的儿子瞎了一只眼睛可怎么办呀！没料到爹娘哭得伤心的时候，他却缓缓地说：“爹娘，你们哭啥，应该笑才对！这场病不是只弄坏了我一只眼吗？左眼瞎了，右眼还能看得见呢！总比两只眼都弄坏了要好啊！你们想一想，我比起世界上那些双目失明的人，不是强多了吗？”儿子的一番话，把两位老人惊呆了，但后来想想也有理，于是停止了流泪。

这个眼睛有问题的孩子家境不好，爹娘无力供他读书，只好让他去私塾里旁听。爹娘为此十分伤心，孩子却劝道：“我如今也已识了些字，虽然不多，但总比那些一天书没念，一个字不识的孩子强多了吧！”爹娘一听，觉得安然了许多。

后来，这个孩子长大后娶了个嘴巴很大的媳妇。爹娘又觉得对不住儿子，孩子便劝他们说：“能娶到这样的一个媳妇已经很不错了，和世界上的许多光棍比起来，简直可以说是好到天上去了！”这个媳妇勤快、能干，可脾气不好，不温柔、不驯服，把婆婆气得心口疼。儿子劝道：“娘，你这个儿媳妇是有些不大称你的心，可是你想想，天底下比她差得多的媳妇还有不少。你的儿媳妇脾气虽是暴躁了些，不过还是很勤快的，又不骂人。”爹娘一听真有些道理，就不生气了。

可是，他家确实很贫寒，妻子实在熬不下去了，便不断抱怨。他便说：“你只跟那些住进深宅大院、家有万贯资财、顿顿吃肉喝酒的人家相比，自然是越比越觉得咱这日子是没法过了。但是你只要瞧瞧那些拖儿带女四处讨饭的人，白天饱一顿饥一顿，晚上睡在别人家的屋檐下，弄不好还会被狗咬一口，就会觉得咱家这日子还真是不错。”

后来他老了，想在合眼前把棺材做好，然后安安心心地走，可做的棺材属于非常寒酸的那一种，妻子愧疚不已，这时他又说了：“这棺材比起富豪大家们的上等棺木是差远了，可是比起那些穷得连棺材都买不起，尸体用草席卷的人，不是好很多吗？”

所以当他死的时候，面孔安详，脸上还留有笑容……

故事中的人没有了一只眼睛，没有知识，没有漂亮的媳妇，没有万贯家财，死时也没有一副好棺材，但他却总是看到别人没有的，自己拥有的，见到了“无中之有”的幸福知足，这种幸福知足就是他的财富。

北宋无尽居士张商英说：“有吾之有，则心逸而身安。”获得心身安逸的最好方法是知道当下的生活中已经拥有的东西，跳出“我没有”的思维定式，计算一下自己已拥有的，我们就会发现我们每个人都是富人。

生活中，跳出“我没有”的思维牢笼的人生便是把握当下、懂得知足的创意人生。这种人生中自有一种境界和大度，它们会让我们淡化忧伤、悔恨和欲望。也许我们所拥有的那一部分因为缺陷而不那么可爱，但却也是一个人生命的一部分，接受它且善待它，我们的人生便会多一份财富。把眼光放在自己拥有的事物上、把对过去的追悔和对未来的奢望通通收过来，我们的心就会被幸福和感激充满。

安贫乐道 磨砺心智

◇原文◇

贫家净扫地，贫女净梳头，景色虽不艳丽，气度自是风雅。士君子一当穷愁寥落，奈何辄自废弛哉！

◇译文◇

贫穷的人家要经常把地扫得干干净净，穷人的女儿要把头梳得整整齐齐，虽然没有艳丽奢华的陈设和美丽的装饰，却有一种自然朴实的风雅。有才之君子，怎能一遇穷困忧愁或者际遇不佳、受到冷落，就自暴自弃呢！

◇精读解析◇

孔子有一个叫原宪的弟子。他出身贫寒，但个性狷介，一生安贫乐道，不肯与世俗合流。就连老师孔子要给他九百斛的俸禄，他都推辞不要。原宪在孔子死后，隐居卫国，生活极为清苦。他的居所是一间一丈见方的房子，虽说是房子，但它的构造却极为简陋：茅草做房顶，桑枝为门框，蓬草遮蔽即为门，破瓮竖立即是窗，破布张挂就将狭小的空间一分为二。而且只要天下雨，此屋便滴水成河。然而就是在这样的环境中，原宪仍可端坐弹琴、颂扬诗书。

有一天，子贡骑着大马，穿着白衣紫衫前来拜访原宪，但是原宪家住的地方巷子实在太小太窄，以至于容不下子贡的马车，于是子贡只得徒步来到原宪家门前。只见原宪戴顶破帽子，穿着破鞋，倚着藜杖在门口应答。

子贡不由惊呼："先生得了什么病吗？为何如此狼狈？"

原宪不以为然地说："我听说，没有钱叫作贫，有学识而无用武之地叫做病，现在我是贫，不是病。"

听完原宪的话，子贡面露愧色，逃之夭夭。而原宪则拄着藜杖唱起了歌，声满天地，若出金石。

其实真正的穷困不在外物，而在于内心。子贡自以为是地认为原宪因病而潦倒，却不知真正有智慧有才学的人是不会因贫穷而身心俱疲的。一个德业和事业失衡的人，既不能从高层次看待贫困的问题，也忍受不了贫困的生活，当然也就不能理解那些善于忍受贫困、操守不改的人。

不同的人对于贫穷的看法不同，标准不同，忍受贫穷的能力也不同。对于贫穷有些人是不得不居于贫困，苦熬贫困，所以觉得贫困是可怕的，这是着眼于物质生活的贫困。还有一些人是甘居贫困，因为他们想借贫困的环境来磨炼自己的意志。不仅注重自己的物质享受，还看重自己的精神修养，这才是积极地忍受贫困。

在我们生活的社会，没有谁天生甘受贫穷，而且每个人其实希望改变贫穷的状况。然而贫穷并不会因为怜惜辛苦劳作的人而远离，也不会因为人们自甘堕落就会让他致富。面对这样强劲的对手，如果被打败，或者为了脱贫不择手段都不是真正的强者智者，不过是变相地贪恋富贵罢了。

其实，古人安贫乐道的生活智慧蕴含着智者贤人对当下世人的忠告：人贫而心不穷，便不是真正的贫穷。一个人物质上贫穷并不可怕，但一定不要使自己的心理贫穷，心理贫穷才是真正的可悲。安贫乐道的人也并非没有精神内涵，不思进取，而是深谙快乐生活之道，这样的人往往脱离生活的羁绊，活出人生的豁达，贫穷便成了某种意义上的富有。相反，如果一个人精神上贫穷，说明生活已失去了意义和动力。这样的人即使家财万贯，也不会有快乐的生活。由此来看，注重仪表整洁的贫家女子比自暴自弃的落魄君子还要略胜一筹。

终身役役 无缘成功

◇原文◇

人生在世，太闲则别念窃生，太忙则真性不现。故士君子不可不抱身心之忧，亦不可不耽风月之趣。

◇译文◇

人生如果过于闲逸，那么别的念头就会悄悄产生；人生太过忙碌，那么纯真的本性就不会显现。所以德行高尚的君子既不可以使自己身心过于疲倦，也不可不懂得吟风弄月的乐趣。

◇精读解析◇

现代人总是忙个不停。为家，为事业，为理想。我们不能太闲，《菜根谭》劝导世人“太闲则别念窃生”，所以君子不可耽风月之趣。但是如果太忙则“真性不现”，因此在古人眼中，一个德行高尚的君子，不会让自己的身心过于疲倦。太忙了，只会让自己成为生活的奴隶。

“终身役役而不见其成功，薾然疲役而不知其所归，可不哀邪？”古人一句话揭开了人生的内幕，人一辈子都忙忙碌碌做什么呢？“终身役役而不见其成功”，做自己身体的奴隶，做物质的奴隶，做别人的奴隶，为儿女、为工作，终身都在服役。最后却是一无所成地离去。如果用《易经》中的一句坤卦总结，即“无成有终”，一生看不到成果，生命便结束了。

鹿和马都被公认为是跑得最快的动物，只不过鹿在森林中，马在草原上，它们都对彼此有亲切感，但是关系还仅限于偶尔碰面时打个招呼而已。既然双方都有成为朋友的心愿，何不进一步促进彼此的关系呢？于是，鹿就邀请马到家里来玩，马欣然同意了。

那是一个春日的午后，草原上吹着温馨的风，马踏入了森林。然而，刚进入森林的马很快就后悔了。这里是和草原完全不同的世界，起初还不觉得怎么样，可是越往森林里面走，树木就越高大，绿叶也越来越茂密。树林的枝叶重重叠叠地遮蔽了天空，草原上那习以为常的高挂天空的太阳，在这里完全看不见。怀着不安的马，陡然对住在这种地方的鹿害怕起来。它不得不承认，只有灵敏的鹿才适合这座密林。

后来，人类邀请马与他们合作，马看到了人类的智慧和无尽的财富，被吸引了。有一天，人说：“其实你应该是世界上最快的，现在我们又能够提供给你丰盛的食物，如果你能够依照我们的方法去做，即使是在森林里，你也一定能够跑赢鹿。”不知道为什么，马竟然答应了。人类利用可以让马吃饱为条件，堂堂正正地骑到了它的背上，一起进入森林里追赶、猎捕鹿。一场阴谋开始了。

被追得走投无路的鹿在疑惑之中，满怀着悲伤，对马露出悲哀和疑惑的神情。可是，此时的马被鞭打的疼痛和缰绳操纵的窘迫弄得头脑麻木，它或许根本就没有多余的精力去察觉鹿的变化。从那次狩猎结束之后，人类便把马的缰绳紧紧抓在手中了，他们喂养马，并把它们绑在专门建造的马厩里。

这便是“疲役”，为生命所奴役，一辈子都处于疲惫不堪的状态，找不到自己的归宿，怎能不感到悲哀？这样的话，即使长命百岁，终是年老力衰，活长了又有什么用呢？

有的人可以永远做自己生活的主人，而有的只能永远做自己生活的奴隶。虽然人和马甘愿被奴役的原因是不一样的，但结果却是一样的，那就是永远地丢弃了自由的权利。你选择了什么样的人生道路，决定了你享有什么样的人生。无论你要选择什么、放弃什么，都要弄清楚这样做值得不值得。

未雨绸缪 有备无患

◇原文◇

闲中不放过，忙处有受用；静中不落空，动处有受用；暗中不欺隐，明处有受用。

◇译文◇

在闲暇时不让时光轻易流过，抓紧时间做些准备，到了忙的时候自然会用得着；在平静时不让心灵空虚，在遇到变化的时候自然能够应对自如；在无人知道的时候不做邪恶阴暗的事，在大庭广众之下自然会受到尊敬。

◇精读解析◇

人们将一只青蛙放到沸水中，青蛙会在接触到热水的那一瞬间如触电般立即窜逃出来。接着人们又将青蛙放在凉水中，然后用小火慢慢加热。青蛙虽然可以感觉到温度变化，但是在最初却没有做出任何反应。随着水温渐渐升高，青蛙开始有所躁动，但是等到水快要沸腾时青蛙已经逐渐丧失了逃生的能力。后来，这种现象就被称为“青蛙效应”。

第一次，青蛙能及时跳出沸水，因为它敏感于环境的突变，保持了灵活的应变能力。第二次，置于凉水中的青蛙，没有在最初做出反应，等到想要跳开时却为时晚矣。“青蛙效应”虽然只是一个小小的实验，却折射出偌大的人生道理：当一个人始终沉浸在一种生活状态中时，就意味着他有可能在突发状况中遇到困难。

我们的生活总是在相对的生活状态的轮换中进行，比如安闲和紧张、宁静和动荡、困苦和幸福，而且它们总是相互联系，就像韬光可以养晦，厚积可以薄发，苦尽方可甘来。而对于每个人来说，可以选择沉溺于一种环境，也可以选择未雨绸缪。选择前者的人，也许洒脱，但是一旦临事往往方寸大乱，甚至一败涂地。选择后者的可能平时比较忙碌，但是遇到突发状况时反而会有几分从容淡定，从而幸免于难。

明代嘉靖帝时，宰相严嵩权倾朝野，人们无不趋奉他。

有一年，严嵩过生日时，宜春县令刘巨塘进京拜见皇帝后，随众多官吏前往严府为严嵩祝寿。严嵩十分傲慢，他随意招呼过众人，便命人把大门关上，禁止任何人出入。

刘巨塘来不及出府，被关在严府中，时近中午也无人安排酒食。他饥渴交加，只得在府中乱转。

这时，严家的仆人严辛把刘巨塘领到自己的住处，用丰盛的酒食招待他："我家主人怠慢大人了，小人若能让大人不责怪我家主人，小人就稍感安心。"

刘巨塘十分惶恐，忙道："我官小职微，无足轻重，蒙你家主人接待，已万感荣幸了，哪敢责怪呢？"

严辛摇头说："此地就你我二人，大人不必讳言了。我虽为严家仆人，但也知世故人情，故而和大人倾心交谈。"

刘巨塘听来，不明其意，只好道："你有何意，请直接讲来，我绝不外传就是了。"

严辛为刘巨塘敬酒后，道："我家主人对上恭顺，对下骄慢，以君子自居，却行小人之事，这不是外人可以一眼便见的。我追随他多年，深知他终有败露之时。有一天他大祸上身，我等也势必受到牵连，现在若不趁早寻个依靠，找个退路，到时就晚了。我见大人心地良善，当为可托付之人，故而赤诚相告。"

刘巨塘惊骇不已，随口道："你就这么肯定你家主人要遭祸吗？我实难相信呐。"

严辛郑重说："大人遭他轻视，只此一节，便可察知他的为人真相了，大人还有何怀疑吗？”

刘巨塘心中佩服严辛的见识，嘴里却百般不予承认。

几年之后，严嵩破败，严世蕃被杀，仆人严辛也受牵连而下狱。此时刘巨塘正好在袁州当政，他主理严辛的案子，感念旧情，便将严辛发配边疆，免其一死。

严辛的一双慧眼和果断的出手为自己日后身家性命的保全赢得了机会。他未雨绸缪，提前给自己的人生留了后路，这就显示了他的远见和智慧。做人要善于经营和筹备，如果严辛不具有忧患意识，恐怕风雨来时他也自身难保。

正是因为这一点孔子才说：“人无远虑，必有近忧”。这个世界上的任何人都不可能只在一种生活状态中生存。但是唯有有准备之人才能抓住福祸转换时的救命绳索。生活中养成未雨绸缪的思维习惯，总不会错的。在闲暇时不让时光轻易流过，抓紧时间做些准备，到了忙的时候自然会用得着。只有平时做足了精神上、物质上的准备，才能敏感于环境的变化，躲避祸患，抓住保全自己的机会。

富贵丛中　心境淡泊

◇原文◇

生长富贵丛中的，嗜欲如猛火，权势似烈焰。若不带些清冷气味，其火焰不至焚人，必将自烁矣。

◇译文◇

生长在富豪权贵之家的人，他们的欲望像猛火一样强烈，他们的权势像烈焰一样灼人。如果不时时给他们一些清醒的观念加以调和的话，即使这些欲望和权势的火焰不会焚烧他人，也会将他们自己灼伤。

◇精读解析◇

无论是治学、立身还是工作，也不管我们是平民百姓还是达官显贵，都需要以一颗淡泊、理智的心态去应对财富与名利。

如果把富贵比作一团火的话，那么淡泊、理智的心就是给火降温的水。当一个人的心中燃起富贵的火时，如果没有淡泊和理智的降温控制，火势就会蔓延、甚至无法控制，这样不仅会烧伤自己，还会灼伤别人。

有一个人家徒四壁，家中连一张床也没有，他和妻子每天晚上只能打地铺。除了穷，这个人还很吝啬。他认为自己之所以吝啬，是因为太穷了。

他向佛祖祈祷："如果我发财了，我绝对不会像现在这样吝啬。"

佛祖看他可怜，就给了他一个装钱的口袋，说："这个袋子里有一个金币，当你把它拿出来以后，里面又会有一个金币，但是当你想花钱的时候，只有把这个钱袋扔掉才能花。"

那个穷人就不断地往外拿金币，整整一晚上没有合眼，他家地上到处都是金币。这一辈子就是什么也不做，这些钱也足够他花了。但是他并没有像当初祈祷的那样不再吝啬，反而变得更加一毛不拔。原来一无所有时，他对妻子还能尽心呵护。可是当他富有的时候，却对妻子不闻不问，甚至不允许妻子碰他拿出的金币。他每天的生活内容就是不吃不喝地一直往外拿着金币。

其实，他也想过停止拿钱，可是临到决断的时候却对自己说："我不能把袋子扔了，钱还在源源不断地出来，还是让钱更多一些的时候再把袋子扔掉吧！"

到最后，他的妻子因为生病无人照料，而先他而去。他自己也因为长时间的不进食而精疲力竭，虚弱得连把钱从口袋里拿出来的力气都没了，但是他还是不肯把袋子扔了，终于死在了钱袋的旁边，屋子里装的都是金币。

佛祖怜悯这个穷人，赐予他想要的财富，他却不能控制住自己内心的贪欲。结果对财富的贪图不仅埋葬了他自己，还葬送了他的妻子。

当一个人无法自制地去追求富贵时，欲念的火就会烧伤心灵、殃及他人。这不仅会给我们造成心理上的负担，也为自己带来痛苦。相反，时时给追求富贵的欲念降降温，让我们的欲念和理智加以调和，就可以避免这样的悲剧。

对于富贵我们应该有一个清醒的认识。富贵作为一种存在，是人为的结果，它能为人心灵的满足提供多种手段和工具，但是绝不是唯一能够满足人心灵的东西。当我们没有得到富或贵时，不过分奢求富贵，享受当下的生活自得人生真趣。当我们凭自己的努力得到富贵时，“带些清冷气味”，保持一颗冷静淡泊的心，财富和权势就会让我们既拥有高质量生活，也不会对他人造成威胁和伤害。

人心一真 千种可能

◇原文◇

人心一真，便霜可飞，城可陨，金石可贯。若伪妄之人，形骸徒具，真宰已亡，对人则面目可憎，独居则形影自愧。

◇译文◇

人心只要做到至诚，就可以感动上天，在六月降下霜雪，使城墙损坏，坚固的金石被雕琢。如果是一个虚伪奸邪的人，就只是白白地有一个人的皮囊，真正的灵魂早已消亡，与人相处会让人觉得面目可憎，独自一个人时也会为自己的形体和灵魂感到惭愧。

◇精读解析◇

我们都是平凡人，没有呼风唤雨的本事，没有翻手为云覆手为雨的神通，我们勤勤恳恳地努力着，踏踏实实地工作着。大多数人在工作伊始都有着炙热的激情，宏伟的目标，而后却被残酷的现实，渐渐磨去了棱角，于是忘了最初的梦想。

有一些人，一开始就认定了自己平凡无奇，于是也不去做什么大人物的梦想，只是安安静静脚踏实地做好手头上的工作，数十年如一日，最终笑傲职场。就好像竹子一样，头三年默默无闻，埋头苦干，根扎足了，入地够深了，一夜春雨，迎来了蓬勃喷发的事业之潮。这便是精诚所至，金石为开。

一群贫苦的僧侣由于无法分别独资供养佛陀，便聚在一起希望一起凑资供养佛陀。这群僧侣中有一位叫慧心的和尚实在太过贫苦。他家徒四壁，根本无法提供和其他僧侣一样多的钱。但是，他对此次供养佛的活动十分执着，于是便想了一个方法。

这天，慧心到一位长者家里应聘当帮佣。其间他抓紧机会向长者借了一些钱，并承诺十天内还清。长者很快借给了他。可是当慧心拿着钱赶到大家的集合点准备奉上自己的心意时，却被告知，供养佛陀的钱已经凑齐，不再需要他了。

慧心十分抑郁，无奈之下他只能每天不断地祈求佛，期望有机会供养他，以完成自己的心愿。也许正是他的精诚之心起了作用，当晚，慧心就梦见佛祖对他说，他的愿望在天亮后就可以得到实现。

第二天，慧心用他在长者那里借来的钱准备了丰富的供品，期待佛陀到来接受他的供养。果然，佛陀带着其他的几位佛祖出现在了他的门前。慧心无比欢喜，于是便对佛陀说："这次有机会供养您，我已心满意足。但是，这些饭还不够。"

佛陀说："足够的，你拿这些钵去盛吧。"

慧心便一钵一钵地往外盛食物。令人惊讶的是，他的食物竟然盛满了每一个佛祖的钵。这时，佛陀说："虽然你在过去生中缺少神福缘，但由于你的虔诚，你的今生未来生都已经福量无穷。"

"精诚"实际上指的是我们对待事业的一种态度，对事业的执着程度。

有些人尽管能力并不出众，但他们凭着一颗“精诚”的心，在岗位上尽其所能。一念至诚，最终得偿所愿。

这便是“人心一真，便霜可飞，城可陨，金石可贯”的道理。一颗虔诚的心可以带来无穷的力量，即发多大愿，就有多大力量。因此，无论是在工作还是在平日的生活中，我们都要对所做的事情保持一分虔诚心，用这种“精诚”之心作为我们生活的先导。

持之以恒、表里如一的虔诚之心是所有成就伟业者的共同性格特征。他们可能在其他方面有所欠缺，可能有许多缺点和古怪之处，但是对一个成功者来说，“人心一真”，便有千种可能。不管遇到多少反对，不管遭到多少挫折，成功者总是能坚持下去，最终等到了“霜可飞，城可陨，金石可贯”的奇迹。所以我们应该从他们身上领悟成功的秘诀：如愿从事了自己喜欢的工作，就善始善终地做好，即便辛苦，也不打退堂鼓；如果想超越平凡，哪怕独自相处时，也不放弃曾经定下的目标和原则；无论身处何境，我们不能轻易说放弃，而是要始终保持虔诚之心的温度。

大处着眼　小处着手

◇原文◇

小处不渗漏，暗处不欺隐，末路不怠荒，才是个真正英雄。

◇译文◇

在细枝末节的小事上也要处理得一丝不苟，不能留下漏洞；在无人所见的暗处也要心地正直，处事公正；在遇到窘迫的境地时也不放弃追求。这样才是个真正的英雄好汉。

◇精读解析◇

对于世间万物来说，大与小的概念都不尽相同。地球很大，但跟银河系比起来就是九牛一毛了；一片树叶很小，但对于一只蚂蚁来说它就是一个巨大的广场了。在很多人看来成功就是做大事，但同时又不屑于做小事。俗话说，一屋不扫何以扫天下，同样的道理，小事不做何以成大事！

一个人的成败得失常在小处、暗处，它往往是被人们忽略的。大事虽然大，但也要从小事做起，把小事做到极致了自然成就了大事。粒米中藏须弥山，许多不起眼的人、事、物有着不可限量的能量。小沙石可以建高楼；小火星可以燎原；小小微笑可以散播欢喜与爱，所以，“小”中往往蕴含无穷的力量。任何一小步都有可能成就前途的一大步，再小的事情如果能够做到极致就能成就大事。

按照辽朝惯例，凡是皇帝乘车经过的地方，地方长官都要有所进贡。辽圣宗耶律隆绪到云中打猎，当地的节度使向圣宗进言说：“我们境内没有什么其他的特产，只有幕僚张俭算得上是当世俊杰，我想推荐他为皇上效力。”圣宗于是召见张俭。圣宗向他询问治国之道时，张俭谈到了三十多件事。从此受到圣宗赏识，待遇也很优厚。

张俭只穿一般的绸子衣服，吃饭时菜也很少，将每月节余的俸禄，送给有困难的亲朋故友。有一年正值冬天，张俭在偏殿奏事，皇帝见他的衣袍又脏又旧，就暗自让宫中侍者在衣袍上用火夹子烫了一个孔作为记号，后来多次见他还是穿这件袍子。皇帝纳闷，问他原因，张俭回答说：“我穿这件袍子已经三十年了，舍不得换它。”皇帝怜悯他，就让他到内务府任意拿取布料去做新衣，张俭只拿了三端（二丈为一端）布就出来了。皇帝见后，甚是高兴，也因为这件事，从此之后更加地敬重他了。

张俭在为人处世上，即使在穿衣这样的细微小事上也坚持自己的操守，让人家找不到一点岔子，也因此深得皇帝的敬重。

生活中，很多人都不注重小事。认为那些鸡毛蒜皮的事老是由自己去关注，岂不是太“掉价”了。其实，小事中也蕴含着做人做事的大道理，如果连这些小事你都不能认真对待，又怎么能做好大事呢？况且大事其实也是由小事累积而成的，就像物体是由原子、分子组成的一样。如果一个物体的原子、分子损坏了，那这个物体也会腐败、破损。

有做小事的精神，就能产生做大事的气魄。不要小看做小事，只要有益于工作、有益于事业，人人都应从小事做起。用小事堆砌起来的事业才是坚固的，用小事堆砌起来的长城才牢靠。千里之行，始于足下；合抱之木，生于毫末。欲行千里，想成大树，就从脚下开始，从毫末做起。不屑于平凡小事的人，即使他的理想再壮丽，也只能是一个五彩斑斓的肥皂泡。想要壮志凌云，必须脚踏实地，专注于小事。

深谋远虑 着眼长远

◇原文◇

衰飒的景象，就在盛满中；发生的机缄，即在零落内。故君子居安宜操一心以虑患，处变当坚百忍以图成。

◇译文◇

凡是衰败的结局往往很早就在一片繁华的盛况之中隐藏着；凡是草木的蓬勃生机也早就孕育在换季的凋零时刻。所以一个聪明的人，当自己处在顺境中平安无事时，要有防患于未然的思想准备，而当自己处在动乱和灾祸中时，也要用坚韧不拔的意志来争取事业最后的成功。

◇精读解析◇

宋真宗时，后宫李妃生子，就是后来的宋仁宗。当时正得宠的刘皇后无子，宋真宗便命刘皇后认仁宗为子。

仁宗长大后，以为自己是皇后亲生。宫中人畏于皇后威严，没人敢对他说明真情。宋真宗去世，仁宗即位，刘太后垂帘听政，大家更不敢对仁宗讲明。

后来李妃病死，刘太后想把葬礼办得简单些，以免引起仁宗的疑心。宰相吕夷简却反对，说："李妃应该厚葬。"刘太后厉声问吕夷简："李妃不过是先帝的普通嫔妃，为何要厚葬？况且这是宫里的事务，你身为宰相，多什么嘴？"

吕夷简平淡地说："臣身为宰相，所有的事都该管。如果太后为刘氏宗族着想，李妃就应厚葬；如果您不为刘氏着想，臣就无话可说了。"刘太后沉思许久，明白了吕夷简的用心，下旨厚葬了李妃。

吕夷简出宫后，找到总管罗崇勋，告诉他："李妃一定要用太后的礼仪厚葬，丝毫不能有缺。棺木一定要用水银实棺。"罗崇勋见宰相少有的庄重与严厉，唯命是听，于葬礼用物丝毫不敢轻视。

刘太后死后，燕王为了讨好皇上，便告诉仁宗："陛下不是太后所生，而是李妃所生，可怜李妃遭刘氏一族陷害，死于非命。"仁宗大惊，忙传讯老宫人。刘太后已死，无人再隐瞒此事，便如实禀告。

仁宗知道后，在宫中痛哭多日，也不上朝，一想到亲生母亲朝夕在左右，自己却不知道。母亲在世之时，自己从未孝养过一日，最后竟然不得善终。他越思越痛，于是下诏宣布自己为子不孝的大罪，改封母亲为皇太后，并准备为母亲以太后之礼改葬。待改葬后再查实，清算刘太后一族的罪过。

刘氏宗族的人知道后惶惶不可终日。改葬李妃时，仁宗抚棺痛哭，却见李妃因有水银保护，面目如生，肌体完好，所用的葬器都严格遵照太后的礼仪。仁宗大喜过望，哀痛也减少许多。

改葬完李妃后，仁宗非但没有追究刘氏一族的罪过，反而待之更为优厚。

吕夷简在处理仁宗生母李妃的丧事上，显示出常人所难及的深谋远虑。人生就像一盘棋，深谋远虑的人每走一步就能看到下面几步棋的走势，而鼠目寸光的人只会盯着眼前的一步。这样的人就是孔子口中的"人无远虑，必有近忧”，他们站得低，望不远，只能将自己的人生之棋下得乱七八糟，最终一败涂地。

鹰击长空，虽然要经受风雨的摧残，却可以看尽天下万物，将世界揽入胸怀，而井底之蛙尽管无忧，但一生囿于方寸之地，心灵和眼界一样狭窄。正如胡雪岩说：“如果你拥有一县的眼光，那你可以做一县的生意；如果你拥有一省的眼光，那么你可以做一省的生意；如果你拥有天下的眼光，那么你可以做天下的生意。”所谓分久必合，盛极必衰，起起落落，都是真正的机缄。只有深谋远虑，着眼长远，才能成就大事业。

第七章

清心寡欲

——功名不求盈利，利欲恰到好处

清清白白　无所负累

◇原文◇

饮宴之乐多，不是个好人家；声华之习胜，不是个好士子；名位之念重，不是个好臣士。

◇译文◇

经常举行宴会饮酒作乐的，不会是个正派的人家；喜欢声色奢华的人，不是个正人君子；对于名声地位非常看重的，不是个好臣子。

◇精读解析◇

耽于声色宴饮，溺于虚名细利，只能给人带来灾祸；淡泊名利，静心自持，才是君子的作为。人为了追求名利，不择手段，最终只能为名利所困；视名利如浮云之人，却往往在淡泊自守中功成名就。

没有谁的一生能够青云直上，走一条顺风顺水的宽阔大道，总有遇到独木桥的时候。特别是那些欲成大事者，更是面临着人生的起起落落，风风雨雨。真正能从容地走过这些风雨的人，必然是在人生的赛场上坚持到最后的人，而他们那一份淡泊名利、坚守道德的品行和作为，总能给后人许多启示。

明朝名臣于谦在没有调入京城前，一直担任地方官。他为官清廉，对下属的各级官员要求都十分严格，坚决禁止他们收受贿赂、贪赃枉法，他自己则更以身作则。

正统年间，宦官王振专权，他作威作福，以权谋私，肆无忌惮地招权纳贿。每逢朝会，各地官僚为了讨好他，多献以珠宝白银。而于谦每次进京奏事，总是不带任何礼品。他的同僚劝他说：“你虽然不献金宝、攀求权贵，也应该带一些著名的土特产如线香、蘑菇、手帕等物，送点人情呀！否则，人家会对你有看法，还会找你的麻烦的。”于谦潇洒一笑，甩了甩他的两只袖子，风趣地说：“只有清风！我当官是为国为民，不是为了某一个人。只要认真做事，又何须担心他人。”

为此他曾作过一首《入京诗》以明志：“绢帕蘑菇与线香，本资民用反为殃。清风两袖朝天去，免得闾阎话短长。”绢帕、蘑菇、线香都是他任职之地的特产。于谦在诗中说，这类东西本是供人民享用的，只因官吏征调搜刮，反而成了百姓的祸殃了。他在诗中表明了自己的态度：我进京什么也不带，只有两袖清风朝见天子。

于谦的“两袖清风朝天去，免得闾阎话短长”是一种潇洒，同时也是一种不向名利低头的气节。与那些攀结富贵的比较来看，于谦在如染缸的官场，不为声华名利、洁身自好就已经难能可贵了。

《菜根谭》说:“饮宴之乐多,不是个好人家;声华之习胜,不是个好士子;名位之念重，不是个好臣士。”真正的君子权贵不能使他意志动摇，浮华不能使他淫乱，宴饮娱乐更不能让他沉溺，即便是死和生这样的人生大事，也丝毫不能动摇他们坚守道义的心和操守。在孔子看来，这样的人，精神穿越大山无阻碍，潜入深渊也不会被水沾湿，处于卑微地位不会感到狼狈不堪。声华名利不过是过眼烟云眼，过于执着，只能让人迷失自我，最终为其所役。淡泊自守，潇洒从容地对待，反而会有意外的惊喜与收获。

在现代，为官也好，普通百姓也罢，即便不为青史留名，也要让自己问心无愧。当法制还没有达到完美的境地时，我们只能以崇尚美的心态去严格要求自己，做到“慎独”，将淡泊和自持看作是一种境界、一种修养、一种对自我的约束。“由俭入奢易，由奢入俭难。”当我们的一只脚亲近了宴饮、浮华、名利中的任何一个，我们就有可能踏入“浑流”之中，如果不及早抽身就有可能走入绝境。所以，时刻警惕着，让自己如刚出生的婴儿一般，清清白白、无所负累地活在这个世界上。

名缰利锁 淡泊自守

◇原文◇

好利者，逸出于道义之外，其害显而浅；好名者，窜入于道义之中，其害隐而深。

◇译文◇

贪求利益的人，所作所为逾越道义之外，所造成的伤害虽然明显但不深远；而贪图名誉的人，所作所为隐藏在道义之中，所造成的伤害虽然不明显却很深远。

◇精读解析◇

人有名利之心，可以理解，但却不能为名利所惑而迷失自己。贪求利益的人，所作所为逾越道义之外，所造成的伤害虽然明显但不深远；而贪图名誉的人，所作所为隐藏在道义之中，所造成的伤害虽然不明显但却很深远。好利害浅，好名害深，名为缰，利为锁，都会束缚人的正常发展，给人们带来伤害。人若没有长远眼光，贪图眼前小利，则会因小失大。人若不能淡泊名利，沽名钓誉，则会贻害终身。君子爱财当取之有道，君子好名也当实至名归。

从前，鲁国的宰相公仪休非常喜欢鱼，赏鱼、食鱼、钓鱼、爱鱼成癖。一天，府外有一人要求见宰相。从打扮上看，像是一个渔人，手中拎着一个瓦罐，急步来到公仪休面前，伏身拜见。公仪休抬手命他免礼，看了看，不认识，便问他是谁。

那人赶忙回答："小人子男，家处城外河边，以打鱼为业糊口度日。"

公仪休又问："那你找我所为何事，莫非有人欺你抢了你的鱼了？"

子男赶紧说："不不不，大人，小人并不曾受人欺侮，只因小人昨夜出去打鱼，见河水上金光一闪，小人以为定是碰到了金鱼，便撒网下去，却捕到一条黑色的小鱼，这鱼说也奇怪，身体黑如墨染，连鱼鳞也是黑色，几乎难以辨出。而且黑得透亮，仿佛一块黑纱罩住了灯笼，黑得泛光。鱼眼也大得出奇，直出眶外。小人素闻大人喜爱赏鱼，便冒昧前来，将鱼献于大人，还望大人笑纳。"

公仪休听完，心中好奇，公仪休的夫人也觉纳闷。那子男将手中拎的瓦罐打开，果然见里面有一条小黑鱼，在罐中来回游动，碰得罐壁乒乓作响。公仪休看着这鱼，忍不住用手轻轻敲击罐底，那鱼便更加欢快地游跳起来。

公仪休笑起来，口中连连说："有意思，有意思。的确很有趣。"

公仪休的夫人也觉别有情趣，那子男见状将瓦罐向前一递，道："大人既然喜欢，就请大人笑纳吧，小人告辞。"公仪休却急声说："慢着，这鱼你拿回去，本大人虽说喜欢，但这是辛苦得来之物，我岂能平白无故地收下。你拿回去。"

子男一愣，赶紧跪下道："莫非是大人怪罪小人，嫌小人言过其实，这鱼不好吗？"

公仪休笑了，让子男起身，说："哈哈哈，你不必害怕，这鱼也确如你所说奇人亦喜人，我并无怪罪之意，只是这鱼我不能收。"

子男惶惑不解，拎着鱼，愣在那里，公仪休夫人在旁边插了一句话："既是大人喜欢，倒不如我们买下，大人以为如何？"

公仪休说好，当即命人取出钱来，付给子男，将鱼买下。子男不肯收钱，公仪休故意将脸一绷，子男只得谢恩离去。

又有好多人给公仪休送鱼，却都被公仪休婉言拒绝了。

公仪休身边的人很是纳闷，忍不住问："大人素来喜爱鱼，连做梦都为鱼担心，可为何别人送鱼大人却一概不收呢？"

公仪休一笑，道："正因为喜欢鱼，所以更不能接受别人的馈赠，我现在身居宰相之位，拿了人家的东西又要受人牵制，万一因此触犯刑律，必将难逃丢官之厄运，甚至还会有性命之忧。我喜欢鱼现在还有钱去买，若因此失去官位，纵是爱鱼如命怕也不会有人送鱼，也更不会有钱去买。所以，虽然我拒绝了，却没有免官丢命之虞，又可以自由购买我喜欢的鱼。这不比那样更好吗？”

众人不禁暗暗敬佩。

公仪休身为鲁国宰相，喜欢鱼，却能保持清醒，头脑冷静，不肯轻易接受别人的馈赠，这实在很难得。有些事，表面看来能获得暂时的利益，但从长远来看，却“因小失大”，做事灵活的人绝不会被眼前的利益所迷惑。

君子取义成仁，历来为人所推崇，至于名分利益，根本不在他们的考虑范围之内。贪图名利，尤其是与自己才能不符的名利，往往会弄巧成拙，使自己蒙羞受辱。淡泊自守是一种福分，看不透名利，只能是害人害事。

魏晋时期，政治斗争极其残酷，当时读书人，动辄有人头落地的危险，所以不少知识分子崇尚玄学，不敢过问政治。人人整天只知道追名逐利，不肯务实，不少有名望的士子实在徒得虚名。当时还盛行品评的时俗，就是根据一些人平时的一些特殊言行，由当时的一些名士给予评价，再根据评价的不同列出人物的等次，以此决定人的价值大小。一些人为了获得好的品评，不惜沽名钓誉，做出许多伪善可笑的勾当。清谈误国，魏晋王朝，不过四五十年的时间就延续不下去了。

务实是中国人的优良传统。这里所说的“实”，用哲学上的话说就是自身的本质。有作为的人，大多轻名务实。魏晋清谈之风的盛行却是一种很不务实的表现，于己无利，于人也无利。

名利虽然为人所需，但若时时、事事都想着它，难免患得患失，失去生活的乐趣，也会迷失生活的方向。注意名利太多，心性难以自由，行为难以潇洒；与其屈从于名缰利锁，不如淡泊自守来得逍遥。所以，人们应当时时注意，用高尚品德稳稳地驾驭自己的名利之心。把个人之名利看作身外之物，既不为得到名利而沾沾自喜，也不因失去名利而痛苦不堪。

脱俗高远 减欲超圣

◇原文◇

做人无甚高远事业，摆脱得俗情，便入名流；为学无甚增益功夫，减除得物累，便超圣境。

◇译文◇

做人并不一定需要成就什么了不起的事业，能够摆脱世俗的功名利禄，就可跻身于名流；做学问没有什么特别的好办法，能够去掉外物的累赘，便能进入了圣贤的境界。

◇精读解析◇

成功人士的成就是偏居一隅的坚守，不和世俗决裂，却也永远不对世俗趋之若鹜。圣人的智慧是一种超脱，善于固守虚静，万物便不足以扰乱他们的心智。我们每个人都向往前者的辉煌，后者的豁达，然而逍遥的境界要善于和世俗物欲保持安全距离，我们却常常抵不住钱财和权势的诱惑。抛弃名利的心头枷锁，心才能无牵念，行为才能不受羁绊，这样我们的思想才能得到自由。

《易经》中有道是："无思，无为，寂然不动，有灵感就会通天下。"不妄想妄为，我们就会获得心灵的虚静豁然，感悟通灵的精神境界，从而活出生命的别样风采。

在中国古代文化史上，我们常提到的老庄的虚静无为、魏晋风骨，就是这种精神境界和生活方式的高度体现。说到性灵潇洒，人生至玄、至乐，阮籍是我们不得不提的一个人物。

阮籍（210~263 年），三国魏时著名诗人，字嗣宗，陈留尉氏人。曾任步兵校尉，有阮步兵之称，著作有《咏怀诗》八十二首、《阮步兵集》十三卷等。在天下多变的魏晋禅代之际，他既是文坛巨擘，也是竹林七贤之一。他不满昏庸无道的曹魏集团，又不愿攀附晋司马氏，行迹颇多狂逸。

阮母去世，中书令裴楷前去吊唁，见阮籍饮酒常至大醉，衣冠不整，伸开两腿坐在床上，毫无哭泣之意。裴楷便痛哭了一阵，不告而别。后来有人问裴楷："大凡吊唁，主人哭后，客人才行礼，这是人所共知的礼俗。阮籍既然不哭，您为何要痛哭流涕呢？"裴楷说："阮籍超脱世俗，可以不尊崇礼制。而我们这种世俗中人，必须遵守礼制。"

为母亲服丧时，阮籍在晋文王司马昭席上仍然饮酒吃肉。同在酒宴上的司隶校尉何曾就对司马昭说："您正要以孝道治理天下，阮籍服丧却公然在您的筵席上喝酒吃肉，应该把他流放到荒漠之地。"文王说："我们除了担忧嗣宗如此哀伤劳累，还能说什么呢？再说有苦痛而饮酒食肉，本来就不违丧礼。"此时，阮籍仍然吃喝不停，神色自若。

阮籍的邻家有一个美丽少妇，平日在酒垆旁卖酒。阮籍和王戎常在她家饮酒，有时醉了，就睡在少妇身旁。少妇的丈夫产生了疑心。但仔细观察，发现阮籍也没有别的意图。

阮籍虽狂放不羁，但处事非常谨慎，他常以奥晦深远的言辞与别人交谈，也从不对他人妄加评判。阮籍的"贤"不只在于他的满腹经纶，还在于他能摆脱俗尘所累，卓尔不群。因为不计较世俗得失，他获得了心灵的极大自由；因为不受教条规矩的束缚，他活出了魏晋的潇洒风骨。正因为这样，他才能守住心灵虚静之地，在纷扰世事中自得其乐。

其实，世间万事万物都归于一个"淡"字，清淡明志，雅淡抒节，把荣誉、身世、财权、生死看得淡些轻些，我们就不会被外物束缚，从而达到精神超脱的境界。生活中，做人做事并不一定都要谋个成就、地位或者名利，对它们过于牵挂，反而会成为我们生活的累赘。所以工作也好、学习也好，先把自己投身到享受它们带来的充实中，然后再想回报或者酬劳，也许我们会忙碌，但忙碌也会很从容。

利毋居前 德毋落后

◇原文◇

宠利毋居人前，德业毋落人后，受享毋逾分外，修为毋减分中。

◇译文◇

获得名利的事情不要抢在别人前面去争取，积德修身的事情不要落在别人后面，对于应得的东西要谨守本分，修身养性时则不要放弃自己应该遵守的标准。

◇精读解析◇

一个人的品质和修养基于先天的养心修炼，也外现于现实利益的应对中。一种品质的养成不仅是一个长期的过程，同时也是一个不断接受考验修正的过程。孟子曾就修身养性之道，指出："可欲之谓善，有诸已之谓信，充实之谓美，充实而有光辉之谓大，大而化之谓圣，圣而不可知之谓神。"意思就是一个人虽然爱好养气修心之道，但一曝十寒，不能专一修养，只能算是知道有此一善而已；这种方法只有在自己的身心上有了效验，方能生起正信，才算有了证验的信息；由此"充实之谓美"直到"圣而不可知之谓神"，才算是"我善养吾浩然之气"的成功。

何为浩然正气？其实就是至大至刚的昂扬正气，是以天下为己任，担当道义，无所畏惧的勇气，是君子挺立于天地之间、无所偏私的光明磊落之气。这种浩然正气体现着一种伟大的人格精神之美。这种精神之美在《菜根谭》中也有体现，所谓"宠利毋居人前，德业毋落人后，受享毋逾分外，修为毋减分中"，讲的就是不要因一时的名利而耽误积德修身的德业，享受时不要觊觎本分以外的事物，修养时也不能放弃自己应该遵守的原则。只有持之以恒、身体力行的品德修养，并不被名利所诱惑，才能最终修成正果，并成为我们可以立身处世的人格资本和魅力。这一点是经过无数历史先例证明过的。

晋代著名学者皇甫谧，在地方享誉盛名，后来被皇帝看中，深受皇帝赏识。但是当皇帝要授予他官职时，他却向皇帝上奏表示自己不愿为官，并向皇上陈述了母亲的教导，即读书是为了积德，也是为了更好地修身。

原来，皇甫谧年轻时每天过得浑浑噩噩，既不照顾家业，也不用心读书，还经常和一些游民鬼混，滋事扰民，招致很多人的厌恶。

他的母亲对无所事事的儿子又气又忧。为了让他开悟人生的真谛，皇甫谧的母亲把他叫到身边，说："你今年也有二十岁了，看到别人的儿子为生活奔走，而自己的儿子却整日无所事事，这怎么让我不寒心呢？我朝思暮想有一天你能成为有用的人才，可你不求上进，不爱读书也就罢了，还不主动找点活计，对你有什么办法啊！"

听完母亲的这番话，皇甫谧心头微微作痛，便说："今后我一定会潜心读书，让您过上好日子。"

皇甫谧本以为这样说了，会赢得母亲的欣慰，可母亲却严肃地看着自己，说："学习读书是修身积德的事，靠读书获得物质生活的改善是不符合修身之道的。你想为了我努力读书的想法固然很好，但是只有放下这些外化的目的，读书才能达到最本真、最有益于你的效果，这和他人，包括我都是无关的。"

皇甫谧听完这番话后，深为母亲的思想修为感动，从此改头换面，虚心求教，勤奋修身。即使病卧床上，皇甫谧也不间断学习。这样日积月累，不仅学业有成，而且修养也达到了很高的境界。

皇上听完此番陈述后，便说："以立身修德为目的的求学最大。"对皇甫谧更加赏识。

在利禄面前皇甫谧本可以让德业后退一步，但他却选择了让名利后退一步。面对主动送上门的名利，他本可以心安理得地接受，可是接受了名利，就等于违背了读书的初衷。所以他的拒绝同时也是对修身养性的坚守。这得益于他母亲的教诲，也得益于他对自己的德业有始有终的追求。这一举动何尝不是一种浩然正气的外现？

为人需养正气修德业。良好的德业修养是人的精神“脊梁”，是抵御歪风邪气的“屏障”。正气长存，则邪气却步、阴霾不侵；德业不废，则清风浩荡，乾坤朗朗。要保证德业跟进就必须“一日三省吾身”，做到自重、自省、自警、自励，在名利面前保持冷静清醒，不要急于与人家争权夺利，为物质利益去斤斤计较，更不要采取不正当手段去硬抢强夺分外之利。时时处处让德业为事业保驾护航，使正气日盛，邪气渐消，才是君子之道。

抱负远大　心智淡泊

◇原文◇

居轩冕之中，不可无山林的气味；处林泉之下，须要怀廊庙的经纶。

◇译文◇

身居要职享受高官厚禄的人，要有山林之中淡泊名利的思想；而隐居山林清泉的人，要胸怀治理国家的大志和才能。

◇精读解析◇

诸葛亮是我们熟知的三国名相，在战乱流离中度过少年时代，年轻时兢兢业业、努力求索才购置了襄阳城西隆中的一片田产，自此过着“躬耕垄亩”的生活。但是这并不足以掩盖他内心的抱负以及才华所散发出的光芒，虽隐居躬耕，却扬名在外，所以人称“卧龙先生”。

他虽然身居隆中，却胸怀国家；虽然身在隆田，却壮志雄心。刘备在新野时，徐庶向他推荐诸葛亮，说：“诸葛孔明是人中之龙，如果有他为您出谋划策，大计定成。但是要劝得此人出仕，一定要主公亲自屈驾迎请才可以”。刘备求贤若渴，当下答应下来。

于是历史上便有了刘备三顾茅庐的佳话。刘备得与诸葛亮相见后就在诸葛亮茅屋请教起天下大计。刘备说：“汉室倾危，佞臣当道，我自不量力，欲申大义于天下，却因智术短浅，无所成就，但是我并不因此失志。冒昧请问先生天下可有使我完成夙愿的大计？”诸葛亮被刘备的真诚感动，不仅对天下的形势进行了细致分析，还为刘备指出了成就霸业的长远大计。思路之清楚，见解之深刻，让刘备三兄弟佩服得五体投地。

后来，刘备对关羽、张飞说：“我之得孔明，犹鱼得水。”诸葛亮也凭借刘备的知遇之恩，施展了自己抱负，成就了千古名相的传奇。

在对待人生的问题上，孔明一方面恬淡出世，品味林泉真趣。另一方面又抓住机会积极入世，实现理想抱负。他的一生是出世和入世的完美融合。而当一个人已经身在世中，却急功近利、不择手段，那么他的人生就会像荡秋千一样，无论荡多高终会静止于原点。

党仁弘原是隋朝末年的一名武将，李渊太原起兵后，他率两千人马归顺高祖，是唐朝著名的开国元勋之一。他办事干练，很有才略，四方征战，立下了汗马功劳。然而，他在晚年历任广州都督却变得十分贪婪，贪赃枉法。最后经人检举，查获他赃款百余万，罪当处死。李世民看党仁弘操劳一生，又是开国老臣，不忍杀他。便免去党仁弘死刑，贬之为普通百姓，流放钦州。

党仁弘晚节不保，险遭斩杀，是因为他在高位上缺少淡泊林泉的志趣。他只要多些俭朴，少些贪婪，就不至于身败名裂了。而今我们已经不再纠结于入世和出世之间的选择，但是这并不意味着，现代人已经可以丢弃二者融合的精神实质。

出世是一种理智、淡泊、镇定处事的心态，当一个人以这样的心态去工作时，就不会因为急功近利而迷失在前进的方向，即使施展抱负、追逐梦想的过程很是漫长，也能持之以恒，垂钓机遇。与此相对，入世是一种处世方式，既然制定了自己的梦想，选择了某份工作，就要不遗余力地把它做到最后，并始终保持积极上进的心，冷静地处理过程中遇到的问题，而不是轻言放弃。另外，一个生而普通的人，如果有积极入世的打算，却没有远大的目标抱负，就会随波逐流，终身逃不出碌碌无为的人生轮回。

总而言之，《菜根谭》中简单的一句话，在今天这个时代给予我们的处世哲学归结起来不过三点：淡泊、积极和抱负。淡泊让我们从容淡定，积极让我们矢志不渝，而抱负让我们赢在起跑线上。要想铸就不一样的人生，三者缺一不可。

放下功名 超凡入圣

◇原文◇

放得功名富贵之心下，便可脱凡；放得道德仁义之心下，才可入圣。

◇译文◇

如果能够抛弃功名富贵之心，就能做一个超凡脱俗的人；如果能够摆脱仁义道德的束缚，就可以达到圣人的境界。

◇精读解析◇

超凡入圣在智者看来很简单：放得下功名富贵，也不积极于道德仁义，就可以达到。归结到一点就是对于自己所追求的不刻意，就会收到无心插柳柳成荫的意外惊喜。《红楼梦》中，跛足道人唱道："世人都晓神仙好，唯有功名忘不了！古今将相在何方？荒冢一堆草没了。世人都晓神仙好，只有金银忘不了！终朝只恨聚无多，及到多时眼闭了。"换句话说就是：只有"了"了，才能"好"，关键在于"了"字。生活中很多事，只有放下了包袱，才能空出手来抓取属于我们的财富。很多人能在官场上全身而退，其高明之处就在于他们懂得放下。

李春芳是明朝的进士，由于写得一手好文章而受到皇上的青睐，因此被皇上不断升官，成为红极一时的大臣。但是李春芳深知当朝皇上的喜怒无常，陪伴在他身边，迟早有一天会惹祸上身。所以他打定主意，在朝廷议政的时候，既不过激，也不落伍，而是保持中庸的态度。

后来，朝廷中的争权夺利越来越严重了，李春芳乘机提出了告老还乡，得到了皇上的批准。

就在李春芳回乡一年以后，朝廷中因为政治斗争而发生了重大变故，当年一起做官的人，死的死，逃的逃，只有李春芳在家中颐养天年，与父母妻小共享天伦之乐。当有人问李春芳为何甘愿隐退的时候，他说："官场之中，如果不懂得在运势最佳时选择隐退，终会有一日不可全身而退的"。

言外之意，只有放下才是最好的选择和出路。一起入朝为官却不能同样全身而退，不同的下场，很鲜明地彰显了功成身退、适时放下的重要性。历史上许多有建树的人都曾做出过类似李春芳这样的决定，他们有的择主而仕，有的功成身退，还有的退而归隐。他们并不是不求名利，只是懂得掐算时机、揣摩别人的心思，不贪恋来之不易的名利罢了。这看似是一种放弃，实则是一种很有远见的明智之举。然而历史上因为不明白这个道理而不知退最后命丧黄泉的，也大有人在。

韩信在刘邦打天下的过程中，立功最多，功不可没，被刘邦封为齐王。然而树大招风，处于事业巅峰的韩信被人诬告有谋反之心。实际上刘邦对位高权重的韩信早有戒心，正好借此机会解除心中的疑虑，于是下令将韩信逮捕压入大牢。

"狡兔死，走狗烹；飞鸟尽，良弓藏。"天下已经平定，开国元勋难逃皇帝猜疑算计也实属正常。刘邦命人将他押送到京城，贬为淮阴侯。十年后，韩信被问斩。

韩信的悲剧由多重因素造成，但是有一点是其中必不可少的，即把功名富贵看得太重。如果他懂得“放得功名富贵之心下，便可脱凡；放得仁义道德之心下，才可入圣”的道理，也许会有不一样的人生。

在生活中，也是这样的。世间的一切喜乐悲愁，一切的成功与失败、收获与丧失，往往都是由人们过分执着导致的。工作中要一步一个脚印地走，欲速则不达；生活中要澄澈心境，执念太多，往往与幸福擦肩而过。我们同在人生的单行道上，尝试着放下心中的急切和过高的期望，就会舍得外物的得失，审慎对待各种选择，从而在更为广阔的天空下，去迎接永恒的幸福。

无德为忧 尸位为羞

◇原文◇

彼富我仁，彼爵我义，君子故不为君相所牢笼；人定胜天，志一动气，君子亦不受造物之陶铸。

◇译文◇

别人拥有富贵我拥有仁德，别人拥有爵禄我拥有正义，如果是一个有高尚心性的正人君子，就不会被统治者的高官厚禄所束缚；人的力量一定能够战胜自然力量，意志坚定可以发挥出无坚不摧的精气，所以君子当然也不会被造物者所局限。

◇精读解析◇

和那些应有尽有或者一无所有的人相比，普通人不为生计担忧，也不为名利蛊惑，他们不强求、不绝望，也许他们还在打拼，但是因为生活没有走向尽头所以打拼总是被希望引领。这种心境最能真切地解读《菜根谭》中“君子故不为君相所牢笼”和“君子亦不受造物之陶铸”两句话的深意。

君子看到富贵时，不会抱怨自己的贫穷，反而因为自己拥有仁德而感到富足；君子看到功利时，不会悲叹自己的卑微，反而因为自己留有正气而挺直胸膛。这样的人面对强大的宿命时也不会低头退却，因为他们心怀高远意志坚定，所以能释放突围弄人造化的神奇力量。基于此，庄子才说："至人之用心若镜，不将不逆，应而不藏，故能胜物而不伤。"

几乎所有的圣人君子都是抱着普通人的平衡心态在生活，他们身处世间，对于外物既不欢迎，也不拒绝，"物来而应，物去不留"，因此平衡中衍生平静，平静中升华超脱。由此可知，一个人如果背负太多的东西，只会让自己疲惫不堪，只有适当地放下，才能得到真正的快乐。

南朝萧齐时的王僧虔立身处世谨慎，为人谦和，而且在书法方面很是精通。当时的皇帝齐高帝萧道成也对书法十分感兴趣，于是便邀请王僧虔和自己比字，字写完后，萧道成问王僧虔："谁的书法技艺略胜一筹？"王僧虔先深作一揖，然后说："臣下有幸和陛下并列第一。"萧道成听后，大笑说："尔善自为谋。"

萧道成驾崩后，其子萧赜继位。萧赜出于对王僧虔的敬重便将他提升为侍中、左光禄大夫、开府仪国三司。可当时，王僧虔的侄子王俭也在朝中为官，王僧虔便找到王俭说："我们叔侄二人同朝为官，而且在朝中同样官高任重。这一次陛下器重将我提拔，我十分感激。但是我如果再受任，就会出现一门二台司的局面。这种情况不仅会让人们觉得我们居心不良，还会给我们自己招致不必要的怀疑和麻烦。"

随后王僧虔便奏请皇上，表示自己不能受任。萧赜拗不过，只得取消任命，改任王俭为侍中、特进、左光禄大夫。

有些人不明缘由，便问王僧虔："高官不做更待何求？"王僧虔便解释说："君子不为获得宠爱谋划，只为能否立德担忧。我现在衣食富足，但是年事已高，荣位已过，常常感觉自己力不从心，处在现在的职位上都已受之有愧，更何况是再高些的职位？受得高官，却庸碌无为，岂不是更要被人耻笑？"

王僧虔心性自由，他的一番话，准确地传达出君子对于名利富贵的普遍看法。古来就有君子和小人之分，君子立身以德，而小人却立身以宠。王僧虔身为君子视无德为可忧，视尸位为可羞，视被人耻笑为可畏。这种立身原则是非常可取的。王僧虔以实际行动诠释了“彼富为仁，彼爵我义，君子故不为君相所牢笼”的人生要义。

做人要想在功名利禄面前应对自如，就要保持一颗平静的心。学会适当放下是一种洒脱，是参透万物后的一种平和。只有放下那些过于沉重的东西，不被高官厚禄所束缚，把没有德行视为担忧，把空占高位视为羞耻，才能得到心灵的放松。当某一件东西带给我们的只有无尽的烦恼和忧愁，各种各样的负担如山一般压在人的心上不能自由呼吸时，那么最明智的办法就是舍弃它，赤条条来去无牵挂，快乐自然会回到身边。

拔去名根 融化客气

◇原文◇

名根未拔者，纵轻千乘甘一瓢，总堕尘情；客气未融者，虽泽四海利万世，终为剩技。

◇译文◇

追逐名利的思想根基如果不从内心彻底除掉，即使表面上轻视世间的高官厚禄、荣华富贵，甘愿过着一瓢饮的清贫生活，最终也摆不脱世间名利的诱惑；外来的影响不能被自身的正气所化解的人，虽然他的恩惠能够泽及世上所有的人并有利于后世，最终也只会成为一种多余的伎俩。

◇精读解析◇

拔去名根，自会保持向上并淡泊的心境；融化对外物的固执，简单生活自会有一种旷达。如果把我们的心比作一个杯子的话，那么只有倒掉对名对利的执着，我们才能腾出充裕的空间去承载更多的恩泽、智慧和财富。

一个天生富贵的人也好，一个天生贫穷的人也罢，贫富永远不是恒定的。关键在于人们如何安排精神修养、人际交往和物质追求三者在人生中的顺序地位。

晚清名臣左宗棠曾在江苏无锡梅园题字："发上等愿，结中等缘，享下等福；择高处立，就平处坐，向宽处行。"很简单，这二十四个字的意思就是：要有远大志向，却只求中等的缘分，对于享福下等的就行；为人处世要站得高，站得高才能望得远，但是真正行动起来，却比较低调，不显山露水，做事情要有余地，为人宽容。这句话实际上正好回应了《菜根谭》中的人生哲学："拔去名根融化客气"，保持内心澄澈、正气，纵有荣华富贵，也要简简单单一辈子。

上古三帝：曰尧，曰舜，曰禹，就是这种哲学的实践者。

古书上说尧非常厉害："其仁如天，共知（智）如神。就之如日，望之如云。富而不骄，贵而不舒。"虽然富贵但是不炫耀不骄傲。他即位之后，首先是任人唯贤，促使内部达成统一。他做起事情来也比较平淡和低调，他亲自考察百官的政绩，奖励高贤，惩罚贪佞，这种为万乘之尊、却依然事必躬亲的作风，正是他务实的一面。他当帝王时，能够以天下为己任；他在位时世风淳朴，人们相处和睦，也是得益于他的高瞻远瞩。

第二个帝王舜则与尧不一样，他不像尧那么富有，而且母亲早逝，又遇见一个残酷的继母，最后被逼离家出走。尽管这样，他也不抱怨，他对父母不失子道，出走后依然想办法照顾他的继母，以尽孝道，对他那个傲慢的弟弟也给了极大的宽容。甚至到后来，继母和兄弟霸占他财产、要杀人灭口时，他都原谅了他们。他用他宽容但是朴实的行事作风感染了众人。人们从四面八方集中到他的周围，想和他同甘共苦。舜又努力进行管理和扩建城邦的工作。好事传千里。当时的天子尧知道舜的德行后，将自己的两个女儿配给了舜做妻子。并在最后，将天子之位禅让于舜。他行事朴实低调，又有雄才伟略，尧把天子之位传于这种人是明智之举。

大禹治水的故事，千百年来，脍炙人口。帝尧时，中原常常有洪水，百姓愁苦不堪。鲧治水患九年，未果。他的儿子禹继任治水。禹亲自视察河道，改进治水方法。他翻山越岭，蹚河过川，规划水道，到了很多地方，根据地势高低设法引洪水入海。禹为了治水可以说是鞠躬尽瘁。他新婚不久就离开妻子，踏上治水的道路。经过家门口，听到妻子生产，都咬着牙没有进家门，直接奔赴大水现场。一段时间过去了，当他第三次经过的时候，他的儿子已经懂得叫爸爸，而禹只是向妻儿挥挥手，并没有进去看看。这就是“三过家门不入”。后来经舜赏识得天子之位，真正成了大人物。

像尧、舜、禹这样的人其实都是心中有天地，但是却很低调。他们不张扬，只做好自己的事情，立足高远却从现实出发。在现代也是一样，那些能够真正领会《菜根谭》人生哲学的人往往都能成功。

儒家所讲的中庸境界，一直备受推崇。儒家经典《中庸》里说道，“尊德性而道问学，致广大而尽精微，极高明而道中庸”，尤其是“极高明而道中庸”一句话可谓大有深意。其实《菜根谭》此处说的拔去名根、融化客气，也是中庸之道的体现。在平凡生活境界高远，却立足于现实，不为名利等外物蛊惑，时刻保持中庸的态度，即凡事于高处立，于平处坐，于宽处行，便可实现超越境界与现实态度的统一。

沽名钓誉 未厌名利

◇原文◇

谈山林之乐者，未必真得山林之趣；厌名利之谈者，未必尽忘名利之情。

◇译文◇

好谈山居生活之乐的人，未必真的领悟了山林生活的乐趣；口头上说讨厌名利的人，未必真的将名利忘却。

◇精读解析◇

《管子·法法》中说：“钓名之人，无贤士焉。”《后汉书·逸民传序》则说：“彼虽硁硁有类沽名者。”所谓沽者，买也；钓者，用饵引鱼上钩。意思是说，某些人表面上是贤士，实际上是以贤士的身份为诱饵，来为自己谋取功名，这样的人徒有虚名罢了。后人将此合二为一得出“沽名钓誉”这个成语，用来指示那些用种种手段骗取名誉的现象。

在我国古代，很多贤者都通过放情山水来表达自己不慕名利的淡泊情怀，这里面有真贤士，也有假名士。其中，卢藏用最擅长此道。

唐代的时候，有位叫司马承祯的人，在都城长安南边的终南山里，住了几十年。他替自己起了个别号叫白云，表示自己要像白云那样高尚和纯洁。唐玄宗知道了，要请他出来做官，都被他谢绝了。于是，唐玄宗替他盖了一座讲究的房子，叫他住在里面抄写校正《老子》这本书。后来他完成了这项任务，到长安会见唐玄宗，见过玄宗，他正打算仍然回终南山去，偏巧碰见了也曾在终南山隐居，后来做了官的卢藏用。

司马承祯与卢藏用说了几句话，后者抬起手来指着南面的终南山。并开玩笑地对他说：“这里面确实有无穷的乐趣呀！”原来卢藏用早年求官不成，便故意跑到终南山去隐居。终南山靠近国都长安，在那里隐居，容易让皇帝知道并请出来做官。不久，卢藏用果然达到目的。司马承祯想对他的这种行为讽刺一下，便应声说：“不错，照我看来，那里确实是做官的‘捷径’啊！”

把卢藏用与司马承祯二者稍作比较，高下立见。从二人身上可以看出，大部分欲寻求“终南捷径”者多是沽名钓誉的人。《菜根谭》中道明的“谈山林之乐者，未必真得山林之趣；厌名利之谈者，未必尽忘名利之情”，暗指的就是像卢藏用这样的人。他们表面上畅谈山林的乐趣，对名利嗤之以鼻，实质上却在内心深处和自己唱着反调。

这些人有的确实能钓到“大鱼”，然而最终却躲不过暴露和遭殃的结局。而且，世界上，虽然能容“沽名钓誉”者一时，却难以容他一世。

春秋时期有一个叫子西的人，做事总是先重名誉，甚至于常常用不正当的手段取得名誉。孔子对弟子说：“谁能够去劝导一下子西，使他不再沽名钓誉？”

弟子子贡说：“我能劝他。”

于是，子贡就去劝说子西，子西却不以为然。

孔子说：“不受功利所左右，才能胸怀宽广；保持本性而不动摇，才能保持住纯洁的品行。内心不正直，做事也就不能正直；内心正直，做事才能正直。子西恐怕还是难以避免灾祸。”

事实果如孔子所预言，不久楚国发生内乱，楚国的大夫白公逃到了吴国，后来子西把他召回了楚国。不久，子西发动叛乱，结果被杀，落得个惨淡收场。

俗话说，多行不义必自毙，子西的虚伪无疑是搬起石头砸自己的脚。对于我们来说，无论是为官、为人、治学还是日常的人际交往，实际上都无“终南捷径”可图，而且那些跳过“诚”觅求的捷径，往往是死胡同。

人生如戏，戏如人生。现实生活中，很多人早已自觉或不自觉地将自己置于演员的角色之中，就像席慕蓉的《戏子》中所说：“在涂满油彩的面容之下，我有的是一颗戏子的心。”在迫不得已的情况下掩饰真实的自己，这本无可厚非，但时间长了，恐怕就再也回不去表里如一的样子了。时间不光是在流逝，也在带走虚而不实的东西，若是沽名钓誉，仅以虚伪来蒙蔽世人的眼睛，也会很快被人揭露，落下骂名无可避免。所以，为免落得遭万人唾骂的境地，做人还是心口如一比较好，与人交往多些诚心，少些虚伪；工作时多些踏实，少些圆滑；生活中，以真心待人待己。只有卸下面具，我们的人生才会在阳光下呼吸。

无名无位 无忧无虑

◇原文◇

人知名位为乐，不知无名无位之乐为最真；人知饥寒为忧，不知不饥不寒之忧为更甚。

◇译文◇

人们只知道有了名声地位是一种快乐，殊不知那种没有名声地位牵累的快乐才是真正的快乐；人们只知道吃不饱穿不暖令人忧愁，殊不知那些没有饥寒之苦的人精神上的空虚忧愁更为痛苦。

◇精读解析◇

有一天，庄子在濮水边垂钓，楚王派遣两位大臣先行前往致意。这两位大臣来到水边对着庄子的背影说："楚王愿将国内政事委托给你而劳累你了。"他们的言下之意就是，楚王想要请庄子去做楚国国相。

庄子手把钓竿头也不回地说"我听说楚国有一神龟，已经死了三千年了。可是楚王用竹箱装着它，用上好的布料覆盖着它，把它珍藏在宗庙里不让它入土。你们猜猜这只神龟，是宁愿死去为了留下骨骸而显示尊贵呢，还是宁愿活着在泥水里拖着尾巴自由自在的呢？"两位大臣相互看了一下说："对一只乌龟来说，应该比较喜欢拖着尾巴活在泥水里游来游去吧。"庄子说："既然这样，你们可以走了！我宁愿像它一样拖着尾巴生活在泥水里。"

庄子曾说："名者，实之宾也，吾将为宾乎？"意思是说名为宾，是次要的，实才是主要的。名利看起来是实的，实际上却是虚无缥缈的。无名无利看起来一无所有，实则是一种真实的拥有。所以当被征召去做官的时候，庄子说自己宁可曳尾涂中，过着穷困但是却自在的日子。

在很多的智者看来，名誉不过是个虚浮的东西，只有逍遥自在的真实生活才是珍贵的。《菜根谭》里说:“人知名位为乐，不知无名无位之乐为最真。”活在世界上，名声地位并不是快乐圆满生活的泉眼，反而是不刻意求名逐利的人才是无忧无虑，生活悠然。

老子说：“名与身孰亲？身与货孰多？得与亡孰病？是故甚爱必大费，多藏必厚亡。知足不辱，知止不殆，可以长久。”生活中，多少人在混乱的名利场中丧失原则，迷失自我，百般挣扎反而落得身败名裂。司马迁说得好:“君子疾没世而名不称焉，名利本为浮世重，古今能有几人抛？”当人们心中有了名利的念头之后，就可以看到种种忧心的事情。过分关心这些得失，就只能忧虑烦恼，无以摆脱。相反，一个人若是看淡这些，专注于自身，并以此心做事做人，反而常能收获良好的效果。就像一首歌中所唱“不求名来名自扬”。

比如，一个非常正直的学者，一生治学严谨，绝不会沽名钓誉。一个人能把名利看得淡一些，境界就会高一些。胡适先生曾对年轻学者们说：“你们治学的态度应该学习季羡林。”

治学也好，为人也罢，道理其实都是相通的。一个人如果不能淡泊名利，就必然会急功近利，进而为了满足心中的贪婪而不择手段。人如果能少一点贪欲，多一点自制与满足，自然也就不会落入生活中各种各样的圈套中，让自己沦为一个任人宰割的羔羊。

事实上，人生的规则也正是如此奇妙，贪慕虚名、急功近利者往往得不到真正的名誉；沽名钓誉，无所不用之徒往往得不到真正的快乐。庄子言：“不为轩冕肆志，不为穷约趋俗，其乐彼与此同，故无忧而已矣。”确实，那些不追求官爵的人，自然能不因为高官厚禄而喜不自禁，也不会因为前途无望穷困贫乏而随波逐流，趋势媚俗。做人若能在荣辱面前一样达观，必然也就无所谓忧愁了。

所以说，我们做人，要懂得安贫乐道，以淡泊之心看待名利，这样我们就能对客观的、外在的出身、家世、钱财、生死、容貌等，都看得淡泊，从而才可能达到洒脱的境界。

无所妄念 追求自然

◇原文◇

天理路上甚宽，稍游心，胸中便觉广大宏朗；人欲路上甚窄，才寄迹，眼前俱是荆棘泥涂。

◇译文◇

追求自然真理的正道非常宽广，稍微用心追求，就感觉心胸坦荡开朗；追求个人欲望的邪道非常狭窄，刚一跻身于此，就发现眼前布满了荆棘泥泞，寸步难行。

◇精读解析◇

对于一个有欲望且不知满足的人来说，天下没有一把椅子是舒服的。欲望就如同一团熊熊烈火，柴放得越多，火烧得越旺，人就越有添柴的冲动。于是，人便奔来奔去、忙里忙外，难有停息的时候。

正如《菜根谭》中所说："天理路上甚宽，稍游心，胸中便觉广大宏朗；人欲路上甚窄，才寄迹，眼前俱是荆棘泥涂。"人只有减少欲望，才能轻松上阵，才能活得洒脱。

列子穷困潦倒时也绝不接受郑国宰相子阳赠送的粮米。因为，列子知道自己并没有和子阳打过交道。原来子阳之所以会给列子送粮送米是源于手下的一句话。

他手下的人对子阳说："列子是大大的贤人，他就在您治理的国家里，他现在连饭都没的吃。这样，您岂不成了不爱贤才的宰相了吗？"

子阳是为了自己获得好名声而给列子送吃的东西，并非真正受惜贤才。

列子谢绝了子阳送的粮米，列子的妻子埋怨说：“听说有道德有才学的人的老婆子女，都能过上快乐安逸的日子。可你，把我们一家子养得只有皮包骨头了。当权的宰相既然已派人来慰问，又送粮米给我们，你为什么偏偏不接受呢？你自己不要紧，连家里人性命也不要？”

列子解释道：“宰相并不是真正了解我，只不过听别人讲我，他才叫人给我送粮食。现在救济我是如此，如果一天有人在他面前说我的坏话，他必然依别人的只言片语来加罪于我。这怎么能行呢？这就是我不接受粮食的理由。”

子阳为官，为所欲为，不久老百姓起来反抗，杀死了子阳。列子虽然穷困，但一生平安，道德学问芳名远扬。事实上，很多结局的成败就是这样铸就的，为所欲为什么都想要的人，结果竹篮打水一场空，甚至付出生命的代价。而那些懂得在欲望面前止步的人，反而会活出生命的清白和洒脱，而且还会在世人的赞誉中延续生命。

林则徐曾说：“壁立千仞，无欲则刚。”他把这句话写在自己府衙的一副堂联中，规行矩动，身体力行。

他担任钦差大臣前往广州查办鸦片时，离京当天，即传示驿站，沿途“只用家常饭菜，不必备办整桌酒席，尤不得用燕窝烧烤，以节靡费……言出法随，各宜懔遵毋违”。一路上说到做到，两袖清风。

他到达广州次日，即告示百姓：今后“公馆一切食用，均系自行备买，不收地方供应。所买物件概照民间时价发给现钱，不准丝毫抑勒赊欠……有借名影射扰累者，许被扰之人控告，即予严办”。

大千世界，有人以金银为宝，以位高权重为宝，也有人以无欲无求、问心无愧为宝。但是追求金银名利的路上充满陷阱和荆棘，稍有不慎就会寸步难行、抱憾终身。而追求自然、无所妄念的道路却非常宽广，稍微用心追求，就会觉得道路越走越宽。所以大凡生活的智者，无论有何等权力、财富，都不会放弃对自然真理的追求。

对于我们普通人也一样，虽然我们不图大富大贵，但是仍不能放弃对自然真理的追求。人的一生毕竟需要迈过很多门槛，稍不留神我们就会栽在其中一道坎上。不过对于绝大多数人，或许最重要的则是迈过金钱、权力与美色三道坎。俗话说，“君子爱财取之有道”“大丈夫有所为有所不为”。用理性的缰绳去约束欲望的野马，达到中和调适，便能顺利走过人生的几个关口。

荣辱得失　心清如水

◇原文◇

我不希荣，何忧乎利禄之香饵？我不竞进，何畏乎仕宦之危机？

◇译文◇

我不去追求荣华富贵，怎么会担心名利和官禄的诱惑呢？我不想升官发财，怎么会担心官场上潜伏的各种危机呢？

◇精读解析◇

现实社会，很多人都避免不了追求舒适的物质生活、为人欣羡的社会地位和显赫的名声。专注于此，人便像被鞭子抽打的陀螺，忙碌起来——或拼命打工，或投机钻营、应酬、奔波、操心……这样的人便很难再有轻松地躺在家中床上读书的时间，也很难再有与三五朋友坐一起聊天的闲暇，甚至忙到会忽略了亲人的生日，忙到会没有时间陪父母叙叙家常……

曾经有份报纸刊登了一篇悼文。作者在悼文中感慨他的一位病逝的朋友一生为物所役，终日忙于工作、应酬，竟连孩子念几年级都不知道。作者还写道，这位朋友为了累积更多的财富，享受更高品质的生活，终于将健康与亲情都赔了进去。那栋尚在交付贷款的上千万元的豪宅，曾经是他最得意的成就之一，然而豪宅的气派尚未感受到，他却离开了人间。作者问：“这样汲汲营营追求身外物的人生，到底生命感知何在，意义何在？”最后他写道：“生活简单，没有负担。住在恰到好处的房子里，没有一身沉重的经济负担，周休二日不值班的时候，还可以带一家大小外出旅游，赏花品草……这样的生活比起有豪宅豪车更能羡煞旁人。”

这篇悼文的最后几句话用在人的一生当中再贴切不过了。与其困在财富、地位与成就的迷惘里，还不如过着简单的生活，舒展身心，享受用金钱也买不到的满足来得快乐。只有简单着，才能从容着、快乐着。不奢求华屋美厦，不垂涎山珍海味，不追时髦，不扮贵人相，过一种简单自然的生活，一种外在的财富也许不如人但内心享受却充实富有的生活。这是自然的生活，有劳有逸，有工作着的乐趣，也有与家人共享天伦的温馨。

《菜根谭》讲“不希荣”“不竞进”，这是超脱了眼前的荣辱得失、心清如水的人生大智慧。得意不自持，失意不自失，不因为荣辱兴衰而扰乱一池清水。他人之恩，自是铭心；他人之过，却是云烟。不要为他人的作为而打翻心中的天平。一颗平常心，是荣是辱，俱不过风吹烟散，守得云开见月明。

宠辱俱平常，人生境界实不平常。事事平常，事事也不平常。无论处于何种环境下，都能做到宠辱不惊，那一定是个了不起的人，就如孔子所赞美的，不是个圣人，也是个贤人。这是智者的一种境界，同样亦是胸怀宽广之人才有的气魄。面对羞辱能够气定神闲，这需要很大的自控力，而在成功之时的谨慎与不得意忘形更需要超人的自制力。

其实，生活中有些事情，静下心的时候想一下便会觉得不过如此，只是由于心理作用，我们把它放大了而已。生活中我们只有做到得而不喜，失而不忧，方可把握自我，超越自己。当一个人对人生外物已经“不希荣”“不竞进”时，又怎么会因一时的成功、失败而心起波澜呢？成功了要时时记住，世上的任何成功或荣誉，都依赖周围的其他因素，绝非一个人的功劳。失败了不要一蹶不振，只要奋斗了，拼搏了，就可以无愧地对自己说：“天空不留下我的痕迹，但我已飞过。”这样就会赢得一个广阔的心灵空间。

不恋富贵 不贪权力

◇原文◇

山河大地已属微尘，而况尘中之尘；血肉身躯且归泡影，而况影外之影。非上上智，无了了心。

◇译文◇

山川大地与广袤的宇宙空间相比，只是一粒微尘，何况人类不过是微尘中的微尘；我们的身体相对于无限的时间来说，只是相当于一个泡影那么短暂，何况外在的功名富贵不过是泡影外的泡影。所以说，没有绝顶的智慧，就没有洞察真理的心。

◇精读解析◇

郭德成是元末明初人，他性格豁达，十分机敏，且特别喜欢喝酒。在元末动乱的年代里，他和哥哥郭兴一起随朱元璋转战沙场，立下了不少战功。

朱元璋做了明朝开国皇帝后，当初追随他打天下的将领纷纷加官晋爵，待遇优厚，成为朝中达官贵人。郭德成仅仅做了戏骑舍人这样一个普通的官。

一次，朱元璋召见郭德成，说道：“德成啊，你的功劳不小，我给你个大官做吧。”

郭德成连忙推辞说：“感谢皇上对我的厚爱，但是我脑袋瓜不灵，整天不问政事，只知道喝酒，一旦做大官，那不是害了国家又害了自己吗？”

朱元璋见他坚辞不受，内心十分赞叹，于是将大量好酒和钱财赏给郭德成，还经常邀请郭德成到御花园喝酒。

一次，郭德成兴冲冲赶到御花园陪朱元璋喝酒。眼见花园内景色优美，桌上美酒芳香四溢，他忍不住酒性大发，连声说道："好酒，好酒！"随即陪朱元璋痛饮起来。

杯来盏去，渐渐地，郭德成脸色发红，但他依然一杯接一杯喝个不停。眼看时间不早，郭德成喝得烂醉如泥，踉踉跄跄地走到朱元璋面前，弯下身子，低头辞谢，结结巴巴地说道："谢谢皇上赏酒！"

朱元璋见他醉态十足，衣冠不整，头发凌乱，笑道："看你头发披散，语无伦次，真是个醉鬼疯汉。"

郭德成摸了摸散乱的头发，脱口而出："皇上，我最恨这乱糟糟的头发，要是剃成光头，那才痛快呢。"

朱元璋一听此话，脸涨得通红，心想：这小子怎么敢这样大胆地侮辱自己。他正想发怒，看见郭德成仍然傻乎乎地说着，便沉默下来，转而一想：也许是郭德成酒后失言，不妨冷静观察，以后再整治他不迟。想到这里，朱元璋虽然闷闷不乐，但还是高抬贵手，让郭德成回了家。

郭德成酒醉醒来，一想到自己在皇上面前失言，恐惧万分，冷汗直流。原来，朱元璋少时曾在皇觉寺做和尚，最忌讳的就是"光""僧"等字眼。因此字眼获罪的大有人在。郭德成怎么也想不到，自己这样糊涂，这样大胆，竟然戳了皇上的痛处。

郭德成知道朱元璋不会轻易放过自己，以后难免有杀身之祸。他仔细地想着脱身之法：向皇上解释，不行，更会增加皇上的嫉恨；不解释，自己已经铸成大错。难道真的要为这事赔上身家性命不成？郭德成左右为难，苦苦地为保全自身寻找妙计。

过了几天，郭德成继续喝酒，狂放不羁。后来，他进寺庙剃光了头，真的做了和尚，整日身披袈裟，念着佛经。

朱元璋看见郭德成真做了和尚，心中的疑虑、嫉恨全消，还向自己的妃子赞叹说："德成真是个奇男子，原先我以为他讨厌头发是假，想不到真是个醉鬼和尚。"说完，哈哈大笑起来。

后来，朱元璋猜忌有功之臣，原来的许多大将纷纷被他找借口杀掉了，而郭德成竟保全了性命。

郭德成的聪明之处在于他能够不贪恋权位、及时退避，最终在朱元璋的铁腕之下保住了性命。

俗话说，人往高处走，水往低处流。人们追逐功名原本无可厚非，但若为功名所累就得不偿失了。有一些人一旦功名在手就再也舍不得放弃了，甚至还想“百尺竿头更进一步”。可惜多走一步就是从“竿头”摔下，顷刻间摔得粉身碎骨。

山川大地与广袤的宇宙空间相比，只是微尘一粒，人们对于无限的空间、时间来讲，也只是像微尘般渺小，泡影般短暂。功名利禄这些外在的事物，岂不是更为短暂和渺小，人们又何必那么在乎呢？

一念贪私　坏了一生

◇原文◇

人只一念贪私，便销刚为柔，塞智为昏，变恩为惨，染洁为污，坏了一生人品。故古人以不贪为宝，所以度越一世。

◇译文◇

人只要有一丝贪图私利的念头，那么就会由刚直变为柔弱，由聪明变为昏庸，由慈善变为残忍，由高洁变为污浊，这样就损坏了他一生的品格。所以古人将没有贪念作为修身的宝贵品质，以此来超越这个物欲的时代。

◇精读解析◇

一天，有一个老头在森林里砍柴。他抡起斧子正准备砍一棵树，突然从树上飞出一只金嘴巴的小鸟。它求他不要砍倒那棵树，并答应送给他柴烧。

老头空手回到家，他对老伴说："明天家里会有许多柴的。"

第二天，老伴发现院子里多了一大堆柴，就叫老头："快来看，快来看，谁在我家院子里放了这么一大堆柴。"

老头把遇到了金嘴巴鸟的经过告诉了老伴，老伴说："柴是有了，可是我们没有吃的。你去找金嘴巴鸟，让它给我们点吃的。"

老头又回到森林里的那棵树下。这时，金嘴巴鸟飞来了，它问："你想要什么呀？"

老头回答说："我的老伴让我来对你说，我们家没有吃的了。"

"回去吧，明天你们会有许多吃的。"金嘴巴鸟说完又飞走了。

第二天，他们果真发现家里出现了许多肉、鱼、甜食、水果、葡萄酒和想要的食物。饱餐了一顿后，老伴对老头说："快去找金嘴巴鸟，让它把你变成国王，把我变成王后，这样，往后我们的日子就舒服了。"

老头又来到了森林里的那棵树下。金嘴巴鸟飞来问他："你还想要什么？"

老头对它说："我的老伴让我来找你，让你把她变成王后，把我变成国王。"

金嘴巴鸟冷漠地望了一下老头，说："回去吧，明天早上你会变成国王，你的老伴会变成王后的。"

第二天早上醒来，他们发现自己穿的是绫罗绸缎，吃的也是山珍海味，周围还有着一大帮的侍臣奴仆。

可是，老伴对此仍不满足，她对老头说："去，找金嘴巴鸟去，让它把魔力给我，让它来宫殿，每天早上为我跳舞唱歌。"

老头只好又去森林找金嘴巴鸟，他找了许多时候，最后总算找到了它。老头说："金嘴巴鸟，我的老伴想让你把魔力给她，她还让你每天早上去为她跳舞唱歌。"金嘴巴鸟愤怒地盯着老头，它说："回去等着吧！"

老头回到家，和老伴一起等待着。

第二天起床后，他们发现自己被变成了两个又丑又小的小矮人。

“一念贪私”往往是无尽贪婪的起点和人生毁灭的第一步。金嘴巴鸟满足老人一个又一个的愿望，却无法满足他和老伴无止境的贪念。最后贪婪的人为他们因贪婪而起的害人之心付出了代价。

其实贪婪的并发症很多，除了害人之心，那些为了谋求个人利益、逞一时之快的行为、计谋都可算在内。念起贪私的人，往往因为追求利益的最大化，不惜损害曾给予过自己帮助的人的利益，使本来互惠互利的合作性博弈变成势单力孤的非合作性博弈。结果，在第三方势力的攻击下，往往会出现两败俱伤的结果。

生活中，我们大多数情况下会在和别人的协作中完成工作学习中的任何，这时我们双方利益就会息息相关，这种情况下双方都应该克服自私自利的贪欲，寻求共赢而非独吞。这不仅是维护共同利益的需要，还是共同生存的条件。否则如有一方利欲熏心，不仅给他自己招致祸患，还会影响合作的局面。

其实，无论是与别人合作，还是自己独立完成某项事宜，唯有清淡寡欲才能保证事物的方向不偏离正轨。但生活中总有人利欲熏心，贪得无厌。他们明明知道这样做能够为自己招来祸患，但还是不能罢手，直到最后一无所获。所以在私欲面前，我们应该学会止步。财富也好、权势也好，只有当它们处于阳光之下、并被淡泊之人拥有时，才会拥有真正的魅力和大于其本身的价值。所以说，当一个人不以贪为宝时，才可以安安稳稳地度过一生。

不昧惺惺 不受诱惑

◇原文◇

耳目见闻为外贼，情欲意识为内贼。只是主人翁惺惺不昧，独坐中堂，贼便化为家人矣！

◇译文◇

耳朵听到美音，眼睛看到美色，这些外界诱惑都是外来的贼，心中的情感和欲念这些都是人内心中潜藏的贼。可是只要灵魂保持正直清醒，不受诱惑，保持一片纯净的心境，那么这些使人受到诱惑的感受和心理都能化作帮助自己培养正直品德的好帮手。

◇精读解析◇

“五色令人目盲，五音令人耳聋，五味令人口爽。驰骋畋猎，令人心发狂。难得之货，令人行妨。是以圣人为腹不为目，故去彼取此。”这是老子《道德经》中的一段话，它的意思是说，五光十色的花花世界使人眼花缭乱；嘈杂的急管繁弦使人震耳欲聋；山珍海味，美酒佳肴，使人口不辨味；射雕逐鹿，骑马打猎，使人精神疯狂；金银珠宝，钻石玛瑙，使人犯法背德。这种主张和“耳目见闻为外贼，情欲意识为内贼”有异曲同工之妙。

使人视觉迟钝、听觉不灵、味觉丧失，终致心神不宁、放荡不安、德行败坏的繁华纷扰都是侵扰心灵的外贼，这样的感官享受往往使贪图的人得不偿失。

一条小鱼问阅历丰富的大鱼道：“妈妈，我的朋友告诉我，钓钩上的东西是最美的，可就是有一点儿危险，要怎样才能尝到这种美味而又保证安全呢？”

“亲爱的孩子，”大鱼说，“这两者是不能并存的，最安全的办法就是绝对不去吃它。”

“可它们说，那是最便宜的，因为它不需要任何代价。”小鱼一脸艳羡。

“这可就完全错了，最便宜的很可能恰好是最贵的，因为它希图别人付出的代价是整个生命。因为它里面裹着一只钓钩。”大鱼严肃地警告着小鱼。

“要判断里面有没有钓钩，必须掌握什么原则呢？”小鱼又问。

“那原则其实你都已经说了。”大鱼微微一笑，“一种东西，味道最鲜美，价格又最便宜，似乎不用付出任何代价，那么，钓钩很可能就藏在里面。”

大鱼的判断原则对于人来说，同样适用。在我们的实际生活中耳目见闻、情欲意识这些东西总是摆出最吸引人的面孔，但是却将利钩隐藏其中。要成为不为外物所动的人，首先要驱逐袭击心灵的外贼，舍弃繁华奢侈，而选取淳厚朴素，如此才能化得心中宁静、超越。

“惺惺不昧，独坐中堂，贼便化为家人矣”是排除外物干扰的高境界。学会坦荡做人，使自己真正无求一身轻，人的智慧清明起来，人生也就拥有了无限的可能。

人活着总会有生存、发展和享受三种需要，每个人的人生再怎么不一样也不过是由这三种需求调和而成的。但是随着调和比例的不同，人也就会呈现不同的境界。富贵的人生是享受需求占主要成分的生活，平淡的人生是三者比例相近的生活，困窘的生活是只有第一种需求却仍得不到满足的生活……而其中最高的境界就是维持基本的生存需要，降低享受性需求，从而最大限度地提升发展性需求。

正常的欲望是人人都有的，少私寡欲并不是“存天理、灭人欲”，而是反对放纵欲望。人要活得洒脱就要少私寡欲，不受诱惑，切不可耽乐于感官的享乐、忘记取舍。因为我们坦然无求，当然也不会让他人有利可图，生活自然能得轻松悠然，从而把自己从痛苦的深渊中解脱出来。

有求无欲 人生至境

◇原文◇

田父野叟，语以黄鸡白酒则欣然喜，问以鼎食则不知；语以温袍短褐则油然乐，问以衮服则不识。其天全，故其欲淡，此是人生第一个境界。

◇译文◇

在田间劳作的农夫或野外谋生的老人，谈论黄鸡白酒的家常便饭就兴味很高，问到山珍海味则全不知道；谈论到温暖的粗布袍和麻布短衣就油然欣喜，问到华美的朝服却完全不知道。因为他们保持了纯真自然的本性，所以欲望淡泊，这是人生的第一等境界。

◇精读解析◇

有一次孔子对他的学生说："我未曾见过刚强不屈的人。"有人回答："申枨是。"孔子说："申枨嘛，还有私欲，怎么做得到刚强不屈？"辜鸿铭先生为孔子的话作了很好的解读，他说，如果人们想要过一种"心灵的生活"，那么就应该放弃对名利的欲望。

古人说"无欲则刚"，意思是：一个人如果没有什么欲望的话，他就什么都不怕，什么都不必怕了。但是，要做到"无欲"是一件困难的事。"欲"，实际就是一种生活目标，一种人生理想。

有一则寓言，说的是有位书生准备进京赶考，路过鱼塘时正巧渔夫钓了一条大鱼，这位书生便问渔夫是如何钓到的。

渔夫得意地说："这当然需要一些技巧，刚开始因鱼饵太小，大鱼根本不理我，于是我把鱼饵换成大的，没一会儿大鱼就上钩了。"书生听后，感叹地说："鱼啊，鱼啊，塘里小鱼小虾这么多，让你一辈子都吃不完，你却挡不住诱惑，偏要去吃渔夫送上门的大饵，你是因贪欲而死啊！"

生活中，有些人对待名利，就像大鱼看到了快到嘴边的大鱼饵，生怕咬晚了被别的鱼叼走，拼死奋力地抢夺。为此，有的沽名钓誉，弄虚作假；有的跑官、买官，不择手段；有的见钱眼开，唯利是图。"见谷而止为德。"邪生于无禁，欲生于无度。手中有权者一旦忽略了世界观的改造，而"疾小不加诊，浸淫将遍身"，到头来必然出大事，栽大跟头。

其实，"有求"与"无欲"本是不可分割的统一体，能否正确对待有求与无欲，反映了一个人的思想品德、人格情操的高尚和低下。品德高尚的人，名利上无所求，事业上却是生命不息，奋斗不止；品德低下的人，看重的是名利地位，追求的是个人利益，一旦满足不了个人私欲，工作上就怨天尤人，不思进取。

清人陈伯崖曾说过：“人到无求品自高。”他所说的无求，并不是说在工作、事业上缺少追求，甘居人后，而是告诫人们，在面对名利和低级趣味的生活时，要无所求，对待事业和人生，却需要孜孜不倦地追求。有所不求才能有所求。

一个人只有抛开名缰利锁和低级趣味的困扰，去追求高尚的事业和完美的人生，才能胸怀磊落，大展宏图，有所作为。

南宋爱国诗人陆游对待有求与无求的正确人生态度，堪称我们的典范。陆游为官一贯坚持“忧民怀凛凛，谋己耻营营”的高洁操守，出仕三十年“不置一金产”，辞官引退后“身杂老农间”，生活贫困，囊中羞涩，仍然“足迹不踏权门”，不为自己的事有求于人。仅仅无求于人还不够，他还时常教导当时为吉州吏（现为江西省吉安）的儿子，要有求于已，有所贡献。他对儿子有四条要求：一为政要清廉：“汝为吉州吏，但饮吉州水，一钱亦分明，谁能肆谗毁？”二为人要正直：“岂为能文辞？实亦坚操履。”三治学要勤勉：“相从勉讲学，事业在积累。”四办事要仁义：“仁义本何常？蹈之则君子。”这就是一个父亲对儿子的耿耿“有求”。

从陆游身上，我们可以看到有求与无求的和谐统一。这无疑对今天的人们有很大的启迪意义。“生活上低标准，工作上高标准。”一个人的能力有大小，但正确对待有求与无求的人生态度，是没有多大分别的。

第八章

淡泊明志

——凡事随缘不变，淡中趣味深长

一念之差 失之千里

◇原文◇

人人有个大慈悲，维摩屠刽无二心也；处处有种真趣味，金屋茅檐非两地也。只是欲闭情封，当面错过，便咫尺千里矣。

◇译文◇

每个人都有一颗大慈悲的心，维摩居士和屠夫刽子手之间并没有什么不同；人间处处都有一种真正的情趣，金宅玉宇和草房茅屋之间也没有什么两样。所差别的只是，人心往往被欲念和私情所蒙蔽，以至于错过了慈悲心与真情趣，虽然看起来只有咫尺的距离，实际上已经相差千万里了。

◇精读解析◇

我们心中想要的东西和未来其实离我们很近，只是当一个人被欲望遮蔽了双眼后，再近的距离也会无限延长。生活中处处有真趣味，在淡泊的人眼里，琼楼玉宇和草房茅屋都不过是个遮风挡雨的地方罢了，不管自己身在怎样的房子里，他们都会用善于发现的眼睛和感恩的心灵，感悟生活，享受生活。但是，如果一个人被私情蒙蔽了，纵然真趣就在眼前，也会和它失之交臂。所以“欲闭情封”虽然只是一瞬间的事，却往往能造成差之千里的结局。

在欲望名利面前，人生奋斗就像爬山一样，若为名利欲望所诱，心中则只有悬崖绝壁。而向着悬崖峭壁攀爬，即使我们身体健壮、身手敏捷，也难免受伤，最终也难以一览众山小。而换种方式，顺着山中的小路上山，不仅能饱览山中美景，还可能在保证自身安全的前提下顺利爬到山顶。所以与其走“欲闭情封”的险路，不如走有风景的羊肠小路。这不是胆小，而是明智，因为做任何事如果违背了道德的准则，或者超出了自身的承受力，便是无意义的。

一个乞丐每天都在想，假如我有两万元就好了，我就可以变成正常人，不用再做乞丐。一天，这个乞丐无意中发现了一只很可爱的小狗，他见四周没人，便把狗抱回了他住的窑洞里，拴了起来。

这只狗的主人是本市有名的大富翁。这位富翁丢狗后十分着急，因为这是一只纯正的进口名犬。于是，就在当地电视台发了一则寻狗启事：如有拾到者请速还，付酬金两万元。

第二天，乞丐行乞时，看到这则启事，便迫不及待地抱着小狗准备去领那两万元酬金。可当他匆匆忙忙抱着狗又路过贴启事处时，发现启事上的酬金已变成了三万元。原来，大富翁寻不着狗，又电话通知电视台把酬金提高到了三万元。

乞丐似乎不相信自己的眼睛，向前走的脚步突然间停了下来，想了想又转身将狗抱回了窑洞，重新拴了起来。第三天，酬金果然又涨了，第四天又涨了，直到第七天，酬金涨到让市民们都感到惊讶时，乞丐这才跑回窑洞去抱狗。可想不到的是，那只可爱的小狗已被饿死了。

乞丐还是乞丐。

在本可以选择物归原主的情况下，乞丐为了满足自己对钱财的欲望止住了脚步，做出了违背自己良心的事。悬赏的金额一涨再涨，等到他终于可以让贪念告一段落时，改变他命运的小狗已经死了。这就是贪念酿成的，所谓失之毫厘差之千里，说的又何尝不是一时贪念的代价。

哲人说："天不设牢，而人自在心中建牢。"生活很简单，人生的机遇、幸福的真趣也不难发现，只要一个人在面对诱惑时，不画地为牢，而是保持一颗清醒和善良的心，便能得到自己想要的东西，这就是生活的智慧。

多分清醒 多分放下

◇原文◇

念头昏散处，要知提醒；念头吃紧时，要知放下。不然恐去昏昏之病，又来憧憧之扰矣。

◇译文◇

当感到头脑昏沉纷乱、精神无法集中时，要注意使自己平静下来，清醒一下头脑；当工作繁忙、心理紧张时，可以暂时将工作放下使自己轻松一下。如果不这样注意调节情绪，就容易出现多种毛病，一会儿头昏脑涨，一会儿又神思恍惚。

◇精读解析◇

有一个流浪汉在看不见尽头的路上长途跋涉，他背着一大袋沉重的沙子，身上缠着一根装满水的粗管子，两只手分别拿着两块大石头，脖子上用一根旧绳子吊着一块大磨盘，脚腕上系着一条生锈的铁链，铁链上拴着大铁球，头上还顶着一个已腐烂发臭的大南瓜。这个流浪汉一步一挪地吃力地走着，每走一步，脚上的铁链就发出哗哗的响声。他呻吟着，他抱怨他的命运如此艰难，他抱怨疲倦在不停地折磨着他。

正当他头顶烈日艰难前行时，迎面走过来一位农夫。农夫问："喂，疲倦的流浪人，为什么不将你自己手里的石头扔掉呢？"

"我真蠢，"流浪汉明白了，"我以前怎么没想到呢？"他摔掉了石头，觉得轻了许多。

不久，他在路上又遇到一位少年。少年问他："告诉我，疲倦的流浪汉，你为什么不把头上的烂南瓜扔了呢？你为什么要拖着那么重的铁链子呢？"

流浪汉答道："我很高兴你能给我指出来。我没意识到我在做什么事。"他解开脚上的铁链子，把头上的烂南瓜扔到路边摔得稀烂。他又觉得轻了许多。但当他继续往前走，他又感到了步履的艰难。

后来，有一位老人从田里走来，见到流浪汉十分惊异："啊，我的孩子，你扛了一口袋沙子，可一路上有的是沙子；你带了一根大水管，可你瞧，路旁就有一条清亮的小溪，它已伴随着你走了很长一段了。"听到这些话，流浪汉又解下了大水管，倒掉了里面已经变了味的水，然后把口袋里的沙子倒进一个洞里。突然他看到了脖子上挂着的磨盘，意识到正是这东西使他不能直起腰来走路。于是他解下磨盘，把它远远地扔进河里。他卸掉了所有的负担，在傍晚凉爽的微风中，寻找住宿之处。此时，他觉得自己轻松而愉悦，比原来快乐许多。

流浪汉的一身重负累累，却不知晓将这些负担卸下，于是越走越累。生活本身就是一份责任和承担，是绝不轻松的，如果再加上额外的不必要的负担，压力就会更大了。

有人曾这样说过："我们会结识这么一些人，他们勤奋、努力地工作，但是脾气暴躁，生活也因此而变得混乱不堪。他们无法欣赏美好的事物，只顾匆匆赶路，却忘了欣赏路边的风景，从而葬送了自己幸福安静的生活，破坏了本该拥有的幸福。在我们身边，我们所能碰到的真正能享受平和宁静生活的人真是越来越少了。"

在当今这个忙碌的社会里，人们会因各种各样的事情而狂躁不安，会因自我控制能力的弱化而情绪波动，会因焦虑和多疑而饱经风霜。在工作和学习之余，应该多一分清醒，多一分放下，以清醒的心志和从容的步履走过岁月。我们渴望成功，但我们真正需要的是一种平平淡淡的生活，一份实实在在的成功。这种成功，不必苛求轰轰烈烈，不必有那种揭天地之奥秘、救万民于水火的豪情，而只是一份平平淡淡的追求。

在急躁时冷静，在繁忙时放松，这是情绪的调节法。在生活中只要我们懂得调节情绪，拥有一颗淡泊之心，坦然自若地去追求属于自己的真实，生活就会变得很轻松。

静闲淡泊 观心证道

◇原文◇

静中念虑澄澈，见心之真体；闲中气象从容，识心之真机；淡中意趣冲夷，得心之真味。观心证道，无如此三者。

◇译文◇

在平静中意念思虑清澈不染，可以看出心性的真正本源；在闲暇中气度舒畅悠闲，可以发觉心中真正的玄机；在淡泊中性情谦静冲和，可以体会心中真正的趣味。省察内心以觉悟天地间的至理，没有比这三种方法更好的了。

◇精读解析◇

当一个人安静下来后，心中的想法就会被过滤得澄澈，当一个人在休闲中觅得从容，自会悟透心之真机。这就是让心灵沉静的好处：生活从容，真我自现。获得沉静的心灵有一个很重要的方法，那就是将心灵腾空。让焦虑、恐惧、紧张、内疚、罪恶感等消极情绪搬离自己的心房，为心灵减速，不仅会缓和人们的压力和负担，还会让自己还原本真，让生活还原真趣，让人生自现真机。如果我们不这样做，一味地被外物困扰，不仅事情不会有改观，我们自己也会画地为牢。

一个商人的妻子不停地劝慰着她那在床上翻来覆去、折腾了足有几百次的丈夫："睡吧，别再胡思乱想了。"

"嗐，老婆啊，"丈夫说，"你是没受过我现在遭到的罪啊！几个月前，我借了一笔钱，明天就到还钱的日子了。可你知道，咱家哪儿有钱啊！你也知道，借给我钱的那些邻居们比蝎子还毒，我要是还不上钱，他们能饶得了我吗？为了这个，我能睡得着吗？”他接着又在床上继续翻来覆去。

妻子试图劝他，让他宽心：“睡吧，等到明天，总会有办法的，我们说不定能弄到钱还债的。”

“不行了，一点儿办法都没有啦！”丈夫喊叫着。

最后，妻子忍不住了，她爬上房顶，对着邻居家高声喊道：“你们知道，我丈夫欠你们的债明天就要到期了。现在我告诉你们：我丈夫明天没有钱还债！”她跑回卧室，对丈夫说：“这回睡不着觉的不是你，而是他们了。”

深呼吸，睁开眼睛，再轻松地闭起来，告诉自己：不要怕。要仔细想想这些有魔力的字句，而且要真正相信，不要让我们的心仍彷徨在恐惧和烦恼之中。黑夜降临时，各种各样的忧虑会偷偷进入人们的梦里，似乎全世界的重担都压在我们的肩膀上：到哪里去找一间合适的房子？找一份好一点的工作？怎样可以使那个啰唆的主管对我有好印象……这些问题、困扰让我们的心灵和头脑继续运转，搅乱我们的睡眠，最后我们在噩梦中惊醒，便无法再次入眠。其实，我们的生活本不至于让人如此焦虑、烦躁。

世界就像座城堡，城里的人想逃出来，城外的人想冲进去。身居繁华都市的人，往往追求悠闲安静的田园生活；身在林深竹海的乡人，却向往灯红酒绿的都市生活。但是却很少有人问问自己的心想要什么。“观心”方可“证道”，让心灵沉静自会处世安然。那样真正生活在喧嚣吵闹的都市中的人们，可能更懂得安静的弥足珍贵。与安静的生活相比，失去“心之真体”“心之真机”“心之真味”的生活是多么不值得一提。

生命的本身是宁静的，只有内心不为外物所惑，不为环境所扰，才能做到像陶渊明那样身在闹市而无车马之喧，正所谓“心远地自偏”。

志从淡泊来 节在肥甘丧

◇原文◇

藜口苋肠者，多冰清玉洁；衮衣玉食者，甘婢膝奴颜。盖志以澹泊明，而节从肥甘丧也。

◇译文◇

能够忍受得了粗茶淡饭的人，大多具有冰清玉洁的高尚情操；追求锦衣玉食的人，多甘受奴颜婢膝的屈辱。所以从淡泊名利中可以看得出高尚的志向，但高尚的志向也可在锦衣玉食中丧失。

◇精读解析◇

邴原是三国时代魏国的著名学者。他不但学识渊博，而且不计名利得失，深受人们喜爱。但是身后名往往要生前的苦难和磨砺来成就。邴原幼时就成为孤儿，生活非常清苦，更别谈求学读书了。

一天，学馆先生正在上课，窗外忽然传来哭泣之声，先生感到奇怪，到教室外一瞧，见邴原蹲在教室的窗下偷偷地抹眼泪。先生走过去问他哭泣伤心的原因。

邴原以袖拭泪，停止啼哭，向先生诉苦说："我家离学馆很近，每天我听到学生的读书声，羡慕不已，非常想和他们一样每天上学读书，但我孤苦伶仃，无钱交学费。每每想到这些，我就极为难过，这次便情不自禁地哭了。"先生深受感动，破例让邴原免费就读。邴原学业成绩出乎老师意料，仅用了一个冬天便可熟练背诵《论语》和《孝经》两部著作了。

学馆的学业修完后，邴原又到处游学，准备遍访天下学者名流。在安丘，他拜访了著名学者孙崧，孙崧告诉邴原，他的家乡北海有一位学者叫郑君，很有学识，劝邴原向他求学。邴原说："我熟知郑君，也仰慕他的学识，但却不想当他的学生。正像有人喜欢攀山采玉，有人喜欢探海取珠一样，人各有志，不可强求。"孙崧被邴原的这番话所感动，不仅收他为徒，还送给他许多珍贵书籍。十年未满，他学业有成，成为当时著名学者，便返回家乡，许多青年人千里迢迢慕名而来求教于他。

邴原虽然出身贫寒，但在淡泊中矢志读书，刻意求学，清苦的生活恰恰磨炼了他的意志，他乐于在学业之中不断探奇寻胜，终于成为一方名家，恰应了"梅花香自苦寒来"的真旨趣。正如《陋室铭》中说的："山不在高，有仙则名。水不在深，有龙则灵。斯是陋室，惟吾德馨。"粗茶淡饭，茅屋破牖，虽然贫寒，但却会因为屋主的高雅志趣和淡泊心境而显露自由纯真境界。

人们说，"心安茅屋稳，性定菜根香"，因为心无旁骛，才觅得真正的潇洒和富有。而渴望钟鼎玉食的人，往往因为急功心切而卑躬屈膝，失去平步青云的机会。所以真正的高人不会奴躬卑膝地放弃人格去捞取一官半职，虽享尽荣华，却说不定命送人家刀下。很多青史留名的道德典范，虽然不是个个都官位显赫，财权双收，但都有着廉洁奉公、以节俭为乐的品德。可见，贫穷和富贵是相对的，而节俭的品德和淡泊的精神是二者的置换器。

"志以澹泊明，而节从肥甘丧"说的就是这个道理。在道德的栖守和物质的追求中，生活的智者会毫不犹豫地选择前者。简朴的生活是一种集约的古典，淡泊的心境是一种明智的放达。前者让我们在贫困的境况下练就忍耐坚强的品格，后者，不仅能让我们在粗茶淡饭面前自得其乐，还能让我们在优厚的物质诱惑面前不卑不亢、冷静坚守。

无论我们是富有的成功人士，还是苦苦奋斗的打拼者，懂得在诱惑面前不放低精神的标杆，在窘境的考验下注重心境和环境的调节，自会在富有中活出淡泊，在穷困中觅得满足。

君子之心 不滞不塞

◇原文◇

霁日青天，倏变为迅雷震电；疾风怒雨，倏转为朗月晴空。气机何当一毫凝滞？太虚何当一毫障塞？人心之体，亦当如是。

◇译文◇

一会儿是青天白日晴空万里，转瞬之间却乌云密布雷电交加；一会儿是暴风骤雨，转瞬之间又太阳高照或明月当空。大自然的运行无止无息，从来没有一刻的停止，宇宙间的运动无比通畅，从没有一丝阻塞。所以人的心性也要和大自然一样毫无滞塞。

◇精读解析◇

喜欢晴空万里，就要接受它有乌云密布雷电交加的时候；喜欢月圆明亮，就要接受它有黑暗与不圆满的时候；喜欢水果的甜美，就要容忍它通过苦涩成长的过程。每一样事物都有其运行的规律，人类也是一样，心要像大自然一样合乎理智准则，自然不会滞塞。

每个人的生命都是天然的，每个人的身体形貌都是独立的，各有独自的精神。“人之貌有与也”，这句话告诉我们一个深刻的道理，人的相貌是相对的，外形不能妨碍我们精神生命独立的人格，每个人要有自己生命的价值，人活着要顺其自然，不要受任何外在的影响。

古时候，有一对兄弟，哥哥在家务农，弟弟在外做生意。这天，弟弟生意受挫，回到家中。连续有好多天，弟弟独坐房内，郁闷不语。哥哥看着并不言语。这天，哥哥微笑着和弟弟走出家门，来到山中。

门外则一片大好的春光。

放眼望去，天地之间弥漫着清新的空气，半绿的草芽，斜飞的小鸟，动情的小河……弟弟深深地吸了一口气，偷窥一眼哥哥，见哥哥正安静地坐在山坡上。

弟弟有些纳闷，不知哥哥葫芦里卖的什么药。

过了一个上午，哥哥才起身，带着弟弟又回到了家中。

还没进家门，哥哥突然跨前一步，轻掩两扇木门，把弟弟关在门外。

弟弟不明白哥哥的意思，只是独自坐于门前，纳闷不语。很快天色就暗了下来，雾气笼罩了四周的山冈，树林、小溪，连鸟语、水声也变得不明朗起来。

这时哥哥在门的里头叫弟弟的名字。

哥哥问："外边怎么样？"

"全黑了。"

"还有什么吗？"

"什么也没有了。"

"不，"哥哥说，"外边的清风、绿野、花草、小溪……一切都在。"

弟弟猛然醒悟，顿时明白了哥哥的苦心。

生意失败，已经成为了事实，何必还要计较，终日里闷闷不乐。任何的得与失都不要过分去强求，所谓财富、成就、名利和功勋只不过是生命的灰尘与飞烟。重要的东西"一切都在"，只是被黑暗遮住了眼。

生活中，并不只有功和利。尽管我们必须去奔波赚钱才可以生存，尽管生活中有许多无奈和烦恼，但只要我们坦然自若地去追求属于自己的真实，做到宠亦泰然，辱亦淡然，有也自然，无也自在，如淡月清风一样来去不觉，生活就会变得很轻松。

人的心灵本来很清净安定，只因为被外界物相迷惑困扰，如同明镜蒙尘，就活得愚昧迷失了。真正的快乐不是任何外在所给予的，而是靠自己去创造的。顺应了自我的本性，就是幸福快乐的。

人心之体，在于修身养性。所以去掉欲求，心地自然不会滞塞；欲望来时，迅雷疾电，狂风骤雨，这是极为伤神的事。只有远离色欲，祛除妄念，心才得以明净，于是安然入静。

参透生死 自性真如

◇原文◇

发落齿疏，任幻形之凋谢；鸟吟花开，识自性之真如。

◇译文◇

人到老年就会头发脱落，牙齿稀疏，那就任凭形骸自己凋谢好了；从鸟儿的歌唱和鲜花盛开中，却要能够体悟本性恒常不灭的道理。

◇精读解析◇

有一位妇人，她只生了一个儿子，她对这唯一的孩子百般呵护，特别关爱。可是，不幸的是，妇人的独生子忽然染上恶疾，虽然妇人尽其所能地邀请各方名医来给她的儿子看病，但是，医师们诊视以后都相继摇头叹息，束手无策。不久，妇人的独生子就离开了人世。

这突然而至的打击，就像晴天霹雳，妇人完全无法接受这个事实。她天天守在儿子的坟前，夜以继日地哀伤哭泣。她形若槁木，面如死灰，悲伤地喃喃自语："在这个世间，儿子是我唯一的亲人，现在竟然舍下我先走了，留下我孤苦伶仃地活着，有什么意思啊？今后我要依靠谁啊？……唉！我活着还有什么意义呢？"

妇人决定不再离开坟前一步，她要和自己心爱的儿子死在一起！四天、五天过去了，妇人一粒米也没有吃，她哀伤地守在坟前哭泣。爱子就此永别的事实如锥刺心，实在是让妇人痛不欲生啊！

死神被妇人的悲痛触动了，他来到人间。死神慈悯地望着妇人，缓缓地问道："你为什么一个人孤单地在这墓冢之间呢？"妇人忍住悲痛回答："伟大的神啊！我唯一的儿子带着我一生的希望走了，他走了，我活下去的勇气也随着他走了！"

死神听了妇人哀痛的叙述，便问道："你想让你的儿子死而复生吗？"

"神！那是我的希望！"妇人仿佛是水中的溺者抓到浮木一般。

"只要你拿着上好的苹果到这里，我便能咒愿，使你的儿子复活。"死神接着嘱咐："但是，记住！这上好的苹果要从家中从来没有死过人的人家里要来。"

妇人听了，二话不说，立刻去寻找从来没有死过人的人家的苹果。她见人就问："您家中是否从来没有人过世呢？""家父前不久刚过世。""您家中是否从来没有人过世呢？""妹妹一个月前走了。""您家中是否从来没有人过世呢？""家中祖先乃至于与我同辈的兄弟姊妹都一个接着一个过世了。"妇人始终不死心，然而，问遍了村里所有的人家，没有一家是没死过人的，她找不到这种苹果，失望地走回坟前，对死神说："死神啊，我走遍了整个村落，每一家都有家人去世，没有家里不死人的啊……"

死神这时回答："这个花花世界的万事万物，都是遵循着生灭、无常的道理在运行。春天，百花盛开，树木抽芽，到了秋天，树叶飘落，乃至草木枯萎。人也是一样的，有生必有死，谁也不能避免生、老、病、死、苦，并不是只有你心爱的儿子才经历这变化无常的过程啊！所以，你又何必执迷不悟，一心寻死呢？能活着，就要珍惜可贵的生命，体悟无常的真理，从苦中解脱。"妇人听后释然。

生与死是人生中思考最多，但也是最难回答的问题。把生死这对孪生兄弟看透，我们的生活将变得容易。郭沫若说过："生死本是一条线上的东西。生是奋斗，死是休息。生是活跃，死是睡眠。"这种对生死的参透，在轻描淡写中蕴含着深刻的哲理。

何谓生？有人说："生就是不断地把濒临死亡的威胁从自己身边抛开。"

一个人要懂得生，就要知道“天地无终极，人命若朝霞”的道理，都说人生苦短，所以我们应该活得更有意义，生命不可能有两次，切莫连一次也不善于度过。

那什么是死呢？很多人都谈“死”色变，其实，死本没有那么可怕，三毛说：“生是一场快乐的旅行，死是快乐的另一场出发。”死就如休息和睡眠，谁没有沉睡过呢？放轻松一点，好好地活着就是对生命的尊重，真到死亡来临的那一天，只要没有遗憾便好。

关于生与死的道理，古人早就解释得很明白了，头发稀落、形体衰朽，这是自然轮回之理，是任何人都难以逃避的。谁的身边没有逝去的人？每一秒，都不知道有多少生命在陨落，自己也终有那么一天要经历这样的人生际遇；当然，也不能太过悲伤，亲人走了，但是自己还活着，不可轻生，死是无法挽回的，但活着是难能可贵的，所以，为死去的人好好生活，也为自己好好生活，这对死去的人和自己来说，都是最好的选择。

看得豁然 生活安然

◇原文◇

鱼得水游，而相忘乎水；鸟乘风飞，而不知有风。识此可以超物累，可以乐天机。

◇译文◇

鱼在水中才能自由游动，却并未意识到得益于水的支持；鸟儿乘风飞翔，却不在意是风托持着它。认识了这个道理就可以超脱外物的束缚，可以享受到快乐的天趣。

◇精读解析◇

一个人在他二十多岁时因为被人陷害，在牢房里待了十年。后来冤案告破，他终于走出了监狱。出狱后，他开始了几年如一日地反复控诉、咒骂：“我真不幸，在最年轻有为的时候竟遭受冤屈，在监狱度过本应最美好的一段时光。那样的监狱简直不是人居住的地方，狭窄得连转身都困难。唯一的细小窗口里几乎看不到阳光，冬天寒冷难忍，夏天蚊虫叮咬……真不明白，上帝为什么不惩罚那个陷害我的家伙，即使将他千刀万剐，也难解我心头之恨啊！”

七十五岁那年，在贫病交加中，他终于卧床不起。弥留之际，一位德高望重的老人来到他的床边：“已经过去那么多年了，为何还如此耿耿于怀呢？”

老人的话音刚落，病床上的他声嘶力竭地叫喊起来：“我怎么能释怀，那些将我陷于不幸的人现在还活着，我需要的是诅咒，诅咒那些施予我不幸命运的人……”

老人问：“你因受冤屈在监狱待了多少年？离开监狱后又生活了多少年？”他恶狠狠地将数字告诉了老人。

老人长叹了一口气：“你真是世上最不幸的人，他人囚禁了你区区十年，而当你走出监牢本应获取永久自由的时候，你却用心底里的仇恨、抱怨、诅咒囚禁了自己整整四十年！”

十年的时间纵是漫长，可是相比较四十年，这又算得了什么！世上最不幸的人就是囚禁自己心灵、被外物所累的人。有一位老哲人说过：“世界上没有跨越不了的事，只有无法逾越的心。”

很多人往往会自寻烦恼，硬是给自己套上枷锁，从而弄得疲惫不堪。打破心中的瓶颈，清除掉心中的垃圾，就可以在属于自己的天空中自由翱翔。人之所以不快乐，就是因为活得不够单纯。其实，不要去刻意追求什么，不要向生命去索取什么，不要为了什么去给自己设置障碍。

外面的景致再美，也无法使我们真正地休心息虑，只是空费草鞋钱。世间的杂志、书报，各项视听娱乐，无法涤清我们的心灵，不过徒增声色的贪得、是非的爱染。看一池荷花，于污泥之中生，观者有人欢喜有人忧，然而一池荷花就在那里，不为繁华蒙蔽，不为别人的眼光而活。

世间万事转头空，想通了，想透了，人也就透明了，心也就豁然了。名利是绳，贪欲是绳，嫉妒和褊狭都是绳，还有一些过分的强求也是绳。牵绊我们的绳子很多，一个人，只有摆脱这些心的绳索，才能享受到真正的幸福，才能体会到做人的乐趣。不要被世俗的绳结羁绊，听从内心真切的呼唤，便能享受属于自己的幸福。

鱼得水游，而相忘于水，所以鱼得天之乐；鸟乘风飞，而不知风，同样能得天之乐。正因为物我两化，才不被物欲所制约，心性自由了，乐也自然而然地出现了。

清淡明志 雅淡抒节

◇原文◇

风恬浪静中，见人生之真境；味淡声稀处，识心体之本然。

◇译文◇

在风平浪静的环境下，可以显现出人生的真实境界；在朴实淡泊的地方，才能体会心性的本来面貌。

◇精读解析◇

一个秀才模样的人悠闲地走在满是尘土的路上，这个秀才背着诗词，摇着脑袋，满是惬意的模样。

秀才出门已经一年多了，他原先是进京赶考的，但是考场失利，名落孙山，心情黯淡中度过了几个月的黑色时光，整日借酒消愁，以泪洗面。两个月前，他和几个朋友一起去拜访一位智者，与智者相谈，秀才道出了心中的苦闷，智者听后，说道："昨天早上与你说话的第一个人是谁？"

秀才回道："这个已经忘了。"

"那明天你会遇到什么人？"

"这个我哪里知道，明天还没来。"

"此时此刻，你面前有谁？"

秀才愣了一下，说："我面前当然是您啊。"

智者轻轻点头道："昨天之事已忘却，明日之事尚未来，把握唯在此刻，施主又何必对过去之事耿耿于怀？明天不可知，昨日已过去，不如放下挂念，平淡对之，你并没失去什么，不过是重新开始。"

秀才瞪大双眼，等着智者继续说下去，他似乎听懂了智者话中的意思。

智者说道："既然又是新的开始，又何来执着以前？如潺潺溪水，偶被沙石所阻，但其终究万里波涛始于点滴。你可曾明白了？"

秀才微笑着点点头，此刻的他，已经有了新的打算。在京城办完了一些事情后，这个秀才告别朋友，踏上了回家的路途。他决定三年之后，自己还要再考一次。

人们害怕失败，是因为他们想得太多，想得太多是因为情绪太盛。秀才考场失败后，人生顿觉颓唐，也是同样的道理，好在他及时醒悟，心境归于平淡，目标得以重新确立。在这个秀才身上，人们看到的并不是放弃后的心如止水，两眼迷离，而是决定再度追逐后的豁然。因为这种豁然，人们不再对过去的遗憾耿耿于怀，不再对未知的将来做不肯定的畅想，他们的心落在了此时此刻的"智者"面前，这个"智者"就是他们现在需要做的事以及如何将其做好。

古人说得好，风平浪静的环境可以显现出人生的真实境界；朴实淡泊的地方可以体会心性的本来面貌。平淡是生活的倒影，内中隐藏着人生的真谛。

真正的智者都拥有一种平和的心境，对待看似平凡无奇的一切，也都能用心去感受，所以他们能够享受从容自得、云淡风轻的简单幸福。

老僧的一位老友来拜访他，吃饭时，他只配一道咸菜。老友忍不住问他：“这样不会太咸吗？”老僧回答道：“咸有咸的味道。”吃完饭后，老僧倒了一杯白开水喝，老友又问：“白水过于平淡了吧？没有茶叶吗？怎么喝这么淡的开水？”老僧笑着说：“白水虽淡，可是淡也有淡的味道。”

漫漫人生路，需要品尝各种滋味，咸菜的咸与白水的淡就像人生中遇到的不同情境与事件，超越了咸与淡的分别，才能真正品味到咸的恰到好处与淡的至纯至真。

人的一生在绚烂之后，都要归于平淡。没有谁的一生都在轰轰烈烈中度过，执着于绚烂的人注定要在生活中不断碰壁。平淡是一种人格之美，是一种诗意且神圣的智慧。清淡明志，雅淡抒节，平淡地对待生活中的点点滴滴，才能获得返璞归真的幸福。

心态平和　达观进取

◇原文◇

衮冕行中，着一藜杖的山人，便增一段高风；渔樵路上，着一衮衣的朝士，转添许多俗气。固知浓不胜淡，俗不如雅也。

◇译文◇

在达官贵人的行列当中，如果出现一个手持藜杖隐居山中的高人，便可以增加一种高雅的风韵；在渔人樵夫往来的路上，如果有一位穿着朝服的达官显贵，反而会增添许多庸俗的气息。所以说浓艳比不上清淡，庸俗比不上高雅。

◇精读解析◇

乾隆皇帝下江南时，来到江苏镇江的金山寺，看到山脚下大江东去，百舸争流，不禁兴致大发，随口问一个老和尚："你在这里住了几十年，可知道每天来来往往多少只船？"老和尚回答说："我只看到两只船。一只为名，一只为利。"

老和尚一语道破天机。人活在世界上，无论贫穷富贵，穷达逆顺，都免不了与名利打交道。淡泊名利是一种境界，追逐名利是一种贪欲。古今中外，真正淡泊名利的很少，追逐名利的很多，生活中从来不乏因贪图名利而堕入人生低谷的人。曾经有位作家说过这样一段话："直到你失去了名誉以后，你才会知道这玩意儿有多累赘，才会知道真正的自由是什么。"盛名之下，是一颗活得很累的心，因为它只是在为外物活着，真正的自由在我们的心里，因为不为虚名牵挂，所以能来去自如，享受自在的生活。

曾经有个哲学家，虽然已经有八十高龄，但依然仙风鹤骨，非常健壮，有人问他："是什么让您保持健康和洒脱？"

哲人斩钉截铁地说："淡泊的心。"

有一天哲人在院中饮茶纳凉，有个衣衫褴褛的人路过他的矮墙，看见有个老头在摇着一把破扇子喝破茶碗里的茶，便嗤之以鼻地说："嗨，老头！别再附庸风雅了，看看你的扇子，你的茶盅，太可笑了。"

哲人却闭着眼睛说"好茶！好风！"刚才喊话的人便兴味寡淡地走了。

又有一次，当地的一个富翁来到哲人家中，十分苦恼地问哲人："虽然我们要钱有钱，要权势有权势，但是为什么我的妻子老说我庸俗呢？"

哲人说："让你的心灵富足起来吧！最大的财富不在你的库房而在你的心中。"

富翁眼中的庸俗，实则是放不开外物富贵的执着，而哲人眼中的富足和高雅则是一种心的淡泊，因为心在淡泊中，所以没有好茶，也能喝出茶的滋味，没有财富也能活出人生的高雅。

我们生活的世界有许多诱惑：桂冠、金钱，但那都是身外之物。我们要想活得潇洒自在，就必须对这些诱惑持一个不冷不热的态度：学会淡泊名利享受、割断权与利的联系，无官不去争，有官不去斗，位高不自傲，位低不自卑，欣然享受清心自在的美好时光，这样就会感受到生活的快乐和惬意。否则，太看重权力地位，则会让一生的快乐都毁在争权夺利中。

“衮冕行中，着一藜杖的山人，便增一段高风”，其实高风不是因为行在衮冕中，而是因为身在其中，而心却很超然。“渔樵路上，着一衮衣的朝士，转添许多俗气”，俗气实际上是因为行在樵路，却未能放下富贵心。在这种对比中，《菜根谭》总结出“浓不胜淡，俗不如雅”，实则是让我们保持心灵的淡泊和精神的高贵。

世界的多彩令大家怦然心动，名利皆你我所欲，但是多彩的世界唯有保持心态平和，恬然自得，方能达观进取，避免被外物夺取自我的本色。

无为无争 低调谦让

◇原文◇

钓水，逸事也，尚持生杀之柄；弈棋，清戏也，且动战争之心。可见喜事不如省事之为适，多能不若无能之全真。

◇译文◇

钓鱼本来是一种清闲洒脱的事，而其中却掌握着鱼儿的生杀予夺之权；下棋本来是轻松的娱乐游戏，而其中却充斥着争强好胜的战争心理。从中可以看出，多一事不如少一事，让人更加闲适，多才不如平凡无才，保全自己的真实本性。

◇精读解析◇

张廷玉是清朝有名的重臣，雍正初晋大学士，后兼任军机大臣。张廷玉虽身居高官，却从不为子女们谋求私利。他秉承其父张英的教诲，要求子女们以“知足为诫”。

张廷玉的长子张若霭在经过乡试、会试之后，于雍正十一年三月参加了殿试。诸大臣阅卷后，将密封的试卷进呈雍正帝亲览定夺。雍正帝在阅至第五本时，立即被那端正的字体所吸引，再看策内论“公忠体国”一条，有“善则相劝，过则相规，无诈无虞，必诚必信，则同官一体也，内外亦一体也”数语，更使他精神为之一振。雍正帝认为此论言辞恳切，“颇得古大臣之风”，遂将此考生拔置一甲三名，即探花。后来拆开卷子，方知此人即大学士张廷玉之子张若霭。雍正帝十分欣慰，他说：“大臣子弟能知忠君爱国之心，异日必能为国家抒诚宣力。大学士张廷玉立朝数十年，清忠和厚，始终不渝。张廷玉朝夕在朕左右，勤劳翊赞，时时以尧、舜期朕，朕亦以皋、夔期之。张若霭秉承家教，兼之世德所钟，故能若此。”并指出，此事“非独家瑞，亦国之庆也”。为了让张廷玉尽快得到这个喜讯，雍正帝立即派人告知了张廷玉。

可是张廷玉却不这么认为，他要求面见雍正帝。获准进殿后，他恳切地向雍正帝表示，自己身为朝廷大臣，儿子又登一甲三名，实有不妥。没容张廷玉多讲，雍正帝即说：“朕实出至公，非以大臣之子而有意甄拔。”张廷玉听罢，再三恳辞，他说：“天下人才众多，三年大比，莫不望为鼎甲。臣蒙恩现居官府，而犬子张若霭登一甲三名，占寒士之先，于心实有不安，倘蒙皇恩，名列二甲，已为荣幸。”张廷玉是深知一、二甲这一差别的，但是为了给儿子留个上进的机会，他还是提出了改为二甲的要求。雍正帝以为张廷玉只是一般的谦让，便对他说：“伊家忠尽积德，有此佳子弟，中一鼎甲，亦人所共服，何必逊让？”张廷玉见雍正帝没有接受自己的意见，于是跪在皇帝面前，再次恳求：“皇上至公，以臣子一日之长，蒙拔鼎甲。但臣家已备沐恩荣，臣愿让与天下寒士，求皇上怜臣愚忠。若君恩祖德，估庇臣子，留其福分，以为将来上进之阶，更为美事。”张廷玉“陈奏之时，情词恳至”，雍正帝“不得不勉从其请”，将张若霭改为二甲一名。不久，在张榜的同时，雍正帝为此事特颁谕旨，表彰张廷玉代子谦让的美德，并让普天下之士子共知之。

张廷玉代子谦让、处世不争，着实难能可贵，可喜的是张若霭也十分理解父亲的做法，而且能够秉承其父的处世原则，低调为人。

《菜根谭》中讲道：钓鱼本来是一种清闲洒脱的事，而其中却掌握着鱼儿的生杀予夺之权；下棋本来是轻松的娱乐游戏，而其中却充斥着争强好胜的战争心理。人生如钓，暗藏杀机；世事如棋，变幻无穷。无为无争、低调谦让方是人生上策，多一事不如少一事。

无为不争是一种高超的处世谋略，低调也绝不意味着卑微，它是一种“以低求高”的强者韬略。生活中常常能见到一些貌似平淡无奇、“胸无大志”的人，最后却常常能够“一鸣惊人”，做出出人意料的成绩。这些人，在人生路上选择了低调，他们不张扬不卖弄，然而却是志怀高远、坚忍不拔，凭借着不懈的努力，最终迈入了人生的最高境界。

不可刻意 不能执拗

◇原文◇

有浮云富贵之风，而不必岩栖穴处；无膏肓泉石之癖，而常自醉酒耽诗。

◇译文◇

有视富贵如浮云的气度，就没有必要刻意居住到深山幽洞中去怡养心性；

那些心中并不酷爱山石清泉的人，却总是附庸风雅作诗饮酒，陷于狂醉。

◇精读解析◇

一个老人在池塘中种了一片莲花，莲花盛开的时候，引来众人驻足，啧啧称赞。突然一夜狂风暴雨，第二天池塘里的莲花不再，留下一片狼藉，惨不忍睹。围观的人们纷纷感叹，无比惋惜。有好心人安慰老人，说："天公不作美，没有体恤你种植的辛苦，你真是太可怜了。"老人却宽心一笑，说："这没什么遗憾，更谈不上可怜，我种莲花是为了种植的乐趣，乐趣我早已得到，而莲花的衰败是迟早的，何必为此感伤呢？"

如果有视富贵如浮云的气度，即便是身处闹市也能够怡然自得地修养心性；相反，如果本身不爱山石清泉，即便居住到深山幽洞之中，也不能享受青山绿水的乐趣。对于爱莲的老人来说，种植莲花是一种乐趣，乐趣既已得到，莲花是繁盛还是衰败就没那么重要了。况且莲花的凋谢是迟早的事情，过于执着只会自添烦恼，倒不如听任自然来得洒脱。所以说，凡事还是应该顺应自然本性，喜欢就是喜欢，不喜欢也不必刻意勉强，否则只能自寻烦恼。

为人如果顺应自然可以减少烦恼，种树如果顺应自然便可枝繁叶茂。

有一个叫郭橐驼的人，其实大家并不知道他最初叫什么，只因他患有佝偻病，行走时背脊高起，脸朝下，就像骆驼，所以别人给他取了个"驼"的外号。橐驼听到后说："很好啊，给我取这个名字挺恰当。"于是他索性放弃了原名，也自称橐驼。

郭橐驼的家乡叫丰乐乡，在长安城西边。郭橐驼以种树为职业，他种的树没有不成活的，而且能够长得高大茂盛，果实结得又早又多。长安城里那些种植花木以供玩赏的富豪人家，还有那些以种植果树出卖水果为生的人，都争着接他到家中供养。

于是，有人向他请教种树的诀窍，他回答说："并没有什么诀窍，我只是顺应树木的天性，让它尽性生长罢了。大凡种植树木的特点是：树根要舒展，培土要均匀，根上带旧土，筑土要紧密。这样做了之后，就不要再去动它，也不必担心它，种好以后离开时可以头也不回。栽种时就像抚育子女一样细心，种完后就像丢弃它那样不管。那么它的天性就得到了保全，从而按它的本性生长。所以我只不过是不妨害它的生长罢了，并没有能使它长得高大茂盛的诀窍，只不过是不压制耗损它的果实罢了，也并没有能使果实结得又早又多的诀窍。别的种树人却不是这样，种树时树根卷曲，又换上新土；培土不是过多就是不够。如果有与这做法不同的，又爱得太深，忧得太多，早晨去看了，晚上又去摸摸，离开之后又回头去看看。更过分的做法是抓破树皮来验查它是死是活，摇动树干来观察栽土是松是紧，这样就日益背离它的天性了。这虽说是爱它，实际上是害它，虽说是担心它，实际上是与它为敌。所以他们都比不上我，其实，我又有什么特殊能耐呢？”

郭橐驼深谙保持树木天性的奥妙。别人因为他驼背叫他郭橐驼，他欣然受之。在种树上，他也是不刻意而为，顺应树木的生长规律，减少干预，结果反而比他人收效更多。

人们也应该学习郭橐驼种树的方法，不可过于执着，刻意追求不如听任自然。过于强求只会让自己陷入绝境。人们在一条道路上走不通的时候，不如换一种思维，反思一下，是不是自己过于执着而违背了事物自然的发展规律。听任自然，在执着的绝境中转一次身，回一下头，或许会发现身后也藏着美景。

不存纤芥 心境坦荡

◇原文◇

风来疏竹，风过而竹不留声；雁渡寒潭，雁去而潭不留影。故君子事来而心始现，事去而心随空。

◇译文◇

当风吹过，稀疏的竹林会发出沙沙的声响，风过之后，竹林又依然归于寂静，而不会将声响留下；当大雁飞过寒冷的潭水时，潭面映出大雁的身影，可是雁儿飞过之后，潭面依然晶莹一片，不会留下大雁的身影。所以君子临事之时才会显现出本来的心性，可是事情处理完后，心中又恢复了平静。

◇精读解析◇

天地间的动物植物，生生不息。但是谁也不将成果据为己有，不能自恃有功于人，就像风的流动带来清爽，树的高大投下绿荫，但是风没有静止过，树没有停止生长过。如此包容豁达，反而使得人们更能体认自然的伟大，并始终不能离开它们而独自生活。所以上古圣人，悟到此理，便效法自然法则，用来处理人事。事来，则尽心尽力，不计名利；事去，则尽快让心情平复，不图回报。如此，很多结果，如名誉、成功，不用我们强求，也自会水到渠成。

商容疾据说是纣王时的大夫，因屡次直谏荒淫无道的纣王，结果遭到贬谪。后来纣王剖比干，囚箕子，逐微子，商容疾感到心寒，便躲进深山之中，避世隐居，不问世事。

武王灭亡商朝后，天下大定。周室表彰商容疾，想召他出山，商容婉言谢绝。他遗世独立，静心养性，修得一副道骨仙颜，虽然年岁已过数百，仍然精神矍铄，面色如童。到了春秋末年，老子降世，商容疾知道他不是平凡人物，便收他为弟子，传授他天地玄机、处世妙道。

却说有一次，商容疾得了重病，自知将不久于人世。老子匆匆赶来问候老师。他先询问了老师的病情，然后对老师说："先生的病确实很重了，有什么要嘱咐弟子的吗？"

商容疾说了一些话后，张开嘴给老子看，说："我的舌头在吗？"

老子说："在。"

商容疾又说："我的牙齿还在吗？"

老子说："不在了。"

商容疾说："你知道这是什么道理吗？"

老子说："舌存而齿亡，这不是说刚强的东西已经消亡了，而柔弱的东西还存在吗？"

商容疾说："说得好啊！天下的事理正是这样。你没看见那水吗？天下万物，没有什么比水更柔弱的了。然而积水为海，则广阔无际，深不可测，大至于无穷，远极于无涯。百川灌之，无所增加；风吹日晒，没有减少。上天则为雨露，下地则为润泽。万物没有它不能生长，百事离开它不能成功。奔流起来不可遏止，无形无状不可把握。剑刺不能伤害它，棒击无法打碎它。刀斩不会断，火烧不能燃。锋利无比，可以磨灭金石；强健至极，可以承载舟船。深可渗进无形之域，高可翱翔于缥缈之间。涓涓细流回旋于川谷之中，滔滔巨浪翻腾于大荒之野。水为什么能够具有如此大的威力？因为它柔软润滑，所以能够出于无有，入于无间，攻坚克强，无可匹敌。弱而胜强，柔而克刚，世上没人不知，然而无人能行。你明白了吗？"

老子说："先生说得太好了！天下之至柔，驰骋天下之至坚，确实是万世不易的定理。坚强的东西能胜不如自己的东西，柔弱的东西则克超过自己的东西。所以强大的东西处于劣势，柔弱的东西居于上风。积弱可以为强，积柔也就变成刚。欲刚必以柔守之，欲强必以弱保之。"

商容疾面露慰藉的笑容，说："你已经得到大道了。天下之理都已被你说尽了，我还有什么需要留给你的呢！"

满齿不存，舌头犹在，无为而作，才能完成应当所为之事。所以，有时，不必偏执地追求"有为"和"大用"。事来事往，以自然之心看待，反而会收效颇多。

生活中，我们应该在"风来疏竹，风过而竹不留声；雁渡寒潭，雁去而潭不留影"这些自然之道中学习处世的智慧，并遵守应用着世间之法则，不走极端，而是如风不留声、雁不留影那般，不存纤芥，心境坦荡、平和地活出自己。只有这样，我们才能在生活中不为纷扰世事打断精神的修为，从而开创出一番事业。

顺应因缘 顺应自然

◇原文◇

释氏随缘，吾儒素位，四字是渡海的浮囊。盖世路茫茫，一念求全，则万绪纷起；随遇而安，则无人不得矣。

◇译文◇

佛家讲求顺应因缘、顺应自然，而儒家讲究保守本分，“随缘素位”这四个字是渡过人生苦海的宝船。大概因为人生之路茫茫无边，一产生追求完美的想法，那么各种纷乱的头绪就会不断；能够安然面对所遇到的事物，无论在哪里都可以怡然自得。

◇精读解析◇

有一位高僧，是一座大寺庙的住持，因年事已高，心中思考着找接班人。一日，他将两个得意弟子叫到面前，这两个弟子一个叫慧明，一个叫尘元。高僧对他们说：“你们俩谁能凭自己的力量，从寺院后面悬崖的下面攀爬上来，谁就是我的接班人。”

慧明和尘元一同来到悬崖下，那真是一面令人望之生畏的悬崖，崖壁极其险峻陡峭。身体健壮的慧明，信心百倍地开始攀爬。但是不一会儿他就从上面滑了下来。慧明爬起来重新开始，尽管这一次他小心翼翼，但还是从上面滚落到原地。慧明稍事休息后又开始攀爬，尽管摔得鼻青脸肿，他也绝不放弃……让人感到遗憾的是，慧明屡爬屡摔，最后一次他拼尽全身之力，爬到半山腰时，因气力已尽，又无处歇息，重重地摔在一块大石头上，当场昏了过去。高僧不得不让几个僧人用绳索，将他救了回去。

接着轮到尘元了，他一开始也和慧明一样，竭尽全力地向崖顶攀爬，结果也屡爬屡摔。尘元紧握绳索站在一块山石上面，他打算再试一次，但是当他不经意地向下看了一眼以后，突然放下了用来攀上崖顶的绳索。然后他整了整衣衫，拍了拍身上的泥土，扭头向着山下走去。旁观的众僧都十分不解，难道尘元就这么轻易地放弃了？大家对此议论纷纷。只有高僧默然无语地看着尘元的去向。尘元到了山下，沿着一条小溪流顺水而上，穿过树林，越过山谷……最后没费什么力气就到达了崖顶。

当尘元重新站到高僧面前时，众人还以为高僧会痛骂他贪生怕死，胆小怯弱，甚至会将他逐出寺门。谁知高僧却微笑着宣布将尘元定为新一任住持。众僧皆面面相觑，不知所以。

尘元向同修们解释："寺后悬崖乃是人力不能攀登上去的。但是只要于山腰处低头下看，便可见一条上山之路。师父经常对我们说'明者因境而变，智者随情而行'，就是教导我们要知伸缩退变的啊。"

高僧满意地点了点头说："若为名利所诱，心中则只有面前的悬崖绝壁。天不设牢，而人自在心中建牢。在名利牢笼之内，徒劳苦争，轻者苦恼伤心，重者伤身损肢，极重者粉身碎骨。"然后高僧将衣钵锡杖传交给了尘元，并语重心长地对大家说："攀爬悬崖，意在考验你们的心境，能不入名利牢笼，心中无碍，顺天而行者，便是我中意之人。"

人生之路茫茫无边，过于执着于完美，烦恼、忧虑就会接踵而来；而安然地面对所遇到的事物就可以怡然自得。人们应该学会拥有"物来则应，过去不留"的智慧。面对它时便勇敢面对，它走时也不必留恋，不近不离，不舍不弃，心中藏有是非，举动毫不挂怀，不被物质所打垮，不被环境所诱惑。佛家讲究随缘适分、随遇而安就是这个道理。尘元法师能够得到前辈高僧的衣钵真传也正得益于他无碍的心境、顺天而行的智慧。

世事难以完美，苦苦地挽留夕阳，没有必要；久久地感伤春光，只能让人心情抑郁。痛苦终究会过去，幸福也并非永恒。人们何不随遇而安，圆通地面对生活呢？平和地对待一切事情，不大悲也不大喜，或许会尝到生活的另一番滋味。活在当下，自在自然，坦然接受所拥有和能够拥有的一切，面对贫富的变迁少一些迷茫，多一些坦然，真正的幸福才能不请自来。

心无系恋 乐境仙都

◇原文◇

山林是胜地，一营恋变成市朝；书画是雅事，一贪痴便成商贾。盖心无染着，欲境是仙都；心有系恋，乐境成苦海矣。

◇译文◇

居住在山林中是很惬意的事，如果对山居有了贪恋，那么山林也成了俗市；欣赏书画是高雅的行为，如果有了贪求和痴恋，那就跟商人没有什么两样了。所以只要心地纯真，没有污染，即使身在人欲横流的环境中，也如同在仙境一般；心中牵挂太多，那么即使处在快乐的环境中，也如同在苦海中一样。

◇精读解析◇

一个农民独自在原始森林中劳动和生活。他收获了五袋谷物，这些谷物要使用一年。他是一个善于精打细算的人，因而精心安排了五袋谷物的计划。第一袋谷物为维持生存所用。第二袋是在维持生存之外增强体力和精力的。此外，他希望有些肉可吃，所以留第三袋谷物饲养鸡、鸭等家禽。他爱喝酒，于是他将第四袋谷物用于酿酒。对于第五袋谷物，他觉得最好用它来养几只他喜欢的鹦鹉，这样可以解闷。显然，这五袋谷物的不同用途，其重要性是不同的。假如以数字来表示的话，将维持生存的那袋谷物的重要性可以确定为 1，其余的依次确定为 2、3、4、5。现在要问的问题是：如果一袋谷物遭受了损失，比如被小偷偷走了，那么他将失去多少效用?

这是一个经济学家为论述边际效用时讲的一个故事。故事中的这位农民最合理的选择就是，用剩下的四袋谷物供应最迫切的四种需要，而放弃最不重要的需要。最不重要的需要，也就是经济学上所说的边际效用最低的部分。其实边际效用量取决于需要和供应之间的关系。要求满足的需要越多和越强烈，可以满足这些需要的物品量越少，那么得不到满足的需要就越重要，因而物品的边际效用就越高。反之，边际效用和价值就越低。经济学家认为，人之所以执着地追求幸福，就是因为幸福能给人带来效用，即生理上和精神上的满足。

农夫拥有的五袋谷物，就好像是幸福能为我们带来的不同层级的效用——有健康，有美食，也有精神的享受。我们追求名利、富贵其实就是为了追求欲望的满足，名利和富贵效用的实现。不过，名利、富贵终究逃不脱边际效用递减的厄运，好不容易满足的欲望很快就会让一个人不满足，追求名利富贵的道路因此注定永远没有尽头。事实上，名利、富贵到来的时候，人们只能选择实现一个愿望，如果我们希望自己拥有无数次许愿的机会，那么结局必然是失败的。

世间的万物皆有度，如果在度的范围内，追求更富有、更有地位并无可厚非，其关键就在于个人对于地位和富贵的态度。如果一个人将它们看作一种证明自身价值的东西，心无杂念地只求做到精益求精，那么即便是个芝麻官，也会为自己所负的责任而事事谨慎；如果一个人将它们当作一种满足个人私欲的工具，那即便已手握重权，也不会满足，那么结局往往是走得越高，摔得越重。因此有人才会说，“谁不知足，谁就不会幸福，即使他是世界主宰也不例外”。

我们自己的心灵应该由自己掌握，绝不能被其他事物掌握，尤其是富贵名利。随着时代的发展，工作划分得越来越细，每个人的手中都或多或少地握有一些权势，面对这种情况，我们更应该谨记“心无染着，欲境是仙都；

心有系恋，乐境成苦海矣”的道理。对自己的追求，多些把控，不要让它超出合理的需求范围，更不要让自己的心在追求的过程中被外物束缚，那么我们的生活才会和我们的追求对称。

浓处味短 淡中趣真

◇原文◇

悠长之趣，不得于浓酽，而得于啜菽饮水；惆恨之怀，不生于枯寂，而生于品竹调丝。故知浓处味常短，淡中趣独真也。

◇译文◇

悠远绵长的趣味不一定能从浓烈的酒中得来，而是从清淡的蔬菜、清水中得来；惆怅悲恨的情怀不是从孤寂困苦中产生，而是从声色犬马的生活中产生。由此可知，浓厚的味道往往很快消散，平淡的事物才最真实。

◇精读解析◇

有这么一位行吟诗人，他一生都住在旅馆里。他不断地从一个地方旅行到另一个地方。他的一生都是在路上、在各种交通工具和旅馆中度过的。当然这并不是因为他没有能力为自己买一座房子，这是他选择的生存方式。

后来，鉴于他为文化艺术所做的贡献，也鉴于他已年老体衰，政府决定免费为他提供住宅，但他还是拒绝了，理由是他不愿意为房子之类的麻烦事情耗费精力。就这样，这位特立独行的行吟诗人，在旅馆和路途中度过了自己的一生。

他死后，朋友为他整理遗物时发现，他一生的物质财富就是一个简单的行囊，行囊里是供写作用的纸笔和简单的衣物；而在精神财富方面，他给世界留下了十卷优美的诗歌和随笔作品。

这位诗人的一生，没有太多不必要的干扰，没有太多欲望的压迫，清淡而纯粹。

人来到这个世界后，一开始无忧无虑，因为需求的东西少，负担少，所以得到的快乐也就多。随着自己想要得到的东西不断地增加，要求不断地提高，各种各样的负担和烦恼也由此而生，除了苦苦追寻要得到的一切之外，再也没有时间去想自己是不是过得快乐。到了最后，终于明白了这个问题，但生命的脚步却越走越远。

《菜根谭》说“浓处味常短，淡中趣独真”。可见，恬淡之处，才是真正的玄机奥妙所在，看是滋味冲淡，但却俗中有雅，精巧绝伦。如淡茶中有悠长韵味，俚曲中有雅致之韵。

很多人对平淡有一定的误解，觉得平淡的生活就是清淡和贫苦，是受罪的代名词。可并不是奢华的东西才能令精神上富有，也并不是要拥有大房子才能够充盈我们的心灵。有时候，一顿简单的晚餐，一句简单的问候，一张简单的卡片，或者一首简单而又甜美的小诗，就能够满足我们的内心，让我们感受到生活的幸福。

如果一个人始终在追求奢华的生活，那么欲望就会蚕食他的心灵，烦恼就会无时无刻不在他身边徘徊。人生要自然而然，不要为形式所烦恼，心中无得也无失，平平静静，恬淡舒适，这就是幸福的生活。

生活不需要很奢华，拥有一颗淡泊而又平常的心就可以恰到好处地诠释幸福。平常心贵在平常，波澜不惊，生死不畏，于无声处听惊雷，平常心是一种超脱眼前得失的清静心、光明心。贫贱不能移，富贵不能淫，威武不能屈。安贫乐富，富亦有道。无论处于何种环境下，都能拥有平常心，淡然处之，那一定是个了不起的人。

平常心，看似平常，实不平常。当你用一颗平常心去对待生活时，你就会发现任何的惆怅悲恨、孤独困苦都已远去。真情与幸福，就在你身边。所以说，平平淡淡就犹如淡月清风一样来去不觉，生活就会自在而又真切。

减省欲望　乐享生活

◇原文◇

损之又损，栽花种竹，尽交还乌有先生；忘无可忘，焚香煮茗，总不问白衣童子。

◇译文◇

要把自己对名利的私欲减少再减少，从栽花种竹中培养生活的情趣，将一切烦恼和忧愁都交还给乌有先生；要把生活琐事忘记掉，焚几缕清香，煮一壶好茶，甚至不必问在一旁侍候的白衣童子是谁。

◇精读解析◇

张中行是一位哲学家，以其顺生论哲学和诸多意趣丰盈的散文而闻名于世。张老生于1909年，辞世于2006年，享年九十七岁。可以说张老以自己的人生哲学观念创造了学问的奇迹，还创造了生命的奇迹。

曾经有人问张老的养生之道，张老坦然回答道："我没有什么养生秘诀。要说有的话，就是我这一辈子，一不想做官，二不想发财，只是一门心思读书做学问。除此之外，我别无他求。"

张老就是这样一个普普通通别无他求的人，季羡林先生曾称张中行为"高人、逸人、至人、超人"，而张老说："我乃常人，就安于常态。"一种平常心使得张中行走过了风风雨雨的九十多年。

尽管张老大半生"伤哉贫也"，但他既不轻视钱，也不奉行拜金主义。他一生都安于过着粗茶淡饭、家徒四壁的朴素日子，但他过得潇洒轻松，谁能否认他是一个极为富有的人呢？

《菜根谭》里讲，应该把自己对名利的欲望减少再减少，从栽花种竹中培养生活的情趣，这样生活中就会少一些烦恼和忧愁；应该把生活的琐事忘记掉，焚几缕清香，煮一壶好茶，甚至不必问在一旁侍候的白衣童子是谁。张中行先生就是这样一个深得古人之乐的人，他无欲无求，安于常态，一门心思做学问，虽然生活得清贫一些，但是却拥有旁人难及的潇洒轻松。

现实生活中，很多情况下，人们都是难以做到无欲无求的，但是，争名之心、夺利之行却往往并不能给人们带来真正的名与利，只会给人徒增烦恼。

有一个青年苦于现实生活的郁闷、惆怅，情绪非常低迷，于是便想到庙里走一走。

到了寺院，但见寺庙里香客不断，檀香馥郁。再看香客们的脸，一张张都写满坦然、安详、幸福，他有些迷惑：莫非佛门真乃净地，果真能净化众生的心灵？流连寺院中，但见一位在枯树下潜心打坐的佛门老者，那入迷之态止住了他的脚步。走近细看，老者那面露慈祥却心纳天下的表情强烈地震撼了他——原来一个人能超然物外地活着是那么美好！

他悄然坐在了老者身边，请求老者开释。他向老者谈了他心中的苦痛，然后问："为什么现代人之间总是钩心斗角，纷争不已？"

老者拈须而笑，铿锵而悠长地说："我送你一句佛语吧。"老者一字一顿说的是："爱出者爱返，福往者福来！"

故事中的青年因为现代人之间的钩心斗角而迷惑不已，"爱出者爱返，福往者福来"这句话不仅解开了这个青年的心头疑团，也给现实中的人们些许启发。获取快乐，回归平和的心境没有什么秘方，一切都在于人们的内心。

心灵空虚、贪欲满腹之人，即使家财万贯，也未必能够快乐，因为他们不懂知足常乐。只有当他们舍弃了欲望，懂得贫富皆是福，才能摆脱痛苦的泥淖，享受生命的欢乐。如果人们能够无欲无求，看淡名利，那么世上争名夺利之人自然渐少，世人争名夺利之心也自然渐淡；如果人们能够以爱己之心爱人，那么恶念自然无处遁形，恶隐善彰，天下太平。

第九章

求学问道

——成败名誉不挂心，读书明理须深心

修德忘名 读书深心

◇原文◇

学者要收拾精神，并归一路。如修德而留意于事功名誉，必无实诣；读书而寄兴于吟咏风雅，定不深心。

◇译文◇

做学问就要集中精神，一心一意致力于研究。如果在修养道德的时候仍不忘记成败与名誉，必定不会有真正的造诣；如果读书的时候只喜欢附庸风雅，吟诗咏文，必定难以深入内心，有所收获。

◇精读解析◇

宋代书法家米芾说，学习书法必须专一于书法，不再有其他爱好分心，方能有成就。与此类似的是，古代善于弹琴的人，也说必须专攻两三支曲子，方能进入精妙的境界。这里说的虽是小事，但也可以借以译注“收拾精神，并归一路”这句话：生活中无论什么事，只有把精神气力集中在一个地方，才能心想事成。

立于人世，不管做哪一行，做什么事，“杂则多”，欲望多了，懂得多了，有时便会流于表面，博而不专；然后“多则扰”，考虑得太多，困扰就多，困扰了自己，也困扰了他人；最后“扰则忧，忧而不救”，思想复杂了，烦恼太多了，痛苦太大了，人生就永远迈不开走向成功的步子。专注于心是做人做事的原则，博而不专，杂而不精，必会制约人生发展的高度。

有一只兔子，身材修长，天生就很会“跳跃”，所以它一直对“跳远第一名”的荣誉感到无比自豪和光荣。

一天，森林的国王宣布，要举办运动会，提倡全民运动。于是，兔子就报名参加“跳远”项目，果然兔子击败了鸡、鸭、鹅、小狗、小猪等动物，再次得到“跳远金牌”。

后来，有一只老狗告诉兔子：“兔子啊，其实你的天分资质很好，体力也很棒，你只得到跳远一项金牌，实在很可惜。我觉得，只要你好好努力练习，你还可以得到更多比赛的金牌啊！”

“真的啊？你觉得我真的可以吗？”兔子受宠若惊。

“只要你好好跟我学，我可以教你跑百米、游泳、举重、跳高、推铅球、跑马拉松……你一定没问题啊！”老狗自信地说。

在老狗的怂恿下，兔子开始每天练习跑百米，下水练游泳，游累了，又上岸，开始练举重；隔天，跑完百米，赶快再练跳高，甚至撑着竿子不断往前冲，也想在撑竿跳中夺魁。接着，又掷铅球、跑马拉松……

到了第二届运动大会，兔子报了很多项目，可是它跑百米、游泳、举重、跳高、掷铅球、跑马拉松……没有一项入围，连以前它最拿手的跳远，成绩也退步了，在初赛中就被淘汰了。

这只小兔子的教训是深刻的，有些人很有“企图心和欲望”，想让自己很有名、出尽风头。于是就像兔子一样，在别人的怂恿下，眼高手低地认为自己没问题，既可以做这个，又可以做那个，到头来，一样都没有做好。其实，兔子已经是跳远领域的顶尖高手了，何必一定要去跑百米、游泳、跳高、举重、掷铅球、跑马拉松……什么都要拿第一名呢？

再仔细揣摩《菜根谭》这句“收拾精神，并归一路”，实则包含两层含义：第一层，集中精神，心无旁骛；第二层，精益求精，不浅尝辄止。人一生的时间和精力都是有限的，心意一旦开了差、流于表面，事情就很难办成。综观世间学有专长之人，都是对某一领域有所偏好，并专注于心，穷根究底，终于守得云开见月明，学有所成。

生活中，如果我们想求学，同时却又想着官运飞黄腾达，那么我们的学业必然得不到精修。同理，如果我们做一件事时，只满足于学得皮毛、流于卖弄，同样又不会成为这个领域的精英。所以，如果我们想去做成一件事情，就必须将自己仅有的时间和精力集中地投入到这件事情中去，并专注于此。人，一旦进入专注状态，整个大脑就围绕一个兴奋点活动，一切干扰统统不排自除，除了自己所醉心的事业，一切皆忘。

心地干净　方可学古

◇原文◇

心地干净，方可读书学古。不然，见一善行，窃以济私，闻一善言，假以覆短，是又藉寇兵而济盗粮矣。

◇译文◇

心中有一方净土，能够做到纯洁无瑕的人，才能够研读诗书，学习圣贤的美德。如果不是这样的话，看见一个好的行为就偷偷地用来满足自己的私欲，听到一句好的话就借以来掩盖自己的缺点，这种行为便成了向敌人资助武器和向盗贼赠送粮食了。

◇精读解析◇

知识本无褒贬，但是却会因求学人的道德分野而分褒贬。道德是一个人的立身之本，假如一个人的心术不正、品行不端，即便学富五车，也不会做出什么施德行善的好事，反而会随着学习的精进给他人、给社会带来更多的破坏。相反只有心地无瑕、性情如水的人才会保证知识的中性，并随着学习的升入，让自己生活的世界沁满芬芳。所以为学先修心便成为了“心地干净，方可读书学古”的潜在含义。

孔子说：“禀受才智于自然，回复性灵以全身。”才智性灵如果不符合自然之道、真我性情，便不会利人利己。为学、为人不如放下世故机心，以真示人，反而更能为自己争得立足的天地。

相反，一个人假若总是想着如何从这个世界中攫取什么利益，或者迎合世人，处心积虑地生活，不仅学无所成，甚至适得其反。

但很多人都自认为聪明，可以骗得了天下人，其实，人的智慧相差无几，一个人的那点小小的伎俩是不可能瞒得了其他人的。因此，一个人在这个社会上生存，不要总以势利世故心待人做事，甚至有时适用一些手腕希冀自己能够“瞒天过海”，否则到终了受害的还是自己。

其实生命就像一个沙漏，而道德就像沙漏中间的那个卡壳。在沙漏的上半部，有成千上万的沙子。它们在流过中间那条细缝时，都是平均而且缓慢的，除了弄坏它，否则谁都没办法让很多沙砾同时通过那条窄缝。人，也如同沙漏，每天我们都有新的东西要学习，有不同的事等着我们去做，但是我们必须受制于这个瓶颈，否则流沙就会失于美，沙漏至于时间就会出错。这就是所谓的“沙漏法则”。

一个人在社会上面对生活中各种各样的诱惑久了，心中免不了受到大众的浸染，充满机心。这时候我们要做的不是突破道德底线，而是在受制中沉淀，沉淀时间、沉淀涵养，也沉淀愈久弥香的知识，避免让外物的机心污染知识。

其实，人的心灵能否因为知识的灌入而丰盈，关键在于心灵本身干净与否。一个人如若在这个过程中失去坚守，可能一时痛快，却要经受长期的心灵煎熬。所以，当我们决心要学习某种知识技能时，首先端正好心态，保持心灵的无功利性：看见一个好的行为就见贤思齐，而不是利用别人的善行满足自己的私欲；听到一句好的话，先想想我们的修为是否配得上它，如果不是就说自己受之有愧，如果能受用就大方接受。为学为人中，我们还要学会分辨人心的真假，避免自己为人利用，助人为虐。

学以致用 学有所成

◇原文◇

读书不见圣贤，如铅椠庸；居官不爱子民，如衣冠盗；讲学不尚躬行，如口头禅；立业不思种德，如眼前花。

◇译文◇

研读诗书却不洞察古代圣贤的思想精髓，只会成为一个写字匠；当官却不爱护黎民百姓，就像一个穿着官服、戴着官帽的强盗；讲习学问却不身体力行，就像一个只会口头念经却不通佛理的和尚；创立事业却不考虑积累功德，就像眼前昙花一样会马上凋谢。

◇精读解析◇

《菜根谭》之所以将读书为学、从政立业和修身养性并列，是因为它们是不得不修的人生功课。一个人在世既要懂得求真知，也要讲求学以致用。

蔡元培先生说，一个人求学问就是为了学以致用，即使刚开始时有人不了解，还是要一如既往地去做，这样才能学得真学问。什么是“学以致用”？意思就是，要把学习与自己生活的社会中存在的迫切问题联系起来，并从学习中提出解决问题的方案。这正如宋代诗人陆游所说的“纸上得来终觉浅，绝知此事要躬行”那样，光学不用，犹如纸上谈兵，纵然胸中有千军万马，有无数锦囊妙计，如若没有付诸实践，经过生活检验，那么一切就毫无意义，有时还会弄巧成拙。

伯乐一心想将相马术传给自己的儿子，以免这门学问失传。可惜他的儿子不肯认真学习，伯乐将记录着自己几十年相马经验的笔记交给他，希望他可以通过学习笔记来学会相马。结果他的儿子就出门寻找千里马，走着走着，在路边见到了一只癞蛤蟆，他想：按笔记里所说，千里马的头骨清瘦、眼睛有神、跳跃有力。好极了！我找到千里马了！原来相马这么容易，我比父亲高明多了。

伯乐的儿子有父亲的言传身教，外加相马的笔记，最后却得了个啼笑皆非的结局。我们也不能两耳不闻窗外事，一心只读圣贤书，还要多多去商店、街头、公园走一走，这样才能把社会生活与学习联系起来，我们的学习也就更有目的性了。

将学问用于解决实际问题，固然是学以致用的必然要求，但是如果所学非真知，所有的实践都如盲人画马。从一开始就是错了的行动是不会有结果的。

从前，郑国有个占卜识相十分灵验的巫师，名叫季咸，他知道人的生死存亡和祸福寿夭，所预卜的年、月、旬、日都准确应验，仿佛是神人。郑国人见到他，都担心预卜死亡和凶祸而急忙跑开。列子见到他却内心折服如醉如痴，回来后把见到的情况告诉自己的老师壶子，并且说："原先我总以为先生的道行最为高深，如今又有更为高深的巫术了。"壶子没有为自己做太多的辩解，只是说："既有如此神人，那就请他来帮我算一卦吧。"

第一天，列子跟季咸一道拜见壶子。季咸走出门来就对列子说："呀！你的先生快要死了！活不了了，用不了十来天了！"列子听后十分伤心，可是到了第二天，列子又跟季咸一道拜见壶子。季咸出门就对列子说："真是幸运啊，你的老师遇上了我！征兆减轻了，完全有救了，我已经观察到闭塞的生机中神气微动的情况。"列子听后化悲为喜。第三天，季咸又跟随列子来拜见壶子。见完后，季咸就对列子说："你的先生心迹不定，神情恍惚，我不可能给他看相。等到心迹稳定，再来给他看相。"列子看到季咸面有难色，也不好意思深问。可是过了几日，当列子再邀请季咸来为壶子算命时，季咸断然拒绝了。

列子把这个情况告诉了壶子，壶子淡然一笑说："我跟他随意应付，使他弄不清我的究竟，所以他避而不见。其实我早知道季咸总有一天会这么做，只是为了让你明白只有学得真知才能掌握真正的道。”听完师父的话，列子如醍醐灌顶，豁然开朗。

列子为什么不能达到他老师壶子的境界，就在于他没有学到真正的“道”。生活中，一个人如果去求知，一定要求真知，否则只能是白费时间，哪怕懂得将所学的应用于实践，结果也是枉然。

求知需求真知，一个人如果不能求学那些好的、真正对人生有用的知识，还不如不去浪费时间。然后将求得的真知应用于实际生活，在实践中找到知识和生活接轨的技巧。只有这样才会真正领悟求学的真谛，并学有所成。

触类旁通　乃真学问

◇原文◇

人解读有字书，不解读无字书；知弹有弦琴，不知弹无弦琴。以迹用，不以神用，何以得琴书之趣？

◇译文◇

一般人只会读懂用文字写成的书，却无法读懂宇宙这本无字的书；只知道弹奏有弦的琴，却不知道弹奏大自然这架无弦之琴。一味执着事物的形体，却不能领悟其神韵，这样怎么能懂得弹琴和读书的真正妙趣呢？

◇精读解析◇

留赞是三国时期吴国的将军和学者。他刚开始时当了会稽郡的一名小吏，不幸的是在一次战斗中他的小腿被砍伤，成了残废人。但是他身残之后，并未消沉，而是发愤读书，立志成为一名学者。他废寝忘食，博览群书，特别喜欢读兵书和史书，如《史记》和《汉书》。留赞对项羽、李广、卫青、霍去病等书中描写的英雄人物，佩服得五体投地。

一次，留赞读《后汉书》，读到了马援将军六十二高龄还向光武帝刘秀请战，想为国牺牲在战场上。读完这个故事后，留赞深受感动。他再也不愿每日躺在床上无所事事，而要做一个像马援将军那样的人，于是他拄拐杖去找一位亲属，请他帮忙把伤残了的腿的筋腱挑开。亲属手持尖刀，不敢下手，战战兢兢的。留赞见此情景，便咬紧牙关，自己用力挑开，血流满地，他也痛得晕死了过去。待伤口平复后，留赞的腿却可以伸直了。东吴大将凌统得知他自挑脚上筋腱的事，十分佩服和欣赏他的勇气和毅力，于是便提拔留赞为将校。

身患残疾的留赞读兵书，仅在马援六十二高龄上书请战一事中得到启发，挑开筋腱成为一名将校，终于才尽其用，忠心报国，胜比学富五车、拘泥字面、嚼文咬字的迂腐之辈。

世事洞明皆学问。善于读书的人，世间一切都是书：山水是书，鱼虫是书，花鸟是书，草木是书，人情也是书。一般人只会读无字之书，却看不见世上这些有字之书；只听得到琴弦之声，却听不见天地弥漫着的无弦之声。所以，真正会读书的人，主要在于心领神会，能触类旁通，既不要一味执着，也不要在字面上追寻，只要细细领悟书中的意思就行了。

一百多年前，医生们虽已经能够进行外科手术，但是死亡率依旧非常高。明明手术很成功，伤口却很容易发红发肿，化脓溃烂，最后痛苦地死去。医生们搞不明白是什么原因，也不知道怎么防止感染。

有一名很出色的外科医生，虽然他的技术很高，但也无法防止病人手术后的感染，经常眼睁睁地看着病人死去。于是他一直在积极寻找解决问题的办法，与其他外科医生不同的是，他的目光并没有仅仅局限于外科手术这一狭小的范围内。

有一次，他看到一本生物学杂志，里面有一篇探讨生命起源的论文。论文中讲道：生命不是无中生有，是空气中的生命孢子进入的结果。有机物的腐败和发酵也是微生物进入的结果。

这篇文章表面看起来与外科手术并没有直接关系，但他从中汲取了丰富的营养。他想：病人伤口的感染化脓，不也是一种有机物的腐败现象吗？这个看不见的微生物世界，影响着我们的生活，也肯定影响着外科手术。

依据这种思想，他在手术之前严格地洗手，将手术器械严格地煮沸，伤口用煮沸过的纱布包扎，以防止空气中的微生物感染伤口。后来他又寻找到一种杀灭细菌的药剂。运用了这些办法后的手术，死亡率大大降低。就这样，他从一篇表面上看来似乎毫不相关的文章中受到启发，创立了消毒外科学。

这位外科医生之所以能够创立消毒外科学，是因为他能够灵活、创新地学习，寻找解决问题的方法，而不是拘泥于单一的外科学。如果不是这样的话，他就不可能去关注与外科学没有什么直接联系的生物学，也就不可能从生物学中获得灵感去解决外科学中的难题。

这告诉人们，生活中到处都是学问，圣人尚且无常师，普通人更应该开阔眼界，以万物为师，打开心灵，在更广阔的空间里洞察世事。否则，只执着一事一物，不知变通，最终将一事无成。

兢业心思　潇洒趣味

◇原文◇

学者有段兢业的心思，又要有段潇洒的趣味。若一味敛束清苦，是有秋杀无春生，何以发育万物？

◇译文◇

做学问的人要抱有专心求学的想法，行为谨慎，忧勤事业，也要有大度洒脱、不受拘束的情怀，这样才能体会到人生的真趣味。如果一味地约束自己的言行，过着清苦克制的生活，那么这样的人生就只像秋天一样充满肃杀凄凉之感，而缺乏春天般万木争发的勃勃生机，如此又如何去培育万物成长呢？

◇精读解析◇

我们常说“学海无涯苦作舟”，好像求学是一件很辛苦很漫长的事，其实真正的“治学”是一个苦在身、甜在心的过程。“苦作舟”的为学方式其实只是治学的第一个层面，或者准确地说是为学的浅层含义。一个人只有将学问做到心里，让自己的心界像所学的知识一样延展时，才是真正地掌握了治学之道。而“一味敛束清苦”，就会把学问做死，苦学之人的人生也会像秋天一样充满肃杀凄凉之感，这样为学的实效往往事倍功半。

唐朝江州刺史李渤，问明道禅师：“佛经上所说的‘须弥藏芥子，芥子纳须弥’未免失之玄奇了，小小的芥子，怎么可能容纳那么大的一座须弥山呢？有悖常识，是在骗人吧？”

明道禅师闻言而笑，问道：“人家说你‘读书破万卷’，可有这回事？”

“当然！我岂止读书万卷？”李渤一派得意扬扬的样子。

“那么你读过的万卷书如今何在？”

李渤抬手指着头脑说：“都在这里了！”

明道禅师道：“奇怪，我看你的头颅只有一个椰子那么大，怎么可能装得下万卷书？莫非你也骗人吗？”

李渤听后，恍然大悟。

小小的芥子之所以能容得下偌大的弥山，是因为它能化实为虚，同时又能吐纳心中之虚解外物之实。化用到治学上，就是说把万卷藏书收纳于头脑中，还要把头脑中万卷藏书深入浅出地应用于生活，否则万卷藏书堆积于头脑中，无异于废纸一堆。古人讲究“文之为德”，就是为了避免这种状况，一个做学问的人，如果不懂得用所学的圣贤书指导人生，便是在读死书。

《菜根谭》此处所讲的“潇洒的趣味”对求学的人来说可以包含两个方面：一是为人之道，二是生活之道。做学问的同时要学如何做人、如何生活。

而为人之道、生活之道在书中是死的，古语说“尽信书则不如无书”，说的就是让书中死板的知识活化成人生的哲学。然而如果想让它们变活，首先要把心界放宽，心界足够宽广了，才能以生活中的智慧活泛书中的智慧，一个人本身心界的大小并无关紧要，关键是他能在知识的海洋中把心界放宽。书中有人生百态、世事变迁不假，但是它们的存在如果能成为求学者为人处世的标杆才更加货真价实。以书中贤者、圣人的为人之道、生活之道衡量我们自己的为人和生活方式，虽然不求完全匹敌，但至少让它们帮我们改进和提高，这样我们的心界宽了，世界自然就广了，书中智慧和处世哲学便可双双被人所用。

在我们的实际生活中，为学有成的人生，并不缺少潇洒的趣味和洒脱的胸怀，这样的人往往脑子清明空灵，如同空洞的山谷，回音萦绕。真正的大家在专心求学的同时也懂得让心境永远保持在空灵之中。对于一个普通的学习者来说，不拘泥于一种求学形式而是让心灵放开，不死学而是劳逸结合，不偏学而是要品学兼顾，如此这般我们就可以在丰富自己头脑的同时也丰盈我们的心，也便是领悟了“学者有段兢业的心思，又要有段潇洒的趣味”这句话的真正内涵。

书中修身　谦逊知礼

◇原文◇

读《易》晓窗，丹砂研松间之露；谈经午案，宝磬宣竹下之风。

◇译文◇

早晨在窗下诵读《易经》，用松树上的露珠来研磨朱砂批阅评点；中午在书桌旁谈论经书，只听见木鱼声和着竹林间的清风传向远方。

◇精读解析◇

“书是人类最好的朋友”，读书可以使人明心、清脑、益智、养气。明心指读书可以开阔人的心胸，涤荡人的灵魂；清脑指读书可以拓宽人的思路，开阔人的视野；益智指读书可以增长人的智力和才干；养气指读书可以陶冶人的情操，提高人的自身修养和气质。

早晨在窗下诵读，用松树上的露珠来研磨朱砂批阅评点；中午在书桌旁谈论经书，只听见木鱼声和着竹林间的清风传向远方。《菜根谭》这样讲，也是基于读书于人的益处而言的。

很多人抱怨说自己想看书却没有时间，其实无须考虑太久远，只要在朝夕之间去争取时间就好。读书的境界不在于逼迫，而在于一种心甘情愿的接受。让读书变成生活中的一种习惯，每天读一点，日积月累就会积淀出博大的学识与修养。

三国时期的董遇是个大学问家，他告诉去找他求学的人先“读书百遍”，之后才可能“其义自见”。当求学者抱怨说“没有时间”时，他回答说：“当以‘三余’，即‘冬者岁之余，夜者日之余，阴雨者晴之余’也。”要充分利用寒冬、深夜和雨天学习。

可见，在古代人们就已经知道利用余暇时间来做学问了。

喜欢读书的人，在生活中每一个平常的时刻都能享受到阅读的快乐。读一本好书，可以增长见识，陶冶性情，使人的情感更细腻，举止更优雅，气质更深沉。常常读书的人往往是谦逊的人，因为他们从书中得知世界上可以为师的人实在太多，宇宙中还有更多的奥秘不曾被人揭露，自然不敢用目空一切的眼神睥睨天下。

所以，不仅普通人应该多读书，身处高位之人更应该多阅读，只有这样才能够谦逊知礼、眼界广博。

宋初，宋太宗命大臣李昉等人编了一部大书，全书共一千卷，共搜集和摘录了一千六百多种古籍的重要内容，分类归成五十五门，是一部很有参考价值的书。这部书是在宋太宗的太平兴国年间完成的，因此原定书名为《太平编类》。

据《春明退朝录》《宋实录》等书的记载：宋太宗对这部书很感兴趣，编成以后，他规定自己每天至少要看二卷至三卷，一年之内全部看完。后来，这部书被叫作《太平御览》。

当时有人认为，皇帝在处理国家大事之外，每天还要阅览这部书未免太辛苦，于是劝太宗少看一些，不必每天览阅，以保证休息。宋太宗却说："朕性喜读书，颇得其趣，开卷有益，岂徒然也。"

博览群书能使人拥有高深的学问。在信息化的世界，读书是人类获取知识的主要途径之一。多读书可以拓宽人的知识量，丰富文化修养。古人说，人可一日不食肉，不可一日不读书。学问要靠累积，人才能变得更加睿智。

读书是一件幸福的事情。正所谓"读书足以怡情，足以博彩，足以长才，怡情也，最见独处幽居之时，其博彩也，最见于高谈阔论之中；其长才也，最见于处世判事之际。"一本好书中有无穷广博的天地，有的人读地理名胜，可以遨游天下；有的人读历史掌故，可以和古人接心神交。读书，可以让人们体悟人生，读懂历史，明了世界。多读书，在身心的滋养中体味人生百态，品在其中，回味无穷，人生也将会有不一样的积淀。

锲而不舍　百炼成金

◇原文◇

磨砺当如百炼之金，急就者，非邃养；施为宜似千钧之弩，轻发者，无宏功。

◇译文◇

磨砺自己的意志应当像炼金一样，反复锻炼才能成功，急于成功的人，没有高深的修养；做事就像使用千钧之力的弓弩一样，要有的放矢，如果轻易施为，不会建立宏大的功业。

◇精读解析◇

成人难，成才更难，一个人的成功不是一两天所能达到的，诚如荀子在《劝学》中所言："不积跬步，无以至千里；不积小流，无以成江海。"这里其实强调的是，积累对于成功的重要作用。冰冻三尺非一日之寒，研究学问需要积累，成就事业也需要积累，需要坚持不懈地奋斗。积累来源于百炼成金的毅力，任何浮躁的心态和行为都是积累的大敌。不经一番寒彻骨，怎得梅花扑鼻香。积累与坚持是人们通往成功之路的必备素质，只有经得起长久的积累与不懈的坚持的人，才有可能建立宏大的功业。

王献之是王羲之第七子，以行书和草书闻名于世，与父亲羲之并称"二王"。献之小时候随父亲学书法，很有天分，但却有些沾沾自喜。

母亲郗氏对他说，要写完院子里的十八缸水，他的字才会有筋有骨，有血有肉，才会站得直立得稳。献之心中不服，努力练习了五年之后，把写好的字拿给父亲看。谁知，王羲之看到后不停地摇头，看到一个"大"字时，才微微一笑，随手在"大"字下面添了一个点。献之又将自己的书法拿给母亲看，并说："我又练习了五年，并且完全是按照父亲的字练习的，您仔细看看，我和父亲的字还有什么不同呢？"郗氏认真地看了三天，最后指着王羲之在"大"字下面加的那个点儿，叹了口气说："吾儿磨尽三缸水，唯有一点似羲之。"献之听后，感叹不已，从此更加发奋练字，终于，在练尽十八缸水后，书法突飞猛进，达到了炉火纯青、力透纸背的境界。

可见，天才、大师并非是天生就有的，后天的积累和坚持是十分重要的。王献之以书法扬名，人们看到的是他人前的光芒四射，却往往忽略了他背后的付出与坚持。不仅献之是如此，他的父亲王羲之在书法上的勤奋也是十分出名的，他练字的墨汁居然能染透一池清水。“成功的花，人们只惊羡她现时的明艳！然而当初她的芽儿，浸透了奋斗的泪泉，洒遍了牺牲的血雨。”冰心的这句话是十分耐人深思的。坚持不懈地积累不仅对于练习书法者很重要，对于做学问的人来说也是十分重要的。清代著名学者阎若璩正是一个例子。

阎若璩早年就专心于研究经史，学有所长。康熙年间以廪膳生的身份考上了博学鸿词科。他写的学术著作极多，著名的有《眷西堂诸集》。他也是清朝经学大师，对诗文深有研究，并且过目不忘。

但谁能想到他早年竟是天质奇钝，书得读百遍才略上口。又因为他体弱多病，其母甚至禁止他读书。好学的他于是拿来书自己暗暗地默记，不再出声。他就这样坚持了十多年。一日，他忽然觉得自己的头脑豁然清醒，再研究以前一些不太明白的问题，则毫无困难。这正是他多年苦思苦学之结果。

从阎若璩的故事可以看到，成功并不是专属于天资聪颖者的。即便有些人可能天生迟钝一些，但勤能补拙，只要他能够沉下心来，踏踏实实地积累，锲而不舍地坚持，最终是会有回报的。相反，如果好高骛远，做事轻浮，总是追求不切实际的目标，是注定要以失败告终的。世事无捷径，立志高远是好事，但轻发则无功。成功只能由一点点的坚持、一步步的积累才能够获取。世间最容易的事是坚持，最难的事也是坚持。说它容易，是因为只要愿意做，人人都能做到；说它难，是因为真正能够做到的，终究只是少数人。

触物会心　举一反三

◇原文◇

鸟语虫声，总是传心之诀；花英草色，无非见道之文。学者要天

机清澈，胸次玲珑，触物皆有会心处。

◇译文◇

鸟的声音和虫儿的鸣叫，都是它们传达感情的方法；花的艳丽和草的翠绿，都是体现着道义的纹饰。读书人要心灵透彻，胸中光明，这样接触到任何事物才能心领神会。

◇精读解析◇

陶谷是宋太祖时的尚书，他出使吴越国，吴越国的忠毅王准备了丰盛的宴席热情地款待。席上放上一盘梭子蟹，它是蟹类中的珍品。陶谷故意问："除了它外还有什么蟹？"忠毅王让厨师送上各类蟹肴，自梭子蟹以下至蟛蚑（一种小蟹）几十余种。陶谷说："真的像俗语所说的，你们一蟹不如一蟹。"陶谷通过说蟹，讥讽吴越王一代不如一代。忠毅王心里明白陶谷用意，居心不良，就让厨师端上一盆葫芦羹，说："这种羹先王时就已经在用，厨师依样烹制的。"原来陶谷在宋朝当宰相，因袭旧法，有人作诗嘲之："堪笑翰林陶学士，年年依样画葫芦。"所以忠毅王让人端上葫芦羹，反唇相讥，陶谷还是没有得到便宜。

鸟语虫声，饶有机趣，细心领会，恰如人们的话语；花英草色也深含人情，仔细观赏却也是隐含人间道义。一物一景，都有机锋，如不领会，难免受到考虑不周所带来的屈辱。梭子蟹与葫芦羹，虽在饮食之中，却含意深刻，陶谷和忠毅王心领神会，触物会心，自然会让人浅笑之余品味再三。

但是并不是所有人都有陶谷和忠毅王的那种敏锐，宋代的一位所谓的名士正是如此。触物不能会心虽然没有给他带来皮肉之苦，但却让自负的他陷入尴尬之中，丢尽了颜面。

宋代有一位名士一向很自负，他说自己学识渊博，天下没有人胜得过他。他听说诗人杨万里知识渊博，很有才华，所写的诗一直蜚声四方，颇负盛名。非常不服气，决定给他写一封信，说要亲自到杨万里的家乡江西吉水拜见他。

杨万里也早就听说这个人一贯骄傲得不得了，就给他回了一封信，并说："我很欢迎您的到来，并冒昧地向您提一个小小的要求，听说你们家乡的配盐幽菽非常有名，很想亲口尝一尝滋味，请您来时顺便捎带一点。"

那个名士拆信一看，不禁一下子愣住了，什么是配盐幽菽呀？自己未曾听说过。他想了很久，也想不出是什么东西，他又不愿意放下身份去问别人，只好自己在街上到处乱找，但找了很久也没有找到。后来，他只好两手空空地来到吉水。他见到了杨万里后，寒暄了几句就问："您信中提到的配盐幽菽是不是卖的地方比较偏僻，我找了很久也没有找到，实在抱歉！"

杨万里听了哈哈大笑起来："你们那里家家户户都有啊！"说着，他随手从书架上取下一本《韵略》，翻开当中的一页。名士接过来一看，上面明明白白地写："豉，配盐幽菽也"一行字。他这才明白，原来所谓的配盐幽菽，就是家庭日常食用的豆豉啊！

故事中的学士，自诩才高八斗，不把他人放在眼里，实际上却只有一些死学问，不知变通，也不能触物会心，结果受到了杨万里的嘲弄。

人们在日常生活中应该留心观察，举一反三，听到的话、接触到的事物，不要只看表面，还应该了解他们的弦外之音、物外之象。只有把握住了这些，才能够胸中光明、灵台澄澈，于心领神会之际不着痕迹地应对。否则，凡事只停留在表面，糊糊涂涂，不了解别人话语中的言外之意，也不了解事物背后蕴藏的玄机，难免会受到他人的愚弄。

谦虚为学 实在为人

◇原文◇

心不可不虚，虚则义理来居；心不可不实，实则物欲不入。

◇译文◇

人一定要有虚怀若谷的胸襟，只有谦虚谨慎才能获得真知灼见；人一定要坚强执着，意志坚定，那样才能不受名利的诱惑。

◇精读解析◇

生命玄机，往往虚实相生。做学问要虚怀，才能让知识义理无限量地充盈自我。做人要实在，才能无所欲求，演绎生命的绚烂。从某种程度上来说，虚怀也是一种踏实，踏实也可以表现为虚怀。

而一个人整个的生命代谢中，虚实结合往往让一些成功之士表面上看似愚笨守拙，实则心体光明，胸怀大略。正所谓大巧若拙，大智若愚。一个人虚心学习，踏实做人，并在学习的过程中不为世间俗物左右，看似愚钝的表现实则蕴含着韬光养晦、卧薪尝胆的智慧和精神，这样的人往往不鸣则已，一鸣便可惊人。

我国古代著名的画家、书法家周元素曾有一个叫阿留的书童。这个书童常伴周元素的左右。他虽然看起来有点愚钝，但为人踏实，每次周元素作画写字时他都静静地守候并认真地观察。

一天，周元素作画时，看见阿留一直在专心致志地看，便半开玩笑地对阿留说："你是不是偷学了我的技艺？"阿留矢口否认。只见周元素笑笑说："噢？那你就画两笔给我看看，让我鉴别一下。"阿留不好再说什么，于是卷起袖子，提起笔，低下头，开始在纸上挥毫泼墨。不一会儿，一幅出水芙蓉图就画好了。

周元素走到画前，仔细端详。阿留的画取意"小荷才露尖尖角，早有蜻蜓立上头"两句首诗，一挥而就，而且意境贴合，线条细腻而不失洒脱。这简直让周元素不敢相信。

为了再考验一下，周元素要阿留再画一幅，验证自己的实力。阿留沉思了一会儿，便又是一番挥洒，很快一幅斜燕裁柳图便已画好。从整体来看，画面上是一株柔柳，被斜着身子的燕子从天空掠过，春意盎然、生机勃勃。而从细处考究，该画笔法老练，布局合理。

这时周元素已经深信不疑，自己的书童已经潜移默化地学会丹青的真谛。他把家里人都喊来目睹阿留的画作。

自此，阿留一炮而红，在当地名气大振。

阿留在服侍周元素作画，平时不显山不露水，甚至免不了遭人戏弄，但是对这些他都粗化处理，反而将主要的精力用在虚心学习周元素作画的技法、悉心领会周元素取意的思维套路上。因此，这个在日常生活中笨手笨脚的人，反而心无旁骛地默习画艺，终有所成。他成功的道理就在于"心不可不虚，虚则义理来居"。

其实，无论是在历史上，还是在我们如今生活的时代，越是有成就的人，越是懂得谦虚为学、实在为人的道理；越是浅薄的人，越容易浅尝辄止、自以为是。成功路上世事复杂，仅凭一己之明很难掌握事实真相。为此，我们要虚心地听取各方面的意见，尽量从多个角度、多个层次去认识事物，充盈自己的实力，并时刻抵御外物的侵扰，保持踏实为人的品格。这样，虽然我们不可能立即成功，但只要机会来了，就可以厚积薄发。

一心一用　全神贯注

◇原文◇

善读书者，要读到手舞足蹈处，方不落筌蹄；善观物者，要观到心融神洽时，方不泥迹象。

◇译文◇

善于读书的人，要读到心领神会而忘形地手舞足蹈时，才不会掉入文字的陷阱；善于观察事物的人，要观察到全神贯注与事物融为一体时，才能不拘泥于表面现象而了解了事物的本质。

◇精读解析◇

所谓“橛橛梗梗”除了表示坚持不懈之外，还意味着对事业的专注。专注是一切艺术与伟业的奥妙。那是一种精力的高度集中，把易于弥散的意志贯注于一件事情的本领。

遍地撒种不一定遍地开花，要想做好一件事，最好的办法是专心只做这一件事。专注的力量是惊人的，集中精力专注于自己正在做的事情，做起事来不仅轻松、有效率，而且也能够把事情做得更好，从而聚集更大的力量前进。因为专注会蓄积一个人全身的热忱，人的思维和行动都会因专注变得积极而迅速。

孔子带领学生去楚国采风。他们一行从树林中走出来，看见一位驼背翁正在捕蝉。他拿着竹竿粘捕树上的蝉，就像在地上拾取东西一样自如。

“老先生捕蝉的技术真高超。”孔子恭敬地对老翁表示称赞后问：“您对捕蝉想必是有什么妙法吧？”

“方法肯定是有的，我练捕蝉五六个月后，在竿上垒放两粒粘丸而不掉下，蝉便很少逃脱；如垒三粒粘丸仍不落地，蝉十有八九会捕住；如能将五粒粘丸垒在竹竿上，捕蝉就会像在地上拾东西一样简单容易了。”

捕蝉翁说到此处，捋捋胡须，开始对孔子的学生们传授经验。他说：“捕蝉首先要先练站功和臂力。捕蝉时身体定在那里，要像竖立的树桩那样纹丝不动；竹竿从胳膊上伸出去，要像控制树枝一样不颤抖。另外，注意力高度集中，无论天大地广，万物繁多，在我心里只有蝉的翅膀，神情专一。精神到了这番境界，捕起蝉来，还能不手到擒来、得心应手吗？”

大家听完驼背老人捕蝉的经验之谈，无不感慨万分。孔子对身边的弟子深有感触地说：“神情专注，才能出神入化、得心应手。捕蝉老翁讲的可是做人办事的大道理啊！”

驼背翁捕蝉的故事向人们昭示了一个真理：摒弃浮躁心态，心无旁骛，才能又快又好地达到目标。

人生有许多事情要去做，有许多的事情等待去做，做什么、怎样做，这都有待于人们自己做出选择。聪明人会把凡是分散精力的要求置之度外，只专心致志地去学一门，并且把它学好，将有限的精力投入到有限的事务中去，长期专注。

做一行爱一行，乐在其中便是专注。因为有乐趣，专注便顺理成章。曹操之于权谋，李白之于诗酒，王羲之之于书法等，他们这些人专注其中，既完成了自己的事业，也得到了娱乐。若无自娱的乐趣或让他们放弃心领神会的乐趣，他们便不会有最后的成就。

所以，对任何事情而言，专注既须明理，也须有感情引导。当人们全身心投入其中的时候，成功就不远了。一位伟人说过："如果一个人，能用十年的时间，专注于一件事，那么他一定能够成为这方面的专家。"成就大事的人不会把精力同时集中在几件事情上，而只是关注其中之一。手里做着一件事，心里又想着另一件事，只能让每件事情都做不好。专注于心，摒弃浮躁才会使人们在成功的道路上走得更远。

幼时定基 少时勤学

◇原文◇

子弟者，大人之胚胎；秀才者，士大夫之胚胎。此时若火力不到，陶铸不纯，他日涉世立朝，终难成个令器。

◇译文◇

小孩是大人的雏形，秀才是官吏的雏形。但如果锻炼得不够火候，陶冶得不够精纯，以后走向社会或者在朝做官，最终难以成为一个有用的人才。

◇精读解析◇

北宋时期，有一个名叫方仲永的人家里世代都是农民，没有一个文化人。他五岁时，还从未见过笔墨纸砚。可是有一天，方仲永突然哭着向家里人要笔墨纸砚，说想写诗。他父亲感到十分惊讶，马上从邻居那里借来笔墨纸砚，方仲永当即写了四句诗，同乡的几个读书人知道了这件事，都跑到方仲永家来看，一致认为他的诗内容深刻雅致，文采绚丽多姿。人们纷纷称赞他是一个不可多得的天才。

这件事在乡里流传开后，从此，方仲永家热闹了起来，经常有人来家玩，有的当场出题要他作诗，甚至还出钱让他题诗。方仲永的父亲见有利可图，于是放弃了让方仲永上学读书的念头，而是每天带着方仲永轮流拜访县里的那些名流、富人，找机会表现方仲永的作诗天赋，以博得那些人的夸赞和奖励。

由于方仲永没有机会学习，久而久之他的才华就逐渐地消失了。到他二十岁的时候，他已经和普通人没什么两样了。

一个人能否最终成才往往在于从小的教育，如果小时候锻炼得不够火候，陶冶得不够精纯，等到长大以后再来弥补就已经晚了。为人父母，言传身教一定要趁早，在孩子小的时候就要规范他的一言一行，督促他不断学习，否则错过时机，将后悔莫及。方仲永在小时候就显露出了过人的才华，如果善加利导，将来一定成就非凡。然而悲剧就在于，他的父母不仅没有重视对他的教导，反而以他的才华作为骄傲的资本，导致他荒废学业，一事无成。

与方仲永的父母相比，孟子的母亲就显得明理多了。

少年时期的孟子因贪玩而不好好学习，经常跑到一个离家不远的墓地，做着挖坟埋死人的游戏，有时玩得连饭都忘记吃。因此，孟母非常焦急，决定为孟子找一个良好的学习环境，最后她挑中了街市附近的一个地方，把家搬到那儿。但是繁华的街市和来往的商人也分散了孟子的注意力，有强烈好奇心的孟子经常学着商人去街上叫卖，完全忘记了读书学习的事，孟母认识到原来小孩子都有很强的“近朱者赤，近墨者黑”的可塑性强的特性，看来此地也不是孩子学习的好地方，于是又打算搬家。最后她把家迁到一所学堂旁边。孟子便体会了母亲的良苦用心，读书学习更加专心致志了。

上学后的孟子，虽然比从前用功，但仍然贪玩好动，对待学业并不十分专心努力，使孟母仍很担忧。一天孟母正在堂前织布，早早地又见孟子跑回家来了，就马上放下手中的活，问孟子是何原因。背着老师逃学的孟子害怕母亲责备，就撒谎说：“我是和平时一样回来的呀！”孟母听了很痛心。她拿起剪刀剪断了织布机上的纱线，只坐在一旁默默流泪。孟子感到紧张和害怕，小心地走向前问母亲为什么这样难过。孟母语重心长地说：“要你好好读书以成才，就像是织布，你现在这样经常在中途废学，不求上进，就等于用剪刀剪断纱线织不成布一样。”孟子听了母亲的教诲，感动非常，痛哭流涕。从此以后，学习勤奋，其志愈坚。由于孟母严加管教，悉心诱导，再经过孟子本人的刻苦努力，孟子终学有所成。

孩子在小的时候，往往缺乏自知与自制的能力，为人父母就应该尽力给孩子提供一个好的环境，并严格耐心地教导他。没有谁是天生的人才，圣人孟子小时候很贪玩，如果不是孟母的严格教导，是不会有他后来的成就的。

对于孩子的教育，应该从小抓起，孩子的年纪越小，可塑性就越强，严加规范，也就越容易成才；相反，如果荒疏了幼年的时光，等到孩子的心性已经基本稳定了，就难以教导了。真正有远见的父母一定会善于利用教导孩子的黄金时期，幼时定基，给孩子一个好的起点，为孩子的成才之路铺平道路。

人生百年 不可虚度

◇原文◇

天地有万古，此身不再得；人生只百年，此日最易过。幸生其间者，不可不知有生之乐，亦不可不怀虚生之忧。

◇译文◇

天地能够万古长存，可是人的生命却不可再次获得；人的一生只有百年光景，是最容易度过的。有幸生活在世界上，不能不知道拥有生命的乐趣，也不能够不时常担忧是否会虚度一生。

◇精读解析◇

新年的夜晚，一位老人伫立在窗前。他悲戚地举目遥望苍天，繁星宛若玉色的百合漂浮在澄静的湖面上。老人又低头看看地面，几个比他自己更加无望的生命正走向它们的归宿——坟墓。

老人在通往那个地方的路上，也已经消磨掉六十个寒暑了。在那旅途中，他除有过失望和懊悔之外，再也没有得到任何别的东西。他老态龙钟，头脑空虚，心绪忧郁。

年轻时代的情景浮现在老人眼前，他回想起那庄严的时刻，父亲将他置于两条道路的入口——一条路通往阳光灿烂的升平世界，田野里丰收在望，柔和悦耳的歌声四方回荡；另一条路却将行人引入漆黑的无底深渊，从那里流出来的是毒液而不是泉水，蟒蛇到处蠕动，吐着舌箭。

老人仰望夜空，苦恼地失声喊道：“时间回来吧！把我重新放回人生的入口吧，我会选择一条正路的！”可是，他自己的黄金时代早已一去不复返了。

他看见天空中一颗流星陨落下来，消失在黑暗之中，那是他自身的象征，徒然的懊丧像一支利箭射穿了老人的心脏。他记起了早年和自己一同踏入生活的伙伴们，他们走的是高尚、勤奋的道路，在这新年的夜晚，载誉而归，无比快乐。

远山的钟声鸣响了，钟声使他回忆起儿时双亲对他这浪子的疼爱。他想起了困惑时父母的教诲，想起了父母为他的幸福所进行的祈祷，强烈的羞愧和悲伤使他不敢再多看一眼父亲居留的天堂。老人的眼睛黯然失神，泪珠潸然坠下，他绝望地大声呼唤："回来，我的青春！回来呀！"

老人的青春真的回来了。原来，刚才那些只不过是他在新年夜晚打盹时做的一个梦。尽管他确实犯过一些错误，眼下却还年轻。他虔诚地感谢上天，时光仍然是属于他自己的。他还没有坠入漆黑的深渊，还可以自由地踏上那条正路，进入福地洞天，丰硕的庄稼在那里的阳光下起伏翻浪。

不要以为自己还年轻就可以浪费光阴，不要以为寻求自由就是随心所欲，这是非常危险的。如果这样，等你有一天突然醒悟，会发现自己虚度了太多，失去了太多，到时后悔为时晚矣。

生命的入口只有一个，进入也只能进入一次，而且时间短暂。为了活出生命的价值不能不知道拥有生命的乐趣，也不能够不时常担忧是否会虚度一生。

其实，我们可以在很多方面发掘生活的乐趣，也可以在很多方面多加些努力来避免虚度。人活着就是一种莫大的幸福，学会珍惜才不会让生命贬值。所以，工作、学习时，就抓紧时间、提高效率，趁自己还年轻把人生的基础夯实；闲暇时，珍惜和家人、朋友相处的时间，并尽力维护彼此之间的感情，人生的乐趣才不至于被荒废；一个人时，或置身自然，或静思关心，用自然之灵气养身，用自省之智慧养心。"有生之乐"和"虚生之忧"就会共同推进最多不过百年的人生进程。

虚心受教 大器晚成

◇原文◇

桃李虽艳，何如松苍柏翠之坚贞？梨杏虽甘，何如橙黄橘绿之馨洌？信乎，浓夭不及淡久，早秀不如晚成也。

◇译文◇

桃李的花朵虽然鲜艳，但怎么比得上苍松翠柏的坚强不屈？梨杏果实虽然甘甜，但怎么能比得上黄橙绿桔蕴含的芬芳？确实如此，浓烈消逝得快，不如清淡维持得长久，少年得志不如大器晚成。

◇精读解析◇

唐朝诗人李贺，字长吉，福州人。是郑王后裔，出身于没落宗室，官终奉礼郎。李贺终生不得志，卒年二十七岁。

李贺善为诗歌，韩愈看重他，使之声名日高。诗人元稹少年得志，以明经擢第一，亦工吟咏，欲结交李贺。一日元稹诚意登门，拜访李贺，李贺览其名帖竟不容入，令仆人答道："明经乃第，何事来见我？"元稹惭愤而退。后李贺应举，应试者忌其才，遂以其祖讳对李贺大加非议，贺自视其高，竟不赴考，导致终身遗憾。韩愈惜其才学，着《讳辩》讲了几句公道话。唐礼部侍郎李潘曾经编缀李贺诗作，并为其诗集作序。诗集编成，召其笔砚之交李贺的表弟托以搜访所遗，李贺的表弟答应了。然而好几年李潘没有得到任何音信，非常气愤，就叫来李贺的表弟质问他，李贺的表弟说："我与李贺少时同处，他傲慢无礼，我真想找个机会报复他呢！所得歌诗，兼旧有者，一起扔到厕所里去了。"李潘大怒，把那个人赶了出去。所以，李贺作品很少传世，其原因，在于他恃才傲物，性格乖僻。所以少年之士，少无礼之举，多浑厚之气，自然才华丰盛，前途似锦。

一个人很早就表现出惊人的才华本来是一件好事，如果善加利用，虚心受教，很有可能取得非凡成就的；但如果恃才傲物，就会阻碍自己前进的脚步。同时，耀眼的锋芒，也容易遭人嫉妒，给自己带来灾祸，好事也能变成坏事。桃李虽艳，却不如松苍柏翠；梨杏虽甘，却不如橙黄橘绿，所以说“浓夭不及淡久，早秀不如晚成”。这句话对于少年得志之人，确实敲响了警钟。

戴震是我国清代著名的语言文字学家、哲学家、思想家，擅长考据、训诂，为清代考据学派的重要代表人物。据记载，戴震十岁才开始说话，年少之时，由于家庭生活困难，上不起学，只能随父亲出外做些小买卖。在做小商贩的行途中，他一有机会就拿起书本，抓紧一切时间来学习。往往出门做一回生意，就要背诵数页书。

戴震虽然生活艰苦，但读书一直都很勤奋。后来他随父亲做生意客居南丰，就一边教书，一边研究学问。

二十岁时，他拜师于当时的著名学者江永。四十岁时，才参加乡试并中举。尽管戴震学识渊博，但在之后的十多年间，却屡试不第。戴震五十岁时，曾主讲于浙东金华书院，被钱大昕称为天下奇才，举荐给尚书秦蕙田协助修《五经通考》。后会试不第，应直隶总督方观承之聘，修《直隶河渠志》。乾隆三十八年，由纪昀等人引荐，奉诏入四库馆编纂《四库全书》。乾隆四十年，戴震以五十三岁的高龄，奉命与当年贡士同赴殿试，赐同进士出身，授翰林院庶吉士。在四库馆中，戴震做出不少成绩，从《永乐大典》辑出宋代张淳的《仪礼识误》三卷，把宋李如圭的《仪礼集释》订为三十卷等，为我国传统文化的保存做出了重要贡献。

过早的成名未必是好事，岁寒而后知松柏之苍劲，真正能做成大学问、成就大事业的人是要经过长时间的磨炼的，所以真正的大才往往成就较晚。戴震的一生可谓成就卓越，但是他却是典型的大器晚成。

人生百年屈指可数，每个人都不愿虚度自己的光阴，想在有生之年成就一番大事业。有的人可能比较幸运，天资聪颖，少年得志，但是恃才傲物或者不知进取的话，最终也只能默默无闻。相反，谦虚求教、勤奋努力，即便是那些资质一般的人也能取得非凡的业绩。

扫除外物 直觉本来

◇原文◇

人心有一部真文章，都被残篇断简封锢了；有一部真鼓吹，都被妖歌艳舞淹没了。学者须扫除外物，直觅本来，才有个真受用。

◇译文◇

每个人心中都有一部真正美妙的好文章，可惜都被残缺不全的杂乱文章所封闭；每个人的心中都有一首旋律美妙的好乐曲，可惜都被那些妖冶的歌声、艳丽的舞蹈所掩盖。做学问的人一定要排除外界的诱惑，直接去寻求人心中最自然的本性，才能求得真正享用不尽的真学问。

◇精读解析◇

三国时魏国文学家傅嘏，在当时很有名气。曹魏正始年间，名士何晏、夏侯玄都希望能够和傅嘏成为朋友，并想和他有深入的交往，但是傅嘏总是以各种理由保持和他们的距离，所以二人都未曾如愿。有一天荀粲耐不住心中的困惑便对傅嘏说："何晏、夏侯玄都是非常有才干的人，他们对您也是敬重有加。如果您能和他们像当年的蔺相如、廉颇一样成为朋友，并和睦相处，那么无论对你们个人还是对国家都是一件好事。可是您为什么总是表现得不愿与他们接近呢？"傅嘏说："夏侯玄虽然有名望，但是他爱慕虚名，而且总是说些心口不一的话，这样的人一定会成为使国家灭亡的罪人。而何晏虽有志向，但心气浮躁，凡事不求甚解，而且他们有趋炎附势的倾向却不自知不自戒。另外这些人都党同伐异，嫉妒成性，对人根本无情谊可言。所以在我看来这些人并不像你说的那么优秀。他们不过是失去本真、败坏道德的小人罢了。对于这样的人我躲还来不及呢，哪还敢跟他们接近呀！”

何晏、夏侯玄的心被外物蒙蔽，失去了本真。和这样的人交朋友会让人有时时刻刻被人利用算计的感觉，所以傅嘏才会避之不及。每个人心中都有美妙的乐章，只是外界的繁杂俗套太多，渐渐地将其掩盖了。

其实本真被外界诱惑的人不仅不会交到益友，还会在很多方面失去快乐和幸福。避免这种状况的唯一解决之道就是“扫除外物，直觅本来”，抵制住外物对本真的侵扰，坚定地把持住自己的心性，从而把持住自己的命运。

《庄子·逍遥游》有这样一句话：“且举世誉之而不加劝，举世非之而不加沮。定乎内外之分，辩乎荣辱之境，斯已矣。”意思是说，世上的人们都赞誉他，他不会因此越发努力；世上的人们都非难他，他也不会因此而更加沮丧。他清楚地划定自身与物外的区别，辨别荣誉与耻辱的界限，不过如此而已呀！一个人只要达到这种境界，就不会总是受外界的干扰，就能够真正把握自己的命运，才能自由追求属于自己的幸福。

其实，做起任何事情只要不违逆事物的内在规律，并能把握住自己想要的，生活也就变得单纯多了。人要依据自己的心，做出自己的判断，这样，才能在不断变换的外界境遇中，不为所动，不陷入慌乱被动。就如庖丁，自己心中对牛身体的构造了如指掌，所以常人看上去十分复杂的问题，他却能得心应手。

所以说，心不动才能真正认清自己，遇到顺境不动，遇到逆境也不动，不受任何外在的影响，做人才能游刃有余。现代人的状况大多相反，遇到顺境的时候高兴得不得了，遇到逆境的时候痛苦得不得了，这就带来许多痛苦。

确实，别人的喜好并不代表自己的喜好，别人的见解也未必就很客观。一味地听从别人的意见，会迷失自我，进而导致一事无成，枉费心力。所以不如挥去覆盖在美妙文章的断简残篇，摒除扰乱动听旋律的妖冶之声，坚定自己的主张，聆听自己的声音。

恒心不变 水滴石穿

◇原文◇

绳锯木断，水滴石穿，学道者须加力索；水到渠成，瓜熟蒂落，得道者一任天机。

◇译文◇

用细绳可以锯断树木，水滴可以将石头滴出小洞，研学道义的人应该努力去探索；水流之处自然形成沟渠，瓜果熟透时自会落下，想要悟得真理的人，需完全听任自然的契机。

◇精读解析◇

《菜根谭》中言，“得道”一事需听任自然，而学习研究一事，则当出自人的自身努力，所谓事在人为。很多人总是感慨幸运与成功为什么常常光顾他人，都从自己身边绕路走开的时候，却很少思考自己和那些成功的人有什么不同。世界上有一种人，寂寂无声，但却恒心不变，只是默默辛劳地努力着，坚持到底，事业如此，德业亦如是。正如软绳无言，水滴软弱，但经年累月持之以恒，绳据木断，水滴石穿。

与此相对照，一个身心浮动的人，好比滚动的石头，滚动的石头无法长出苔藓，从而也很难成为坚固不移的磐石。现世浮躁，很多人缺少耐心，在一个地方住太久了就开始厌倦，读书读久了也不耐烦，工作时间不长就计划着跳槽。“不耐烦”的毛病病因在于“无恒”，而恒心对于一个人的成长与成功都极为重要。

俗话说，有恒为成功之本。无论做任何事情，恒心都不可缺少。如果不耐烦也没有恒心，即使掘井九仞，如果不再继续，仍然没有水喝，所有的努力到最后都会功亏一篑。从古至今，所有追求成功的人都必然付出长久的努力，汉朝的董仲舒，青年时代立志向学，三年不窥园，终于成为一代名儒学者；晋朝王羲之，临池磨砚，写完一缸水，终于成为旷古书法大家。世上无难事，只怕有心人，因为耐烦有恒，读书才会通晓；因为耐烦有恒，做人才能通达；因为耐烦有恒，修行才有成就；所以说“耐烦做事好商量”。

也许，我们每个人的心里都有一个执着的愿望，只是一不小心把它丢失在了时间的蹉跎里，让天下间最容易的事变成了最难的事。然而，天下事最难的不过十分之一，能做成的有十分之九。要想成就大事大业的人，尤其要有恒心来成就它，要以坚忍不拔的毅力、百折不挠的精神、排除纷繁复杂的耐性、坚贞不变的气质，作为涵养恒心的要素，去实现人生的目标。

学者梁实秋曾断断续续用三十余年的时间独自完成了《莎士比亚全集》的翻译工作，投入了几乎半生的精力。开始，梁实秋共物色了五个人担任翻译，他和闻一多、徐志摩、陈西滢、叶公超，计划五年至十年完成。后来，另外四人临阵退出，梁实秋便一个人把任务承担下来。人生的遭遇是任何人都难以预料的，他在抗战爆发前完成八部莎翁剧作的翻译工作。“七七事变”后，为了躲避日寇的通缉，他不得不逃离北京，在极其艰苦的环境下，继续进行对莎翁剧作的翻译。抗战胜利后，梁实秋回到北京，在北京师范大学任教，课余之暇，他依然坚持莎翁剧的翻译工作。1967 年，由梁实秋独立翻译的莎士比亚三十七种作品的中文译本全部出齐，在国内大学界引起了轰动。梁实秋回忆说：“我翻译莎氏，没有什么报酬可言，穷年累月，其间也很少得到鼓励……”

梁实秋的成功，得益于他对这一工作的执着精神。执着是一种信念，是一种忘情和忘我的投入。世上，专注者往往默默无闻，普通得如田野里耕作的农人和车间里生产的工人，谦卑得如郊外的草树、如山谷里不为人知的流水。但是，他们还有一个共同的特点，就是对自己所追求的事业具有献身精神，能够把自己的时间和精力都投入其中。有恒心，是“语不惊人死不休”的豪情，是“为伊消得人憔悴”的投入，是“十年磨一剑”的等待，古今成大事者，大抵都具有这份执着精神。

磨炼福久 参勘知真

◇原文◇

一苦一乐相磨炼，练极而成福者，其福始久；一疑一信相参勘，勘极而成知者，其知始真。

◇译文◇

在人生路上经过艰难困苦的磨炼，磨炼到极致就会获得幸福，这样的幸福才会长久；对知识的学习和怀疑，交替验证探索研究，探索到最后而获得的知识，才是千真万确的真理。

◇精读解析◇

有一支刚刚被制作完成的铅笔即将被放进盒子里送往文具店，铅笔的制造商把它拿到了一旁。

制造商说，在我将你送到世界各地之前，有五件事情需要告知：

第一件，你一定能书写出世间最精彩的语句，描绘出世间最美丽的图画，但你必须允许别人始终将你握在手中。第二件，有时候，你必须承受被削尖的痛苦，因为只有这样，你才能保持旺盛的生命力。第三件，你身体最重要的部分永远都不是你漂亮的外表，而是黑色的内芯。第四件，你必须随时修正自己可能犯下的任何错误。第五件，你必须在经过的每一段旅程中留下痕迹，不论发生什么，都必须继续写下去，直到你生命的最后一毫米。

铅笔的一生是充满传奇的一生，它用自己的生命勾勒着世人心中最精致的图画，书写着最温暖的文字，即使在生命渐渐消逝的时候，还在创造着新鲜的美丽。但是，它所迈出的每一步，却都踩在锋利的刀刃上，它一生都在忍受着无穷的痛苦。

无论是在谁的生命中，没有永远苍白的人生，也没有永远写满诗意的命运，关键在于一个人能否忍住苦难这个刻刀所带来的疼痛，去书写自己的篇章。

一个人可以选择先享受再奋斗，也可以选择先奋斗再享受，但是人生至美的圣境常常由苦难缔造。因为幸福成就的不是天上掉馅饼的侥幸而是矢志不渝的求索。“天将降大任于斯人，必先苦其心志，劳其筋骨”是所有成功路上亘古不变的真理。

第十章

齐家育人

——诚心和气，教子安家

攻人之恶 思其堪受

◇原文◇

攻人之恶，毋太严，要思其堪受；教人以善，毋过高，当使其可从。

◇译文◇

批评别人的过错不要太严厉，要顾及别人是否能够承受；教人家做善事，也不要要求过高，要考虑对方是否能够做到，要使其感到力所能及。

◇精读解析◇

春秋时期，楚庄王打了胜仗，设宴款待群臣。君臣猜拳行令，敬酒干杯，好不热闹。席间，兴致高昂的庄王命自己最宠爱的妃子为参加宴会的人敬酒。

忽然，一阵狂风刮过，客厅内所有的蜡烛都被吹灭了，大厅顿时陷入一片漆黑之中。此时美妃正在席间轮番敬酒，突然，黑暗中有一只手拉住了她的衣袖。对这突然发生的无礼行为，美妃不敢乱喊，一时又脱身不得，情急之下，顺手扯断了那个人的帽缨。对方手一松，美妃趁机挣脱，跑到楚庄王身边，并向庄王偷偷地诉说被人调戏的情形，还告诉庄王，对方的帽缨已经被自己扯断了，只要点明蜡烛，检查帽缨就可以查出这个人是谁。

楚庄王听了宠妃的哭诉，没有恼怒，从容沉思片刻便趁烛光还未点明，在黑暗中高声说道："今天宴会，各位不必拘礼，尽情开怀畅饮。为了尽兴，请大家都把自己的帽缨扯断，谁的帽缨不断谁就是没有喝好酒！"群臣哪知庄王的用意，为了讨得庄王欢心，纷纷把自己的帽缨扯断。等蜡烛重新点燃，所有赴宴人的帽缨都断了，根本就找不出那位调戏美妃的人。就这样，酒宴上的一场尴尬局面化解于无形，大家都尽兴而归，包括那个调戏庄王宠妃的人。

事后，楚庄王对耿耿于怀的王妃解释说："酒后失态是人之常情，如果当着众人的面追查处理，反会伤了将士的心，使众人不欢而散。"

时隔不久，楚庄王借口郑国与晋国在鄢陵会盟，于第二年春天，倾全国之兵围攻郑国。战斗十分激烈，历时三个多月，发动了数次冲锋。在这场战斗中，有一名军官奋勇当先，与郑军交战斩杀敌人甚多，郑军闻之丧胆，只得投降。楚国取得胜利，在论功行赏之际，才得知奋勇杀敌的那名军官，名叫唐狡，就是在酒宴上被美妃扯断帽缨的人。

人犯了错之后，总是非常迫切地希望得到别人的宽容，给他一次悔过自新的机会。一旦重新获得别人的宽容，就会产生感恩图报的心理，以期通过自己加倍的改过表现来获得对方的认可。楚庄王懂得容人之过，方能得人之心的道理，所以才能略施糊涂之计，最后赢得战争凯旋。

每个人都会犯错，但是面对自己的过错，每个人实际上都不愿意接受明挑着的批评指责。如果我们逆着这种心理趋势，选择尖锐的批评攻击、好为人师的教诲指摘，那么所得到的效果只能是零。所以说批评也是一门艺术，教诲是一门学问。要把它们发挥到淋漓尽致，并收到实效，只能照着《菜根谭》所说的去做："攻人之恶，毋太严，要思其堪受；教人以善，毋过高，当使其可从。"

批评需要明确但是方式可以委婉些，这样便于别人接受也不至于对批评者耿耿于怀。而教诲人，需要让对方如沐春风，少些空洞的论调，多些真心的鼓励，才能让对方积极地接受，从而达到诲人的目的。别人犯下错误时，抑制住喷薄欲出的冷言冷语，换位思考一下，不仅会增强批评教诲的实效，还会为自己的品行智慧加分增色。

愉色婉言 家庭和睦

◇原文◇

家庭有个真佛，日用有种真道，人能诚心和气，愉色婉言，使父母兄弟间，形骸两释，意气交流，胜于调息观心万倍矣！

◇译文◇

家里应该有一个真诚的信仰，日常生活中应该遵循一个真正的原则，人与人之间就能心平气和，坦诚相见，彼此能以愉快的态度和温和的言辞相待，于是父母兄弟之间感情融洽，没有隔阂，意气相投，这比起坐禅调息、观心内省要强万倍。

◇精读解析◇

一家和则万事兴，一个“和”字，既包括家人之间关系融洽，也包括人与人之间坦诚相待。偌大的社会都有可能有这样那样的摩擦，更何况是生活在一个屋檐下的家人亲戚。一个和睦的家庭并不是没有摩擦和争执，而是即使家庭成员有些过错，他们也懂得动之以情，晓之以理，《菜根谭》中“形骸两释，意气交流”所说的内在旨趣就在这一点上。在家庭中，在社会中，难免有些磕磕碰碰的事情，只要和颜悦色地坦诚相待，那么，所有的不快、矛盾、隔阂也就化解冰释了。

晋代的许允结婚那天带着新婚的喜悦和期待进入洞房。因为很多人都对自己的新娘赞不绝口，所以在许允的想象中，妻子一定美若天仙才会赢得如此之多的赞美。可是，幽幽烛光下，许允看到的新娘并不美，而且有点丑。失望之极的许允默默地站了一会儿，便转身准备离开洞房。

新娘看到新婚丈夫要离开，急忙拉住他的衣襟说：“新婚之夜，你就不高兴。这是怎么回事呢？”

许允闷闷不乐地说：“你知道什么样的妻子是好妻子吗？”新娘见丈夫一直用脊背对着自己，心有领会，便说：“古人说贤妻的标准是孝顺公婆、尊重丈夫、说话和气、干活利索，而且长得容貌姣好。我自知自己容貌一般但是前几样我想我都能做到。容颜是天生的，我没法改变，可在其他方面我可以做得更好以弥补先天的不足。”见许允仍不作声，她又说，“别人都夸赞你读书读得很好，那我问你，一个读书人应有的好品德，你有哪几种呢？”

许允哼了一声，也不看她一眼说：“我全都具备。”“你都具备？”新娘微微一笑说，“据我所知，读书人的基本品德之一就是以德论人而不要以貌取人，妄下断论。看人要看品德，而你却没有做到，这不是重貌轻德吗？这样，你还可以说自己具备所有的好品德吗？”

“这……这……”许允面红耳赤，答不出话来。

许允的妻子是贤惠的，她对丈夫的不敬依然平静宽容，和颜悦色，坦诚地表明自己的品德观，从而感动了丈夫。

经过一段时间的共同生活和逐渐深入的了解，许允发现妻子确实很有见识，也很有才干，便由衷地敬重她，与她成为一对和睦的伴侣。

许妻劝诫丈夫的坦诚之心，不仅是一个家庭和睦的方法准则，还是一个人拥有融洽的人际关系的必要条件。其实生活中，和许允遇到的情况相近的问题是经常出现的，比如代沟隔阂、兄妹误解甚至为了家产对簿公堂。这时，如果我们像最初的许允一样冷眼以对、恶语伤人，只会是让问题更加恶化。相比之下双方坦诚相待，心平气和地解决遇到的问题，才是有益于冰释前嫌的明智之举。

人的一生会经历很多意想不到的波折，这些已经让我们应接不暇了，如果我们的避风港再起波澜，谁人能给我们安慰呢？如果家庭果然需要有个真佛，日用需要有种真道的话，那么一个和，一个诚必然当之无愧。和气待人，互相尊重，处世温和的准则直到现在仍是值得人们恪守的。

教育弟子 交友要谨

◇原文◇

教育弟子如养闺女，最要严出入，谨交游。若一接近匪人，是清净田中下一不净的种子，便终身难植嘉禾矣！

◇译文◇

教育弟子就好像养闺中的女儿一样，最重要的是严格管理其生活起居，注意他所结交的朋友。一旦让他结交了品行不端的朋友，就好像在肥沃的土地中，播下了一颗不良的种子，这样一来，就永远也种不出好的庄稼了。

◇精读解析◇

世间每个人都需要朋友，朋友有益友与损友之分。孔子说：“益者三友，损者三友。友直、友谅、友多闻，益矣；友便辟、友善柔、友便佞，损矣。”友直、友谅、友多闻，是对自身有益的朋友。“友直”，是讲直话的朋友；“友谅”，是个性宽厚、能够原谅人的朋友；“友多闻”，是见识广阔、知识渊博的朋友。对自身修养无益而有害的损友亦有三种，“友便辟”是指有特别的嗜好，或者软硬不吃、不经意间便会将他得罪的朋友；“友善柔”是个性软弱、依赖性强，缺乏个人主见甚至一味依循迎合于你的朋友；“友便佞”则是专门逢迎拍马的朋友，通常成事不足，败事有余，于己无益。

所谓“近朱者赤，近墨者黑”，就是这个道理。朋友对一个人的影响绝对会比父母老师的教导更有影响力。

吴国大司马吕岱的亲随徐原正直豪爽、有才略、有志向，吕岱知道他能够成器，便赠送给他头巾、衣服，常与他一起谈论，以后又举荐提拔他，使他官至侍御史。徐原忠诚豪爽，喜欢有话直说。吕岱有过错时，徐原往往直言规劝争辩，还公开评论。有人把这事告诉吕岱，吕岱赞叹说：“这正是我器重徐原的缘故啊！”后来，徐原死了，吕岱哭得很伤心，他说：“徐原是我吕岱有益的朋友，现在不幸去世，我还能再从哪里听到人家谈论我的过错啊！”

在这个故事中，徐原就是吕岱的益友，他能替吕岱着想，敢于指出吕岱的错误。无怪乎徐原去世后，吕岱会如此说。

明代苏浚曾将朋友分为四种：“道义相砥，过失相规，畏友也；缓急可共，生死可托，密友也；甘言如饴，游戏征逐，昵友也；利则相合，患则相倾，贼友也。”其实，昵友和贼友便是孔子提及的损友的另一种表述，畏友和密友则是益友的另一种概括。一个畏友或者密友抵过无数昵友、贼友，而一个人如果和自己的昵友、贼友纠缠不清、甚至盲目信任，纵然他有畏友密友提醒，也无法让他远离失败和悔恨。正如《菜根谭》所说的：“若一接近匪人，是清净田中下一不净的种子，便终身难植嘉禾矣”。

交友有一个选择的过程，学会选择可以相信的朋友至关重要。因为交友有君子之交和小人之交的差别。君子之交和小人之交的区别在于“同道”还是“同利”。小人之交因为是为了私利而互相勾结，所以见利就争先，利尽就交疏。这样的朋友是假朋友，或者是暂时的朋友。君子之交是坚持道义的原则和社会的使命，所以能够相益共济，始终如一。这样的朋友才是可靠的真朋友。我们要交志同道合的真朋友，不要交追逐私利的假朋友。

因此，一个人如有一个看似平淡清高，实则默默关心自己的朋友，就应该感到幸福，并用同样的关心珍惜这份友谊。同时，对于那些平时对自己浓烈甜蜜，遇到问题就找借口推脱的朋友，故意保持距离也不为过。

崇俭养廉 守拙全真

◇原文◇

奢者富而不足，何如俭者贫而有余？能者劳而府怨，何如拙者逸而全真？

◇译文◇

生活奢侈的人即使拥有再多的财富也不会感到满足，哪里比得上那些虽然贫穷却因为节俭而有富余的人呢？有能力的人辛勤劳作而招致众人的怨恨，还不如那些生性笨拙的人无所事事而使自己保持纯真的本性。

◇精读解析◇

“豪华奢侈绝得不到正常人的尊敬，只能换取马屁摇尾。而对于马屁精的摇尾，用更低廉的价格，照样可以购得。因此之故，任何情形下，节俭都是美德，不但能保持心灵，还能保护老命。”这是柏杨先生所说的“保护老命”。此言道理格外深刻。挥霍的人无论多么富有，都会觉得空虚，节俭的人无论多么贫穷总会留有余裕。挥霍的富翁让人怨恨，节俭的穷人让人敬重，这是生活的真理。

节俭美德自古就为圣贤所提倡，“恭俭谦约，所以自守”讲的就是勤俭节约是完善品格、保持操守的必要条件。老子曾说：“吾有三宝：一曰慈，二曰俭，三曰不敢为天下先。”意思是：“我有三件法宝，第一件是慈爱；第二件是节俭；第三件是不敢居于天下人的前面。”其中“节俭”是老子的“三宝”之一。另外历史上的很多明君也都是提倡节俭的人。比如历史上最著名的汉文帝，一生节俭，从不敢铺张浪费。正是从他开始才缔造了“文景之治”，为后来的汉武大帝创造了丰富的物质基础，奠定了百姓安居乐业的天下局面，因此历史上说“德莫高于汉文”。

节约是穷人的财富，富人的智慧，一点也不错。世上所有财富的起点都是节俭。而节俭并不复杂，它所需的只是随手关紧水龙头的细心、转身关掉灯的小细节，一点一滴之中节俭的美德渐成。

1924年，弘一法师到普陀山居住七天，他每天早上仅仅喝一大碗稀饭，而且连菜都没有，其原因是他吃习惯了三十多年的白粥。中午也仅仅是一碗饭、一碗大众菜。他每次吃完饭都会用舌头将碗舔一遍，将食物吃得干干净净，然后用开水冲入碗中，再喝下去，唯恐有剩余的饭粒造成浪费。

他不仅对自己要求严格，而且对别人也进行劝诫，如果他看见客人吃完饭后碗中还有剩余的饭粒，那么，他便会特别生气地训斥道：“你有多么大的福气，竟然如此糟蹋？”不仅如此，如果有客人将冷茶倒掉，他也同样会加以呵斥。

在我们的实际生活中，虽然不一定要将节俭进行到粗茶淡饭的地步，但至少严格要求自己不浪费不挥霍。老一辈人心中流传着这样一种说法，说每个人入世前，上天早已按照实际情况规定了这个人一辈子吃穿住用行所需要的数量，所以这时的浪费就意味着明日的短缺。这自然是一种不科学的说法，但至少它说明了节俭的必要性。

养成节俭的良好习惯对一个人来说，是非常重要的，无论是好日子还是苦日子，都把节俭进行到底。因为，世界上没有用之不竭的资源，一个人也不可能有取之不尽的财富。我们已经不再经历粮食短缺、生活紧俏的日子，但是如果因为没有经历过或者认为以后也不会经历，就不珍惜眼前拥有的，那么这样的人是可悲的。

其实，财富不过是人生的辅助工具，它可以帮助我们营造有品位、有质量的生活，但是不能在挥霍财富和品质生活之间画等号。因为品质生活不仅体现在物质层面，它还必须蕴含着丰富的精神活动，如果生活偏财富而废精神，那么一个人越是奢侈就越会显得没有品位。所以我们生活的最高境界不是无限的财富，而是“贫而有余，逸而全真”的生活和精神境界。要在生活中落实，完全没有必要搞得那么“隆重”，挥霍智慧让人庸俗，节俭反而会让简单的生活获得幸福与快乐。

心无矫饰 乐活自存

◇原文◇

水不波则自定，鉴不翳则自明。故心无可清，去其混之者，而清自现；乐不必寻，去其苦之者，而乐自存。

◇译文◇

水没有波浪就自然平静，镜子没有灰尘就自然明净。所以人的心地并不需要刻意去追求什么清静，只要去掉了私心杂念，就自然会明澈清静；快乐不必刻意去寻找，只要远离那些痛苦和烦恼，快乐就自然会呈现。

◇精读解析◇

诸葛亮在《诫子书》中说：“非淡泊无以明志，非宁静无以致远。”意思是一个人在社会中生活，若淡泊名利等身外之物，便可以真正明确自己的志向，若心无旁骛地投入某项你所钟爱的事业中，便可以实现远大的目标。这是诸葛亮一生的真实写照，亦是我们后人谨遵的警示名言。为世俗名利所困扰，就算成功了，得到的也只是物质丰裕的快感，缺少“闲居无事可评论，一炷清香自得闻”的那派悠然。

水不波自定，鉴不翳自明，说到点上，也就是宁静的作用：心一宁静，也就明澈如镜、快乐自然呈现。

一个皇帝想要整修京城里的一座寺庙，他派人去找技艺高超的设计师，希望能够将寺庙整修得美丽而又庄严。

后来有两组人员被找来了，其中一组是京城里很有名的工匠与画师，另外一组是几个和尚。由于皇帝不知道到底哪一组人员的手艺比较好，于是就决定给他们机会做一个比较。皇帝要求这两组人员各自去整修一个小寺庙，而这两个组互相面对面。三天之后，皇帝要来验收成果。

工匠们向皇帝要了一百多种颜色的颜料（漆），又要了很多工具；而让皇帝很奇怪的是，和尚们居然只要了一些抹布与水桶等简单的清洁用具。

三天之后，皇帝来验收。

他首先看了工匠们所装饰的寺庙，工匠们敲锣打鼓地庆祝工程的完成，他们用了非常多的颜料，以非常精巧的手艺把寺庙装饰得五颜六色。

皇帝满意地点点头，接着回过头来看看和尚们负责整修的寺庙。他看了一下就愣住了，和尚们所整修的寺庙没有涂上任何颜料，他们只是把所有的墙壁、桌椅、窗户等都擦拭得非常干净，寺庙中所有的物品都显出了它们原来的颜色，而它们光亮的表面就像镜子一般，无瑕地反射出从外面而来的色彩，那天边多变的云彩、随风摇曳的树影，甚至是对面五颜六色的寺庙，都变成了这个寺庙美丽色彩的一部分，而这座寺庙只是宁静地接受这一切。

皇帝被这庄严的寺庙深深地感动了，当然我们也知道最后的胜负了。

人的心就像是座寺庙，不需要用各种精巧的装饰来美化，需要的只是让内在原有的美无瑕地显现出来。

永不满足的欲望一方面是人们不懈追求的原动力，成就了“人往高处走，水往低处流”的箴言；另一方面也是“有了千田想万田，当了皇帝想成仙”的人性弱点。

在生活中，人们总喜欢抓点什么，房子、金钱、名利……抓得世界五彩缤纷，抓得自己精疲力竭。心安人静，若以宁静而无杂念的心去看世界，虽然它并没有变样，你却能享受到那份平淡中的永恒。

即使拥有整个世界，一天也只能吃三餐。这是人生悟后的一种清醒，谁真正懂得它的含义，谁就能活得轻松，过得自在，白天知足常乐，夜里睡得安宁，走路感觉踏实，蓦然回首时没有遗憾！

立业念难 倾覆思易

◇原文◇

问祖宗之德泽，吾身所享者是，当念其积累之难；问子孙之福祉，吾身所贻者是，要思其倾覆之易。

◇译文◇

如果问祖先给我们留下什么恩德，那么我们现在所享受的生活就是，因此应当时时感谢祖先们创造积累的艰辛；如果问子孙后代会享受到什么样的福分，那么只要看我们所留下恩泽的多寡就知道，同时，要考虑到毁坏这些家业是很容易的。

◇精读解析◇

霍光作为汉昭帝最重要的辅政大臣，总揽朝政大权几近二十年，作为西汉历史上一个极为重要的政治人物，他既为汉室的安定和中兴建立了卓越的功勋，同时也成为后世解说“生于忧患死于安乐”的常用话题。

当年借着霍光的权势，霍家的儿孙多少在朝中有些权势。而且他们常常挥霍无度，亭台楼阁修建无数，宴游无度，生活极尽奢华，对人对事业也极为专横无礼。曾经有一个书生见霍家如此便预言道：“霍氏必亡！夫奢则不逊，不逊必侮上，侮上者，失道也。在人之右，众必害之。霍氏秉权日父，割之者多矣。天下之害，而又行以逆道。”就是说，霍氏现在的挥霍无度、目中无人，必为日后的灭亡埋下隐患。

后来，果不其然。霍光死后，霍家被灭族。

霍光一生的起伏，是留给后人的治家启示。《菜根谭》中讲“问祖宗之德泽，吾身所享者是，当念其积累之难；问子孙之福祉，吾身所贻者是，要思其倾覆之易”，说的就是治家之道。让前辈建立的家业，继续的最好方法就是让后世子孙明白“生于忧患，死于安乐”的道理。

纵观历史，家业兴衰的内在规律往往是，勤则兴，懒则败。这正如，曾国藩在家书中告诫子弟时说的那样：“历览有国有家之兴，皆有克勤克俭所致。”他还说：“即今世运艰屯，而一家之中，勤则兴，懒则败。”如果子孙后代精神懈怠，不勤不俭，万千家业，也会在朝夕间倾覆。历代的开国皇帝大多懂得打江山难，守江山更难的道理，所以他们更能懂得节俭对于一个国家的重要性。

一个国家的千秋万代离不开节俭，一个家族，要想让家族的事业永续发展，也必须懂得勤俭于之的重要性。

在我们的现实生活中，大多数人没有那么多的家产权势需要传承，但是，无论钱多钱少，权轻权重，我们都要把勤俭持家的美德告诉给我们的下一代，并在生活中以身作则，言传身教。让他们懂得今天的生活，凝聚了长辈们的辛勤劳作，对别人的劳动成果不珍惜，就是对别人的不负责。同时也要嘱咐他把这种教诲传给他的下一代。世世代代下去，家业无论大小总会得到延续。

家人有过 宽容以待

◇原文◇

家人有过，不宜暴怒，不宜轻弃。此事难言，借他事隐讽之；今日不悟，俟来日再警之。如春风解冻，如和气消冰，才是家庭的型范。

◇译文◇

家里有人犯了过错，不应该大发脾气，也不应该轻易地放弃不管。如果这件事不好直接说，可以借其他事来提醒暗示，使他知错改正；今天不能使他醒悟，可以过一些时候再耐心劝告。这就像温暖的春风化解大地的冻土，暖和的气候使冰消融一样，是处理家庭琐事的典范。

◇精读解析◇

对于每一个人来说，家庭是我们出生的地方，也是我们老去长眠的地方。我们会在父母的照顾下长大，会在妻女的陪伴下像我们的父母那样走向衰老，会在天伦之乐中安度晚年，走向死亡。在人生这个角色转换的轮回里，家庭就像一个微型的社会和交际网络，在这里有欢笑和幸福，有悲伤和抚慰，也有争吵和误解。一个和睦的家庭以幸福、欢笑为主线，以悲伤、抚慰为点缀，并用如春风般的和气化解争吵和误解。

孔子的七十二贤人中，有个叫闵子骞的人。这个人幼年丧母，父亲再娶后，又常受继母忽视和冷落。继母将大部分的时间、精力和爱给了自己的两个亲生儿子，而对闵子骞常常冷言冷语，而且偏心十分严重。

有一年冬天，继母同时给三个孩子做了新的棉袄。在一个大风雪的日子，他们的父亲带着三个孩子外出。四个人一同坐在牛车上，虽然迎着风雪，但是大家都面露喜色。可是随着赶路的时间越来越长，继母的两个儿子只是感觉到微寒缩起了脖子，可是闵子骞虽然也穿了继母给自己做的新棉袄，但却感到寒冷难耐，手脚也渐渐失去了知觉，甚至连扶住牛车栏杆的力量都没有了，最后他跌下了牛车，他的棉袄也在滚动的过程中被刮破了。父亲赶忙扶起自己的儿子，却无意中发现从破洞里飘出的芦苇絮。原来继母在给三个孩子缝棉袄时，给自己孩子的用的是棉花，而给闵子骞的则用的是芦苇絮。

父亲气得暴跳如雷，驱车就往回赶。一进门就喊："你太歹毒了，做人母亲的怎么可以这么偏心呢？"说着就要把他的妻子往外赶。这时闵子骞却跪在了地上，抱着父亲的腿说："你就饶了母亲这一次吧。如果母亲走了，就不只我一个人受冻了。"

闵子骞的这番话感动了自己的父亲，也感动了他的继母。从此，继母对他视如己出。

虽然闵子骞受到过继母不公平的待遇，但是关键时刻，他用自己的爱心挽救了有可能走向破碎的家庭。对重组的家庭来说，体谅和宽容都可以弥合裂缝，更何况是有着血脉联系的家庭呢？

在我们的实际生活中，每个家庭都有自己的问题和苦恼，然而所有的问题和苦恼都不是无以解决的。家庭的和睦需用心营造，亲人之间的心结也要靠宽容、体谅这些美德来解开。面对家人的过错和误解“不宜暴怒，不宜轻弃”，具体说来可以包括三点：

第一，正视家人之间的误会并允许误会的发生。一个误会的发生就意味着清除一个生活的雷区。弃之不顾，只会给生活埋下隐患。

第二，冷静处理，说话要注重分寸，不要动手，更不要轻易发怒，因为这样做只会让误解更深。彼此坐下来好好谈一下，试着从对方的角度来想问题，反而会收效良好。

第三，解决问题，要公正，不可有所偏倚。

不贪富贵 家和为贵

◇原文◇

炎凉之态，富贵更甚于贫贱；妒忌之心，骨肉尤狠于外人。此处若不当以冷肠，御以平气，鲜不日坐烦恼障中矣。

◇译文◇

人情冷暖之变化，富贵之家比贫苦人家更显得明显；嫉妒的心理，在至亲骨肉之间比外人表现得更为严重。面对这种情况，如果不能用冷静的态度予以处理，以平和的心态控制自己，那就很少有人不是天天处在烦恼的困境中了。

◇精读解析◇

人人都想富贵，但问题在于人的欲望是无止境的，填饱了肚子，又求珍馐；娶了娇妻，又求美妾；有了房舍，又求华厦；谋得一职，又求升官；得到千钱，又求万金……宝贵的一生就在无止境的追求财富中，苦恼地度过了。

过分地贪取、无理的要求，只会徒然带给自己烦恼而已，在日日夜夜的焦虑企盼中，钩心斗角中，还没有尝到快乐，就已饱受痛苦煎熬了。来也空空，去也空空。所有一切繁华落尽后，世态冷暖尤为可见。而这人情冷暖、世态炎凉的现象在富贵的家庭要多于贫贱的家庭，而兄弟相争，则更是有甚于外人。

春秋时，郑国郑武公的儿子寤生继位为君，他就是有名的郑庄公。他的母亲姜氏偏爱庄公的弟弟共叔段，便请庄公将京城封给共叔段。公子吕知道后，劝告郑庄公说："京是郑国的都城，俗话说天无二日，国无二君，这个地方怎么能封给他呢？请您另外选一块地方封赏。"郑庄公故作无奈说："这是国母的意见，不答应恐怕不行。"

共叔段到达封地京城后，自恃有母后这座大靠山，便开始胡作非为，无所顾忌，根本不把哥哥庄公放在眼里。公子吕看到这种情况后，便敦请庄公发兵讨伐他。庄公说："他的罪恶目前还不显著，这样去讨伐他恐怕还未到时机。暂且再等一段时间，等他多行不义再去讨伐，就名正言顺了。"共叔段这时已准备发动叛乱，郑庄公得知后认为时机已到，高兴地说："现在终于可以除掉这个眼中钉了。"

于是，他假意去朝见周天子，暗中却调兵遣将。共叔段不知是计，以为天赐良机，便同母后姜氏密谋，乘庄公离开京城之际，趁机发动兵变想篡夺君位。正在他们得意的时候，郑庄公早已抄近路发兵攻取京城，并迅速攻占了京城，共叔段见大势已去，只好逃到鄢地避难，郑庄公不依不饶派兵追杀，并将母后姜氏也打入了冷宫。

血浓于水，可是当利益出现时，郑庄公不仅与弟弟骨肉相残，连母亲也被打入了冷宫。翻开皇家的历史，子弑父，兄杀弟，为了权力而骨肉相残，猜疑嫉妒，篡权夺国，惨无人道的事例比比皆是。可是用亲情换来的权力、富贵又有何意义？

庄子说：“钱财不积则贪者忧；权势不尤则夸者悲；势物之徒乐变。”追求钱财的人往往会因钱财积累不多而忧愁，贪心者永不满足；追求地位的人常因职位不够高而暗自悲伤；迷恋权势的人，特别喜欢社会动荡，以求在动乱之中借机扩大自己的权势。而这些人，注定会被烦恼缠身。

权势等同枷锁，富贵有如浮云。生前枉费心千万，死后空持手一双。为何不将富贵平常看待，泰然处之，远离名利纷扰，远离触目惊心的争斗，给自己的心灵一片可自由驰骋的广袤天空？

父慈子孝　伦常天性

◇原文◇

父慈子孝，兄友弟恭，纵做到极处，俱是合当如此，着不得一丝感激的念头。如施者任德，受者怀恩，便是路人，便成市道矣。

◇译文◇

父母对子女们慈爱，子女们对父母孝顺，兄长对弟妹们友爱，弟妹们对兄长敬重，即使是用了全部爱心做到了最完美的境界，也都是理所当然，不能够存有一丝感激的念头。如果互相之间存在有一丝感激和报恩的想法，那么就是将至亲骨肉之间的关系当作了陌路人来看待，真诚的骨肉之情就会变成一种市侩关系了。

◇精读解析◇

家庭是由天伦骨肉关系来的，在家庭骨肉之间特别重情感，而人在感情盛的时候，常常是只看见对方而忘记了自己。中国自古就强调家庭文化，主张父慈子孝、兄友弟恭、夫唱妇随的和谐家庭。特别是对孝悌之礼尤为注重，如“百善孝为先”“父母在，不远游”“惟孝顺父母，可以解忧”等。

无论是孝敬父母还是尊敬兄长、友爱弟妹，都是一种理所当然、天理伦常，都是发自内心的情感。真心地为他们做事，竭尽全力，不求回报，不分彼此，合当风雨同舟，乐享天伦。

郯子是周朝时代人，祖上世代以耕种为生，老实巴交的父母，一年到头苦苦劳作，也只是混个半饥半饱。这年赶上闹灾荒，田里收成不济，日子越发艰难，父母忧急交加，一时心火上攻，双双眼睛失明，这可急坏了小小年纪的郯子。

为了给父母治病，郯子每天半糠半菜地侍奉双亲充饥后，就到处求人，寻医问药。一天，郯子到深山采药，路过一座庙宇，便进去讨口水喝。他见方丈童颜仙骨，就向他请求治疗眼病的方法。老方丈问明缘由，沉吟一下说：“药方倒有一个，恐怕你采不来。”

“请说，我舍命去采！”

“鹿奶，鹿奶可以治眼疾。”

郯子听了，立即叩头谢过老方丈，飞步赶往鹿群出没的树林中。这里的鹿确实不少，可它们蹄轻身灵，一见有人靠近，就一阵风似的飞快逃去。

怎样才能弄来鹿奶呢？郯子绞尽脑汁，昼思夜想。一天，他见村东头猎户家的墙头上晒着一张鹿皮，忽地眼前一亮：把鹿皮借来，披在身上，扮成小鹿的模样，不就能悄悄接近鹿群了吗！于是，郯子迫不及待地走进猎户家，说明来意。好心的猎户欣然把鹿皮借给了他，还指点郯子如何模仿小鹿四肢跑跳的动作。经过多次演练，郯子竟然能举手投足都像一只活脱脱的小鹿了。

第二天，郯子用嘴叼着一只木碗，悄悄地蹲在树林里。待鹿群走近时，披着鹿皮的郯子像一只小鹿似的不紧不慢地凑到一只母鹿身边，轻手轻脚地挤了满满一木碗鹿奶。直到鹿群走开了，他才站起身来，捧着鹿奶直奔家中。

从那以后，郯子多次用扮成小鹿的办法，去挤母鹿的奶汁。父母由于常常喝到鲜美的鹿奶，营养不良的身体一天天强壮起来，后来，失明的眼睛，果然奇迹般地恢复了光明。

郯子用他的行动证明了他的孝心，谱写了一首美妙的情感之曲。孝悌是人的一种本能。古人讲“求忠臣必于孝子之门”，一个人对父母家庭有真感情，如出来为天下国家献身，就一定有责任感。换言之，忠就是孝的发挥，就是扩充了爱父母的心情，由单纯的爱父母到爱别人、爱国家、爱天下。“子之爱亲，命也。”儿女爱父母，这是天性，人不孝其亲，不如禽与兽。

兄弟姐妹的关系也如同这父母子女之间的关系一样，是没有什么道理可讲的，互相了解，彼此信任，情同手足。

假如“父慈子孝，兄友弟恭”夹杂有丁点功利的味道，便不再是纯粹的亲情，此时的付出只是希望得到对方的回报，那么至亲的亲人之间同陌生人相比没有区别，发自内心的骨肉之情与市面上世俗的交易也没有区别，人与人之间也就少了些纯粹的真诚的人情味。

从容处变 剀切规友

◇原文◇

处父兄骨肉之变，宜从容，不宜激烈；遇朋友交游之失，宜剀切，不宜优游。

◇译文◇

面对父兄或骨肉至亲之间发生的变故，应该沉着处理，不宜感情用事，采取激烈的态度；在与朋友的交往过程中，一旦朋友之间发生什么过失，应该态度诚恳地规劝，不宜置之不管，让他错下去。

◇精读解析◇

当父母兄弟、骨肉至亲发生矛盾时，我们应该保持沉着、从容的态度，不能因感情用事而变得冲动，做出过激的事情，最终把事情弄得更加无法收拾；好朋友之间如果有什么过失，就应该直言不讳地诚恳劝阻，绝对不能因为是朋友就不好意思直说，从而保持沉默，眼睁睁地看着他继续错下去。救人于危难之间，是一个人难得的品质，不仅能够帮助别人，也能够迎来别人的尊重。这正是《菜根谭》中“处父兄骨肉之变，宜从容不宜激烈；遇朋友交游之失，宜剀切不宜优游”这句话的奥妙之处。

人的一生不可能一帆风顺，难免会碰到失利受挫或面临困境的情况，这时候最需要的就是别人的帮助，雪中送炭会让原本无助的人记忆一生。人们总是可以敏感地觉察到自己的苦处，却对别人的痛处缺乏了解。他们不了解别人的需要，更不会花工夫去了解。

骆统，三国时期吴国会稽（治所在今江苏苏州）人，他的父亲为袁术所害，母亲改嫁做了华歆的妾。

骆统八岁那年，跟随一位亲戚从母亲那里回老家会稽，母亲为他送行。骆统拜辞了母亲，头也不回地走了。母亲哭得很伤心。车夫对骆统说：“老夫人还在那里伤心落泪呢，你回去劝慰一下吧。”骆统说：“我就是为了不增加母亲的痛苦和思念才不回头劝慰的。”骆统对母亲很孝顺，性格慈悲，乐善好施。

有一年闹饥荒，粮食歉收，乡邻及远方的亲友们缺吃少穿，生活非常困难。骆统很想救济他们，但是家中又没有那么多的粮食，因此终日悲伤，不思饮食。他的姐姐仁爱有德行，因为丈夫刚去世，暂时回娘家居住。她见弟弟天天满脸戚色，饭量日减，便问他有什么为难之事。骆统说：“乡邻亲友们都没有粮食吃，我哪里忍心独自吃饭呢！”姐姐说：“原来是因为这件事，你为什么不早告诉我，而自己折磨到这等地步呢？”她就把自己家中的粮食拿出来送给骆统，又把这事告诉了母亲，母亲很是称赞姐弟俩的义行。

骆统把粮米全部分送给乡邻，帮助他们度荒自救。乡邻们很是感激，骆统也因此美名传布乡里。

虽然很少有人能做到像骆统这样“人饥己饥，人溺己溺”的境界，但我们至少可以随时体察一下别人的需要，时刻关心朋友，帮助他们脱离困境，当朋友身患重病时，多去探望，多谈谈朋友关心的感兴趣的话题；当朋友遭到挫折而沮丧时，给予鼓励：“这次失败了没关系，下次再来。”当朋友愁眉苦脸，郁郁寡欢时，亲切地询问他们。这些适时的安慰会像阳光一样温暖受伤者的心灵，给他们希望。

患难之中见真情，无论是亲人，还是朋友，当其遇到变故，或是身处逆境之时，不能够不闻不问，也不能够感情用事，而应该从容处变，恳切待人，这也是为人的一种责任。

放低心态　戒骄戒躁

◇原文◇

富贵家宜宽厚，而反忌刻，是富贵而贫贱其行矣！如何能享？聪明人宜敛藏，而反炫耀，是聪明而愚懵其病矣！如何不败?

◇译文◇

富贵之家应该待人宽容仁厚，如果对人挑剔苛刻，那么即使是处在富贵之中，其行为和贫贱无知的人没有两样，怎么能够长久享受幸福美满的生活？聪明有才华的人应该隐藏自己的才智，如果到处炫耀张扬，那么这种聪明就跟愚蠢没有什么区别，哪有不败的道理？

◇精读解析◇

从前，有一位博士搭船过江。在船上，他和船夫闲谈。

他问船夫说："你懂文学吗？"船夫回答说："不懂。"

博士又问："那么历史学、动物学、植物学呢？"

船夫仍然摇摇头。博士嘲讽地说："你样样都不懂，十足是个饭桶。"

不久，天色忽变，风浪大作，船即将翻覆，博士吓得面如土色。

船夫就问他："你懂游泳吗？"

博士回答说："我样样都懂，就是不懂游泳。"

话刚说完，船就翻了，博士大呼救命。船夫一把将他抓住，救上岸，笑着对他说："你所懂的，我都不懂，你说我是饭桶；但你样样都懂，就不懂游泳；要不是我这个饭桶，恐怕你早已变成水桶了。"

故事中的博士自以为才高八斗，于是飘飘然，逢人就要卖弄，结果却在"一无所知"的船夫面前出尽了洋相。所以说人还是要谦虚一点，不要被自己取得的一点点成绩冲昏头脑。在生活中我们经常会遇到这样一种人，他们总喜欢指出别人的缺点，说人家这做得不合适，那也做得不够，似乎他什么都行，对什么都可以说出一个大道理来。其实，这是一种不成熟的表现，正是人们常说的"一桶水不晃，半桶水响叮当"。

有些人之所以摆出一副"万事通"的面孔来，恰恰是由于他们自己内涵不够，底气不足，怕被别人轻视，因此用这种习惯来突出夸大自己的重要性，以此来提高自己的地位，可是这样做的结果只会让人敬而远之，甚至遭人厌恶。

《菜根谭》说："聪明人宜敛藏而反炫耀，是聪明而愚懵，其病如何不败？"讲的是为人应该保持谦虚有礼，哪怕那么地聪明绝顶也不能太露锋芒。如果一个人总是夸耀自己的本领高强，他表面看来很聪明，其实他的言行跟无知的人并没有什么不同。这种表面聪明而爱炫耀的人，他的事业总会受挫、失败的。

有一角力高手，会360种招数，每逢比武，灵活变化，交替使用，所以，每次出手都各不相同。他有聪明机灵身体强壮的小徒弟，深受他的器重。于是这个角力高手就将自己的359招传授于这个徒弟，只保留一招未传。小徒弟没有让角力高手失望，学成很快而且无人能敌。

后来，小徒弟跑到国王面前夸下海口，说："我不愿胜过师傅，要不是看在师傅对我有栽培之恩德的分上我早就可以和他一决雌雄了。其实，我的本领和力气，绝不比师傅差。"

国王见他这样目无师长，很不高兴，令他师徒二人当着满朝达官贵人的面，进行比武。

那青年耀武扬威，不可一世地走进赛场，像头愤怒的大象，仿佛他的对手就是一座铁山，他也要推倒。师傅见状，只好使出留下未传的那最后一招，一把将他扭住。徒弟还不知怎样招架，就已经被师傅举过头顶，抛在地上。满场的人都欢呼叫好。国王赏赐师傅一袭锦袍子，并斥责那青年说："你妄想和你师傅较量，可如今机会来了你却失败了。"

徒弟说："陛下！他胜过我并不是凭力气，而是用他留下没教的那一点儿小本事，才把我打败的。"

师傅说："我留下这一招，为的就是今天。圣人说过：'不要把本事全部教给你的朋友，万一他将来变成敌人，你怎样抵挡得住？'还有个从前吃过徒弟亏的人说过：'也不知是如今人心改变，还是世上本来没有情义。我向他们传授射箭技艺，最后他们却把我当作天上的飞鹄。'今天看来，我当时的决定是对的。"徒弟听完后，羞愧难当。

真正有本事、胸怀大志的人是不会骄傲的，这是一个人的修养达到较高境界的表现。倒是那些胸无大志的人，一知半解的人，很容易骄傲。至于骄傲的本钱，有大有小，有的甚至根本没有，也会凭空骤生傲气。正如一个寓言所说的，长颈鹿因为能吃到几米高的树叶而骄傲，而小山羊则因可以从篱笆缝隙里钻进去吃草而骄傲。这说明：骄傲的程度与愚蠢的程度成正比，与成功的概率成反比！要想在成功的道路上走得既坚定又稳健，必须放低心态，戒骄戒躁，永不自满。

惟恕情平 惟俭用足

◇原文◇

居官有二语，曰：惟公则生明，惟廉则生威。居家有二语，曰：惟恕则情平，惟俭则用足。

◇译文◇

做官有两句格言：只有公正无私才能明断是非，只有廉洁才能树立威信。治家也有两句格言：只有宽容才能心情平和，只有节俭家用才能充足。

◇精读解析◇

公、廉、恕、俭，应该属于道德范畴，是一种摒弃一己之私的高风亮节；是一种清白磊落的处世姿态；是一种宽厚博大的胸襟气量；也是一种修身养德的立人之道。《菜根谭》正是洞见到了这一点，所以它告诉人们要珍惜这些美德。

对于领导者来说，公正、廉洁乃立身之本。公生明，廉生威，只有公正无私才能明断是非，只有清明廉洁才能树立威信。古人云："有威则可畏，有信则乐从，凡欲服人者，必兼具威信"。若身有正气，即便清贫如洗，也能够不言自威，相反，如若是贪恋细利而徇私枉法，即便是位高权重，在人们眼中也仅是蝼蚁之轻。

历史上，有个叫张伯升的人，他任福建巡抚时，是在1707年7月。他刚刚到任的时候，看到署衙陈设非常豪华，富丽堂皇，金银器皿一应俱全，锦绣帷幕，闪闪发光。他立即招来役吏询问其原因。役吏向他解释说："这是按照惯例办事的，抚院到任，行户必须准备好，符合规格。”张伯升说：“我从来没有享受过这么好的物件，不必讲究那么多，快撤下去，行户就是百姓，难道我上任这点小事，也要向百姓滥派赋税吗？”结果这些东西都物归原主了。他的家人想酌情留下几件东西，他严词制止了。

巡抚向来有家丁五十人，而所领的兵粮全归巡抚调派。张伯升说：“我家都是庄农，弓箭刀枪我不懂，怎么能冒名欺骗朝廷呢？”便下令不用士兵，而着重在农户中召集。同时，他把兵粮全数退回兵部，并予备案。张伯升因自己的廉洁奉公，受到百姓的敬重，他的事迹被人们传为美谈。

渴不饮盗泉水，热不息恶木阴。张伯升的故事，恰恰印证了“公生明，廉生威”的道理。从他的身上我们可以看到，至“公”和至“廉”，不能靠几句冠冕堂皇的空洞口号，关键在于人们是否能够脚踏实地躬行实践，在于人们是否能够在点滴小事上认真对待。至于治家立业，则是“恕则情平，俭则用足”，只有宽容才能心情平和，只有节俭家用才能充足。人与人相处，难免会磕磕碰碰，心胸宽广一些，气量宏大一些，就会免去很多不必要的麻烦。宽容别人便是给自己留下余地。对于齐家而言，仅仅有宽容还不够，如果能够克勤克俭，便可以锦上添花了。春秋战国时期的季文子就是这样一个克勤于邦、克俭于家的楷模。

季文子出身于鲁国的贵族世家，但是他却能够克勤克俭，以节俭立身。他不仅自己生活俭朴，衣着朴素，马车简单，而且也要求家人勤俭节约。

很多人都不理解他的这种行为，有人便劝他说：“您身为上卿，德高望重，但您在家里不准妻妾穿丝绸衣服，也不用粮食喂马。您自己也不注重容貌服饰，这样不是显得太寒酸，让别国的人笑话您吗？这样做也有损于我们国家的体面，人家会说鲁国的上卿过的是一种什么样的日子啊。您为什么不改变一下这种生活方式呢？这于己于国都有好处，何乐而不为呢？”

季文子听完却不以为然，回答道：“我也希望把家里布置得豪华典雅，但是看看我们国家的百姓，还有许多人吃着粗糙得难以下咽的食物，穿着破旧不堪的衣服，还有人正在受冻挨饿。想到这些，我怎能忍心去为自己添置家产呢？如果平民百姓都粗茶敝衣，而我却装扮妻妾、精养粮马，这哪里还有为官的良心！况且，我听说一个国家的富强，只能通过臣民的高洁品行表现出来，并不是以他们拥有美艳的妻妾和良骥骏马来评定的。既如此，我又怎能接受你的建议呢？”听完这一番话，那人羞愧不已，内心对季文子也愈发敬重起来，于是，也仿效季文子勤俭节约。

静以修身，俭以养德。人们看到季文子外在的节俭，钦佩他内在的德行。从小处来说，节俭是一种将心比心的善良，是一种尊重他人的表现。古人云：一饭一粥，当思来之不易；半丝半缕，恒念物力维艰。我们的衣食住行很大程度上都来自于他人的劳动成果，人们对他人劳动成果的尊重也是对他人价值的肯定。从大处说，勤俭对于大事业的成就也是十分关键的，“历览前贤国与家，成由勤俭破由奢”说的正是这个道理。不管是从立德来讲，还是从立业着眼，勤俭无小事。

第十一章

静心达生

——保持心性清静，生活随处安然

天地和气 人心喜气

◇原文◇

疾风怒雨，禽鸟戚戚；霁日风光，草木欣欣。可见天地不可一日无和气，人心不可一日无喜神。

◇译文◇

急风暴雨会使飞鸟走兽都感到哀婉悲伤；风和日丽会使花草树木都充满欣欣向荣的生机。从这些自然现象中都可以看到人间不能够一天没有祥和安宁的气氛，人的心中不能够一天没有欣喜乐观的心情。

◇精读解析◇

“和气”两字包含着人生的大道至理。一个人的心中，如果装不下这一个和字，他的生活无异于在刀锋上行走。正像菜根谭中说的“疾风怒雨，禽鸟戚戚；霁日风光，草木欣欣”，一个人有了和气，哪怕遇到疾风骤雨的情势，也会将心情的紧张度降下来，从而积极乐观地应对。所以和气不仅是一种雅量、文明和胸怀，更是一种人生的境界与智慧，与人和气，人才能与自己和气。当天下一团和气的时候，什么事情办不成呢？

和为贵，一股和风如春风化雨般拂面吹来，有谁会不喜欢呢？这个和字，仿佛一方磨刀石，磨砺着我们的意志，却又磨亮了我们生命的彩虹。当一切终将逝去的时候，我们再来回首看，若是一任当年意气不肯平，如今哪有太和风。

在古代，有一个叫艾巴的人，他有一个特殊的习惯：每次生气和人起争执的时候，就以很快的速度跑回家去，绕着自己的房子和土地跑三圈，然后坐在田边喘气。

艾巴工作非常勤劳努力，他的房子越来越大，土地也越来越广。但不管房地有多广大，只要与人争论而生气的时候，他就会绕着房子和土地跑三圈。“艾巴为什么每次生气都绕着房子和土地跑三圈呢？”所有认识他的人，心里都感到疑惑，但是不管怎么问他，艾巴都不愿意明说。

直到有一天，艾巴很老了，他的房地也已经扩大了，他生了气，拄着拐杖艰难地绕着土地和房子转，等他好不容易走完三圈，太阳已经下山了，艾巴独自坐在田边喘气。他的孙子看到后恳求他说：“您已经这么大年纪了，这附近地区也没有其他人的土地比您的更广大，您不能再像从前那样一生气就绕着土地跑了。还有，您可不可以告诉我您一生气就要绕着土地跑三圈的原因？”

艾巴终于说出隐藏在心里多年的秘密，他说：“年轻的时候，我一和人吵架、争论、生气，就绕着房地跑三圈，边跑边想自己的房子这么小，土地这么少，哪有时间去和人生气呢？一想到这里，气就消了，把所有的时间都用来努力工作。”

孙子问道：“爷爷！您年老了，又变成最富有的人了，为什么还要绕着房子和土地跑呢？”艾巴笑着说：“我现在还是会生气，生气时绕着房子和土地跑三圈，边跑边想自己的房子这么大，土地这么多，想想还是一团和气的好些，又何必和人计较呢？一想到这里，气就消了。”

这个故事可以说是对“天地不可一日无和气，人心不可一日无喜神”这句话的真实演绎。人生在世不如意者十之八九，我们遇事对人能够以和为贵才是智者的做法。和气能让人少生气，还能为人免灾祸，一个和字中间透着多少智慧。和气为贵，和气生财，这才是长久之道。

所以说万事和为贵，和气如同一缕清风拂人面，无比舒心。世界的万事万物常常会随我们心态变化而呈现不一样的心理联想。当我们怒发冲冠时，看周围的事物都觉得可悲可叹，当我们喜笑颜开时，看一切事物也觉得可喜可乐。人在现实生活中可能遇到各种喜怒悲哀的事情，心中必须保持平衡，一定要有喜神的鼓舞，这个喜神就是努力拼搏、不断向上、积极进取的精神，

保持一种心理上的平衡

闹中取静 苦中作乐

◇原文◇

静中静非真静，动处静得来，才是天性之真境；乐处乐非真乐，苦中乐得来，才是心体之真机。

◇译文◇

在悄然无声的环境中所得来的宁静不能算是真正的宁静，只有从嘈杂喧闹的环境中得来的宁静，才是人类本性中真正静的境界；在快乐的地方得到乐趣不能算是真快乐，只有在艰苦的环境中仍然能保持乐观的心情，这种快乐才是人类本性中真正快乐的境界。

◇精读解析◇

有一个行者来到一个陌生的城镇，为了确定明天是否还能赶路，便问一位坐在墙边的老人，说："这位大爷，请问明天的天气怎么样？"

老人看也没看天空就回答说："是我喜欢的天气。"

"会出太阳吗？"行者又问。

"我不知道。"他眯着眼睛回答道。

"那么，会下雨吗？"

老人依旧头也不抬地回答："我不想知道。"这时旅行者已经完全被搞糊涂了。

"好吧，"行者深吸一口气，接着说，"如果是你喜欢的那种天气的话，那会是什么天气呢？"

这时候，老人终于睁开了眼睛，抬起了头。他看着眼前的年轻人，说：“很久以前我就知道我没法控制天气了，所以不管天气怎样，我都会喜欢。”

生活中的很多事都像天气一样不受我们的控制。比如，环境的静与噪，比如生活的顺和逆。但是无论怎样，我们还有自己的内心可以掌控。隐士结庐人境，也可以保持内心的沉静，保留心灵的真机；勇士身处窘境亦可以苦中作乐，留守心境的真静。其实说到一处，“天性之真境”和“心体之真机”皆由坦然乐观的心境铸就。

人人都希望自己有更好的生活，过得很舒适快乐，但这首先最基本的就是要改变心态。因为没有人能预知明天将会发生什么，是喜是悲只有天知道。人们期望天降喜事，但有时一些意外烦恼总是不期而来，为此，有些人悲观失望，结果让自己的生活变得更糟糕。其实，这样的做法很愚蠢。因为一个人向前瞻望的时候，如果看不到一点快乐的远景，他在世界上就不能找到继续前行的希望和动力。所以我们既然不能改变既成事实，不如改变去面对事实，尤其是坏事的态度和心境。

生活中，很多人在追求自己理想的生活的过程中，不自觉地就陷入了一个可悲的圈子：首先把时间放在懦弱的抱怨上，然后生活的境遇在抱怨中越发下降，最后继续抱怨，继续窘迫地过活。其实只要我们换个角度想，就会意识到无论快乐还是痛苦，其实都是生活的一部分，只有心态调整好了，才会跳出这个圈子，结果便可以闹中取静，苦中作乐。

喧嚣中的沉静是一种境界，欢乐的贫困是件美事。有人曾经问过一些饱受磨难的人是否总是感到痛苦和悲伤，有的人答道：“不是的，倒是很快乐，甚至今天我有时还因回忆它而快乐。”为什么会这样呢？这是因为他从心理上战胜了磨难，找到了心中的宁静，并为此而快乐。换句话说生活本来就是让人热爱的，然而真正的精彩不属于忽略“天性之真境”和“心体之真机”的悲观者。

生活本来就是让人热爱的，那些喧嚷和挫折，不过是生活中一点或酸或辣的调味品。所以当我们遭受损失、挫折的时候，不要把焦点放在自己无法挽回的部分，而要把焦点放在生活里还有那些值得感谢、还能为自己做些什么的部分。当自己的内心失去平静并呈现消极的时候，要确保自己的意念完全投注在解决办法上，而非问题上；要学会即使在与不幸共存的时刻，还能够积极向上、活在此刻。其实一个真正会生活的人，在这个快节奏的社会中，总能持沉静的心看世事纷扰，以乐观的态度看人生起伏。

控制情绪 化解矛盾

◇原文◇

当怒火欲水正沸腾处，明明知得，又明明犯着。知的是谁？犯的又是谁？此处能猛然转念，邪魔便为真君矣。

◇译文◇

当一个人的愤怒或欲念仿佛沸水翻腾时，人往往不能克制自己，虽然他自己知道这样做是不妥当的，但又偏偏去触犯。知道这个道理的是谁，明知故犯的又是谁？如果这时能够冷静下来，弄清问题的症结所在，犯的是什么错，在这时突然觉悟而改变念头，那么邪恶的魔鬼也就变成慈祥的天王了。

◇精读解析◇

有人曾说，能够征服自己的感情和愤怒，就能征服一切。这正说明了人应该懂得调节自己的情绪，进而完全掌握自己的情绪，而不是成为情绪的奴隶。然而，有很多人都曾陷于愤怒、忧郁、恐惧等消极情绪的陷阱里不能自拔，他们被情绪折磨的同时，也丧失了当下的美好。

一念也可使火焰变成红莲，使地狱变成乐土。当欲念上升，狂躁不安的时候，你可以静下心来，设身处地地想一想，克制一下自己的情绪。当你重归宁和时，会发现自己已经远离了虚妄，也消融了矛盾。

有一位得道高人曾在山中生活三十年之久，他平静淡泊，兴趣高雅，不但喜欢参禅悟道，而且也喜爱花草树木，尤其喜爱兰花。他的家中前庭后院栽满了各种各样的兰花，这些兰花来自四面八方，全是年复一年地积聚所得。大家都说，兰花就是高人的命根子。

这天高人有事要下山去，临行前当然忘不了嘱托弟子照看他的兰花。弟子也乐得其事，上午他一盆一盆地认认真真浇水，等到最后轮到那盆兰花中的珍品——君子兰了，弟子更加小心翼翼了，这可是师父的最爱啊！他也许浇了一上午有些累了，越是小心翼翼，手就越不听使唤，水壶滑下来砸在了花盆上，连花盆架也碰倒了，整盆兰花都摔在了地上。这回可把弟子给吓坏了，愣在那里不知该怎么办才好，心想：师父回来看到这番景象，肯定会大发雷霆！他越想越害怕。

下午师父回来了，他知道了这件事后一点儿也没生气，而是平心静气地对弟子说了一句话："我并不是为了生气才种兰花的。"

弟子听了这句话，不仅放心了，也明白了。

种植兰花本是自己的喜好，也是修身养性的一种方式，假如因为弟子一时的不小心而迁怒于他，不仅会伤害两人的感情，在心理上也会形成焦躁、恼恨、粗暴等情绪，那又何来的修身养性？

愤怒于别人的言行，自身不可能得到任何形式的提升，反而会在愤怒情绪的支配下更加容易丧失理智。不管经历什么事情，我们都要止怒，在脉搏加快跳动之前，凭借理智的伟力平静自己。

想一想，如果惹你生气的人犯了错误，是由于某种他们不可控的原因，我们为什么还要愤怒呢？

如果不是这样，那么他们犯错一定是由于善恶观的错误。看到了这一点，说明在善恶观的问题上，我们的灵魂比他们要优越，比他们更理性，更能辨明是非黑白。因此，要心存怜悯，而不应有一丝愤怒。

尽自己所能心平气和，尽量找到事情的症结所在，而不是愤愤不平，勃然大怒。因为往往折磨我们的是自己的愤怒情绪，而非别人的一些令人愤怒的行为。控制自己的愤怒情绪，从而避免让灵魂受到伤害，是完全在我们的力量范围之内的。在“欲水沸腾之际”能够冷静，就如《菜根谭》所说“猛然转念，邪魔便为真君”。

心虚性现 意净心清

◇原文◇

心虚则性现，不息心而求见性，如拨波觅月；意净则心清，不了意而求明心，如索镜增尘。

◇译文◇

内心清净无物，人的本性就会显露出来，不息灭妄想纷飞的心却去寻找人的自然本性，就像拨开水中的波浪去捞月亮一样只是一场空；意念宁静纯洁，心灵就会清明，不了解自心而求内心清明，就像是为落满灰尘的镜子又增加了一层灰尘一样。

◇精读解析◇

只有内心没有杂念，保持清净宁和的心境，人的真性情方能出现。相反，内心满是杂念，心神不宁时，只会令生活手忙脚乱。就好像拨开水波来找水中的月亮，越拨就越是找不到。

人的行为归根到底都是受到心本体的操纵，摒除心中杂念，清净无物，就能洞察世事，完善自身，并且始终以快乐的心态投身于生活中。心灵就是一副有色眼镜，心是什么颜色，眼中看到的东西就是什么颜色，物体本身都只是大千世界中的自然存在，因为人的心不净，所以才会受到干扰，产生混乱。

从前，有个名叫弈秋的人，他的棋艺水平闻名全国。每隔两年，弈秋大师都招收两名徒弟，这一次，他的徒弟是两个年轻小伙子，一个叫东木，一个叫西木。

弈秋讲棋有个习惯，总是闭着眼睛讲解，用手摸着棋子出招，并不监督徒弟们学习的态度，全凭他们的自觉来掌握棋艺。

开始时，东木和西木都能够全神贯注地听老师讲课，有时，两个人还时不时打断弈秋的讲解，提出各种疑问。晚上回到住宿的地方，两人往往兴致未尽，在院子中互相切磋棋艺，其水平不相上下，进步很快。

一年后，东木和西木回家看望亲人。经过一片林子时，他们恰好看到一个英俊的猎人，拉弓搭箭，一下子射落一只正在高飞的鸿鹰。这情景深深地吸引了西木，给他留下难忘的印象。回到老师身边，东木和西木学棋的态度有所不同了。东木学棋的兴致越来越浓，西木却感到整天学棋太枯燥了。东木听老师讲解棋谱时，专心致志，用心去领会老师说的每一句话；西木呢，他对猎鸟更感兴趣，总惦记着，鸿鹰是不是正在天上飞呢，有时，他还隐隐约约地听到了鸿鹰的叫声，眼前不时浮现猎人射鹰的英姿。

又一年过去了，东木和西木学艺期满。弈秋让二位徒弟对弈，检验他们的棋艺。结果呢，当然是东木棋高一筹，把西木“杀”得落花流水。

弈秋大师看完两位徒弟的棋局，感慨地说：“初学时，我闭目教棋听你们两人的回答，我认为你们同样的聪明；后来，我闭目教棋时只听到东木一个人的回答，西木的心已经飞走了，所以我明白东木才是我真正的徒弟。”

由于心中装着杂念，没有了清净，西木便再无心思学习下棋，他同东木的棋艺相比也逐渐拉开了距离。清净心能够提高人的人生境界。清净之心就是一粒小小的种子，虽然外表看来微不足道，但其中蕴含着最伟大的力量，凭借这种力量，人能够实现非常大的提升。

人心不净，就会陷入各种诱惑、迷惘中不能自拔，从而难以享受到生命中最本真的快乐。作家杨绛先生有一篇散文叫作《洗澡》，文中的内容很特别，她说的洗澡不是沐浴，而是给心灵洗澡，也就是净化和荡涤身心。生活在现代文明之中的人，心灵都被蒙上了一层厚厚的物质的尘垢，洗去心灵的尘垢，就能够以一种轻松快乐的心态去直面现实。

其实，净心并不玄妙，它实际上就是生命的一种积极、快乐、简单的状态。只要注重加强自身的心灵建设，持续不断地净化心灵，人们就一定能够得到单纯而简约的幸福。

忙里偷闲　闹中取静

◇原文◇

忙里要偷闲，须先向闲时讨个把柄；闹中要取静，须先从静处立个主宰。不然，未有不因境而迁，随时而靡者。

◇译文◇

要在十分忙碌的时候抽出一点空闲松弛一下身心，必须先在空闲的时候有一个合理的安排和考虑；要在喧闹中保持头脑的冷静，必须先在平静时有个主张。如果不这样，一旦遇到繁忙或者喧闹的情形就会手忙脚乱。

◇精读解析◇

张弛有度地安排生活的节奏，事繁勿慌，事闲勿荒，一张一弛间便体现出一种掌握人生的艺术。有些人在繁忙的时候，手足无措、不可开交，但结果往往也是不甚了了；清闲的时候，更是不知如何打发时间，虚度光阴。这是典型的不懂得调剂生活，缺乏掌控生活节奏的能力。

而《菜根谭》告诉人们，真正的智者，在生活比较繁忙的时候，会忙里偷闲，有条不紊，从容应对，而不乱方寸；在生活比较清闲的时候，也不会消磨时间、荒疏心灵，而是举轻若重、踏实进取。

《礼记·杂记下》记载：学生子贡随孔子去看祭礼，孔子问子贡说：“赐（子贡的名字）也乐乎？”子贡答道：“一国之人皆若狂，赐未知其乐也。”孔子说：“张而不弛，文武不能也；弛而不张，文武弗为也；一张一弛，文武之道也。”

张是指弓拉得很紧，弛是指把弓放松，张弛结合比喻有时紧张，有时放松，有劳有逸，宽严相济。圣人的教诲犹在耳边，纵观历史，很多伟人并不是夜以继日地工作的，相反，适当的“张”与“弛”正是他们成功的秘诀。鲁迅惯于夜深人静时秉烛而书，但他下午是必须休息以保持体力的。马克思常在长时间写作之余，写几首小诗，或演算几道数学题来调节大脑，现代文学巨匠老舍喜欢在写作的余暇时间去养花……诸如此类，张弛有道，给他们带来了充沛的精神与活力。对于我们普通人而言，既要生无所息，努力工作、学习，又要生有所息，多给自己留些闲暇时间，培养自己的兴趣与爱好。这样，既能为工作与学习提供充足动力，又能提高自己的生活质量和品位。

《菜根谭》不仅告诉我们张弛有度的生活之道，还告诉我们从容徐行的处世之法。从容是一种心态，徐行是一种境界。遇危不乱，才能转危为安；处变不惊，才能应对自如。人活一生往往前路难定，有时难免陷入困境，在惶急之间，能静下心来，沉着应对，方能扭转大局。凡遇大事需静气，平心静气是一种姿态，一种气度，一种修养。冷静之中的决定往往是摆脱困境的最佳方案，同时冷静也是一种智慧，以静待变，乱中取胜！

谢安是东晋宰相，隐居东山时，时常与孙绰等人到海上游玩。有一次船远离海岸，忽然大风骤起，波浪滔天，孙绰、王羲之等人都大惊失色，建议赶快回去。谢安这时却神情激动，兴致甚高，吟诗吹箫，不为所动。船夫因为谢安神态安闲、心情舒畅，便继续向前摇船。一会儿，风势更急，浪涛更高，大家更加不安，纷纷骚动起来，再也坐不住了。谢安不慌不忙地说：“这样看来，是否可以回去？”大家立即响应，这才掉过船头，向岸边驶去。由这件事，人们认识了谢安不凡的气度，谢安处乱不惊，乱中取静，经世经国的相才也在此体现出来，难怪他能外安邻邦，内抚朝野，建功立业。

谢安处乱不惊的气度着实令人叹服。心宁智生，智生事成，从容、冷静是成大事者必备的素质。性格沉稳的人无论在生活中遇到什么样的挫折都不会产生悲伤、抑郁、绝望，而是沉着地寻找解决问题的方法。每个人的一生都不可能风平浪静地度过，很多人常常在汹涌的波涛中沉浮。有时候，沉浮之际最重要的便是看他是否拥有从容的心态，是否能够冷静地直面困境。人生是一个未知的变数，未来也难以深望，谁也无法预料自己前世今生的命运，人们唯一能做的就是遇事不惊慌，沉着冷静、从容徐行。只有这样，才能领略人生的真谛，活出自己的精彩。

物自为物 我自为我

◇原文◇

我贵而人奉之，奉此峨冠大带也；我贱而人侮之，侮此布衣草履也。然则原非奉我，我胡为喜？原非侮我，我胡为怒？

◇译文◇

我富贵了人们就敬重我，敬重的是我穿着的华丽威严的官服；我贫穷了人们就轻视我，轻视的是我穿着的布衣和草鞋。人们原本敬重的是官服而不是我本人，我有什么可高兴的呢？人们原本轻视的是布衣草鞋而不是轻视我，我有什么可恼怒的呢？

◇精读解析◇

世上的人们所尊崇看重的，是富有、高贵、长寿和善名；所爱好喜欢的，是身体的安适、丰盛的食品、漂亮的服饰、绚丽的色彩和动听的乐声；所认为低下的，是贫穷、卑微、短命和恶名；所痛苦烦恼的，是身体不能获得舒适安逸、口里不能获得美味佳肴、外形不能获得漂亮的服饰、眼睛不能看到绚丽的色彩、耳朵不能听到悦耳的乐声。假如得不到这些东西，就大为忧愁和担心。

人活在世上都要扮演一定的社会角色，或者是富贵之人，或者是平民百姓。每个人都有各自的活法，不要一味地羡慕别人，看重物质财富，即便是贫苦的百姓也有自己的生活乐趣，而这些乐趣达官贵人们并不一定具备。

把荣誉、名利等看得很淡、很轻，才能不被外物所束缚，才能远离各种陷阱，收获属于自身的乐趣。

王冕，字符章，元末著名画家和文学家。他淡于名利，清介自守，寒如梅花，一直受到人们的推崇。

王冕童年非常清寒，父亲派他去放牛，他却偷偷地跑进附近的学舍，静听学生读书。直到傍晚，才发觉牛已经跑得无影无踪了。父亲气得用鞭子狠狠抽打他，可就是不管用。母亲劝父亲：“既然王冕这样喜欢读书，为什么不让他去可以读书的地方呢？”王冕父亲同意了，于是王冕到了寺院里干活。白天劳动，夜晚就着长明灯读书。会稽有个叫韩性的人感动不已，就收他当弟子。王冕经过勤奋学习，“遂成通儒”。韩性死后，王冕“应举不中”，就北游燕都，做客于秘书卿泰不华家。泰不华非常赏识王冕。

从北方归来后，王冕常说：“天下将乱。”就拖儿带妻隐居在九里山中。他在房屋四周种上千株梅花，自称为“梅花屋主”。王冕的《墨梅》云：“我家洗砚池头树，朵朵花开淡墨痕，不要人夸颜色好，只留清气满乾坤。”这无疑是安贫乐道思想的集中表现。物自有物，我自有我，是真潇洒的滋味了。

王冕画梅花，非常出色，求画者络绎不绝。官府多次征召他当官，他坚辞不受，甘愿在清贫的生活中享受无穷的乐趣。

王冕不为富贵所动，坚守贫寒，在书画领域独辟天地，乐趣无穷。是因为他深知人生自有其乐趣，并不需要一味依靠物质，将财富看得过于重要，不停地追逐，即使财富到手，也会失去生活的幸福。

富贵的华服与贫穷的草鞋到底有什么区别？人们往往只是羡慕富贵人家外在的条件，尊敬的不一定是富贵者本人，而贫寒者虽然贫寒，又为何不像王冕这样另辟天地得一乐趣呢？

当一个人能做到这一点时，也就能对客观的、外在的出身、家世、钱财、生死、容貌都看得很淡泊，就能够达到精神超脱、洒脱的境界。

躁急无成 平和得福

◇原文◇

性躁心粗者，一事无成；心和气平者，百福自集。

◇译文◇

性情急躁粗暴的人，一件事情也做不成；心地平静温和的人，所有的幸福都会为他降临。

◇精读解析◇

俗话说，心急吃不了热豆腐，性情急躁的人往往因为不能思虑周全而弄巧成拙；而宁和冷静之人，则往往能够把握大局，决胜于千里之外。要想成就大事，修心是必不可少的一课。人的一生难免要遭遇上难堪的误解，遭到他人不公正的批评甚至辱骂时，切不可失去理智。人生就像一部大书，一辈子都要细读细品，要保持平和的心态，才能参透其中的是非真假。遇到问题，一把怒火烧得自己晕头转向，只会把小事渲染成大事，跌入对手的圈套。没有什么对手能彻底打击到你，最终能使你倒下的只有你自己，所以遇事一定要镇定，保持平和的心态，不躁不怒。

冯谖就是历史上那个骄傲的食客，因为饭桌无鱼，便弹铗而歌。后来，他被孟尝君的诚意与谦逊所感动，终于为其利益而奔走。

有一次，孟尝君想从门下宾客中选人代他到薛邑（孟尝君的封土）收债，冯谖主动申请前往。孟尝君很高兴，便同意了。冯谖收拾停当之后，向孟尝君辞行，并请示："收完债，您需要买些什么东西吗？"孟尝君顺口答道："先生看我家里缺什么，就买些什么吧！"

冯谖驱车来到薛邑，他派人把所有负债之人都召集到一起，核对完账目后，他便假传孟尝君的命令，把所有的债款赏给负债诸人，并当面烧掉了债券，百姓感激不已，皆呼万岁。

冯谖随即返回，一大早便去求见孟尝君。孟尝君没料到他回来得这么快，半信半疑地问："债都收完了吗？"冯谖答："收完了。""那你给我买了些什么回来呢？"孟尝君又问。冯谖不慌不忙地答："您让我看家里缺少什么就买什么，我考虑到您有用不完的珍宝，数不清的牛马牲畜，美女也很多，缺少的只有'义'，因此我为您买'义'回来了。"孟尝君不知其所云，忙问"买义"是什么意思。冯谖就把债款赐薛民的事说了，并补充说："您以薛为封邑，却对那里的百姓像商人一样盘剥刻薄，我假传您的命令，免除了他们所有的欠债，并把债券也都烧了。"孟尝君听罢心里很不高兴，只得悻悻地说："算了吧！"

一年后，孟尝君由于失宠被新即位的齐王赶出国都，只好回到薛邑。往日的门客都各自逃散了，只有冯谖还跟着他。当车子距薛邑还有上百里远时，薛邑百姓便已扶老携幼，夹道相迎。孟尝君好生感慨，回头对冯谖说："先生为我所买的'义'，我今天终于看见了！"

冯谖焚债券而买"义"，此举确实高明，这正表现了他的大智谋与眼光。他没有被眼前的小利所迷惑，急于一时之功，而是从长远出发，以利市义，为孟尝君赢得了民心。作为战国四公子之一的孟尝君，面对事情的时候，也难免急于一时的得失，而不能静心思忖，放眼长远，比之冯谖，确实略有不足。

人们在遇到事情的时候，应该多静下心来，仔细考虑，权衡长远利弊之后，再行动也不迟。莽撞行事、急功近利带来的往往是目光的短浅、思考的匮乏，以小利而大喜，以小失而大悲，结果是因小利而遇祸。要想摆脱小利的诱惑，放眼于长远，是很困难的。这不仅需要开阔的眼界、恢宏的胸襟，还需要非凡的忍耐与淡定平和的心态，只有这样才能够不断地战胜自我，克服困难，一步步走向成功。

趣不在多 景不在远

◇原文◇

得趣不在多，盆池拳石间，烟霞俱足；会景不在远，蓬窗竹屋下，风月自赊。

◇译文◇

要想感受到生活的情趣并不在东西的多寡，即便一小池清水，几块怪石，也可欣赏到山水间无尽的景色；领悟自然的美景不在远近，即便在草窗竹屋之下，也可以感受到清风明月的悠闲。

◇精读解析◇

会心不在远，得趣不在多。美景不在别处，就在身边。

一位伟人说得好："敢问图书馆中在座的诸君，谁不曾梦想浪迹天涯？几乎每一个读书人在年轻的时候都有一种浪迹天涯的冲动。远方充满了神秘的召唤，未知的东西总是披着浪漫的色彩。我们常常以为好的在远处，总以为未接触过的事物中埋藏着惊喜，总以为陌生的人和事会与自己生活中的不一样，所以，做了许多徒劳无功的事情。之后再回到起点，才发现其实自己想要的就在不远处，之前的种种努力不过是自作聪明，这就是'舍近求远'的本质"。"舍近求远"造成了无数失去之后的捶胸顿足，无数次众里寻他中的擦肩而过。它让人们错过机遇，将努力空掷。

农夫阿利生活殷实，一天，一位老者拜访他，这么说道："倘若你能得到拇指大的钻石，就能买下附近全部的土地；倘若能得到钻石矿，还能够让自己的儿子坐上王位。"

钻石深深地吸引了阿利的心，他从此对什么都不感到满足了。

经过辗转反侧的思考之后，第二天一早，他便叫起那位老者，请老者指教在哪里能够找到钻石。老者想打消他那些念头，但无奈阿利完全听不进去。老者只好告诉他："你在很高很高的山里寻找淌着白沙的河，倘若能够找到，白沙里一定埋着钻石。"

于是，阿利变卖了自己所有的地产，让亲人寄宿在街坊家里，自己出去寻找钻石。但他走啊走，始终没有找到要找的宝藏。他终于失望，投海死了。

故事并没有就此结束。

一天，买了阿利房子的人，把骆驼牵进后院，想让骆驼喝水。后院里有条小河。骆驼把鼻子凑到河里时，这个人发现沙中有块闪着奇光的东西。他立即把它挖出来，是一块闪闪发光的石头，他把石头带回家，放在炉架上。过了些时候，那位老者又来拜访这家人，进门就发现炉架上那块闪着光的石头，不由得奔跑上前。

"这是钻石！"他惊奇地嚷道，"阿利回来了！"

"不！阿利还没有回来。这块石头是在后院小河里发现的。"新房主答道。"不！你在骗我。"老者不相信，"我走进这房间，就知道这是钻石啊。别看我有些唠唠叨叨，但我还是认得出这是块真正的钻石！"

于是，两人跑出房间，到那条小河边挖掘起来。过了一会儿，露出了比第一块更有光泽的石头，而且以后又从这块土地上挖掘出了许多钻石。

事实不正是如此吗？在生活中我们常常舍近求远，到别处去寻找其实自己身边就有的东西。事实上，机遇往往就在人们身边，在人们心里。只要人们用心发现，享受当下，生活中处处都是美景。

真正聪明的人们应当关注身边的一切，全心全意地去接纳、品尝、投入和体验。当人们专注于现在，没有过去拖在后面，也没有未来挡在前面，全部的能量都集中在这一时刻，生命便因此具有一种强烈的张力。

劳攘自冗 徐生安然

◇原文◇

岁月本长，而忙者自促；天地本宽，而鄙者自隘；风花雪月本闲，而劳攘者自冗。

◇译文◇

岁月本来是很漫长的，而那些忙碌的人自己觉得时间短暂；天地之间本来宽阔无垠，而那些心胸狭窄的人却感觉到局促；风花雪月本来是增加闲情逸致的，而那些庸庸碌碌的人自己却觉得多余。

◇精读解析◇

天神把一捧快乐的种子交给幸福使者，让他到人间去撒播。

临行前，天神仍不放心地问："你准备把它们撒在什么地方呢？"

幸福使者胸有成竹地回答说："我已经想好了，我准备把这些种子放在最深的海底，让那些寻找快乐的人，经过惊涛骇浪的考验后，才能找到它。"

天神听了，微笑着摇了摇头。

幸福使者思考了一会儿，继续说："那我就把它们藏在高山之上吧，让寻找快乐的人，通过艰难跋涉才能发现它的存在。"

天神听了之后，还是摇了摇头。

幸福使者茫然无措了。

天神意味深长地说："你选择的这两个地方都不难找到。你应该把快乐的种子撒在每个人的心底。因为，人类最难到达的地方，就是他们自己的心灵。”

岁月本来是很漫长的，而那些忙碌的人自己觉得时间短暂；风花雪月本来是增加闲情逸致的，而那些庸庸碌碌的人自己却觉得多余；幸福本来是洒落在生活的每个角落，而那些脚步匆忙的人却自己没有发现幸福的眼睛。

世上许多人钻营、忙碌了一辈子，究竟为谁辛苦为谁忙？到头来自己都无法回答。其实，真正的动，是明明白白又充满意义的“动之徐生”，心平气和，才能生生不息。“动之徐生”是做人做事的法则，做一切事都不暴不躁、不乱不浊，一切悠然“徐生”，态度从容，怡然自得。

人生是不可避免的“劳生”，但“劳生”更要“徐生”。如果每个人都奔波劳碌，疲于奔命的话，会错失很多生活乐趣的。适时放慢脚步，给自己留一些心灵时间，去体味幸福，才是从容之道。

忙碌的现代生活中，总免不了有如此的情况：到了吃饭的时间，一点饥饿感都没有，但又觉得不吃不行，不得已强迫自己硬塞些东西落肚，方能心安理得；到了睡觉的时间，尽管一点睡意都没有，但观念上觉得该睡，就告诫自己一定要睡，翻来覆去，更加无法入眠。吃饭和睡觉，本是再简单不过的事情，然而，单从这些事情上，也能看得出人与人之间的差别。

一天，有源禅师来拜访大珠慧海禅师，请教修道用功的方法。

他问慧海禅师：“您也用功修道吗？”

禅师回答：“用功！”

有源又问：“怎样用功呢？”

禅师回答：“饿了就吃饭，困了就睡觉。”

有源有些不解地问道：“如果这样就是用功，那岂不是所有人都和禅师一样用功了？”

禅师说：“当然不一样！”

有源又问：“怎么不一样？不都是吃饭、睡觉吗？”

禅师说："一般人吃饭时不好好吃饭，有种种思量；睡觉时不好好睡觉，有千般妄想。我和他们当然不一样。"

吃饭、睡觉，是所有人都必须过的日常生活，即便是圣人也不例外，但差别也正在此。学者冯友兰先生说："圣人的生活，原也是一般人的日常生活，不过他比一般人对于日常生活用品了解为充分。了解有不同，意义也有了分别，因而他的生活超越了一般人的日常生活。"这里所谓的"超越"，实际上就是放慢脚步，该休息时休息，该娱乐时娱乐，该工作时工作。

只要人们心胸宽广，顺随自然，不汲汲而求，应缓则缓当急则急，不仅不会耽搁日常的工作和学习，还可以使身心得到充分的放松。

乐山乐水 陶冶心性

◇原文◇

松涧边，携杖独行，立处云生破衲；竹窗下，枕书高卧，觉时月侵寒毡。

◇译文◇

在长满松树的小溪边，手拄拐杖独自散步，站立的地方云雾紧紧笼罩在身穿破袍的自己身边；在竹窗下，头枕书本无忧无虑地睡眠，等到醒来时，清凉的月光已经照在自己的薄毛毡上。

◇精读解析◇

晋人宋岱，字处宗，南康郡人，他的父亲叫宋汤，也是有名的文人。宋岱平时就因为孝顺父母而远近闻名，严格遵循父亲的操守。州上郡县都对他招待得很殷勤，但他却辞去了官职。家居无事，喜欢种竹。家居周围有大竹林，青葱修茂。他住在竹林小屋中，避暑赏心，心里十分高兴。

王羲之特地去拜访他，宋岱却躲避屋中，不肯见王羲之。晋孝武帝想任命宋岱做散骑郎的职位，宋岱正色地对使者说：“我岂能改易种竹之心，以碌碌于笼鸟盆鱼之间？”

春荒之时，宋岱把竹笋当食物用来充饥，砍截竹子作为器皿用来装酒。人问其故，宋岱答道：“我只爱竹好酒，希望此二物永远相依相伴。”宋岱经常穿着竹叶编织的鞋，手里拿着根青竹杖，徜徉于竹林之下。清风徐来之际，皓月当空之时，他吹着一支竹笛自在来去。因此，宋岱被郡县里的人称作“竹中高士”。

在松柏成林的溪水旁，悠然独行，站立的地方自有青云萦绕；在竹窗之下，枕书而眠，醒来时自有清凉月光多情当被。宋岱竹中逍遥，风月满怀，笛音清逸，正得古人妙境。

“仁者乐山，智者乐水”，山的沉稳，水的柔静能够为心灵寻得一片净土，把人们从浮躁与喧嚣的尘世中解脱出来。所以，伯牙钟子期巍巍乎高山汤汤乎流水，识我心中山水者即为知音；庄子梦蝶，不知蝶梦我还是我梦蝶；陶渊明采菊东篱下悠然见南山，自得其乐；李白遥望敬亭山相看两不厌，山人相悦……

清风明月、高山绿水，于古之贤人，永远都是难以抗拒的诱惑。

“空山新雨后，天气晚来秋。明月松间照，清泉石上流。竹喧归浣女，莲动下渔舟。随意春芳歇，王孙自可留。”唐代诗人王维这首《山居秋暝》绝妙地渲染出了他对隐逸生活的向往。在他的许多诗里，都流露出这种深切的隐逸情怀。

王维自年轻时就信奉佛教，随着年岁的增长阅历的丰富，他愈发对社会的污秽心生厌恶，消极出世的思想也愈发浓厚起来。“安得舍尘网，拂衣辞世喧。悠然策藜杖，归向桃花源。”“宁栖野树林，宁饮涧水流。不用食粱肉崎岖见王侯。”其归隐志向表露无遗。早在青年时他就曾隐居过山林一段时间，终因“小妹日成长，兄弟未有娶，家贫禄既薄，储蓄非有素”，只能“几回欲奋飞，踟蹰复相顾”。心系山林，却身陷世俗脱身不得，王维就在这样压抑的环境中苦苦寻求山水田园的纯净安谧。中年以后，王维一度隐居于终南山，后又得宋之问蓝田辋川别业，遂与好友裴迪优游其中，赋诗相酬为乐。

自然中的青山绿水、茂林修竹最能养人心性，敞人襟怀，激人雅兴。正是由于王维对于自然的爱好和长期在山林生活的经历，使他对自然美具有敏锐独特而细致入微的感受，因而他笔下的山水景物特别富有神韵，常常是略事渲染，便表现出深长悠远的意境，耐人玩味。他的诗取景状物，极有画意，色彩映衬鲜明而优美，写景动静结合，善于细致地表现自然界的光色和音响变化。他的心也在俗世红尘中寻觅到一种超然的静谧。

古人乐山乐水的姿态也值得我们去学习。凡尘俗世最易扰人心性，于冗杂琐事中脱出身来，寻得山清水秀、天高云淡处过几日远离尘嚣的生活，对于人们来说，不仅是一种身体的放松，更是一种心灵的修养。

心性纯真 逍遥人生

◇原文◇

嗜寂者，观白云幽石而通玄；趋荣者，见清歌妙舞而忘倦。唯自得之士，无喧寂，无荣枯，无往非自适之天。

◇译文◇

喜欢宁静的人，看到天上的白云和山间的幽石能悟出其中的玄机；喜欢荣华的人，听见清扬的歌声，看到美妙的舞蹈会忘记疲倦。只有那些淳朴自得的人，没有喧嚣或寂寞的烦恼，没有得志或失意的痛苦，过去和现在都是他自得逍遥的天地。

◇精读解析◇

人本来生下来都很朴素，只是由于后天的教育、环境的影响、人生的追求等种种原因，把圆满、自然的人性雕琢了，虽然花纹能让器物增色，但割在心上的刻刀却不能给我们美丽，反而会破坏原本的朴实，让我们疼痛不说，还会让我们忘了真心生活、诚心待人。

当我们以一颗矫饰的心去待人处世时，不仅不是聪明之举，还是一种自讨苦吃的愚蠢做法，因为真诚兑换真诚，假意只能被生活抛弃。所以，在这个社会上生存，不要总希冀自己能够“瞒天过海”，还是以真示人，但求无违我心的好。

有一只乌龟在沙滩上晒太阳时，几只鸟儿飞过来，它们看到乌龟背上的甲壳，便嘲笑道：“瞧瞧，那是一只什么怪物啊，厚厚的壳上有那么多乱七八糟的花纹，真是难看死了。”

乌龟听后，觉得很羞愧，因为它自己早就痛恨这身盔甲。可这是娘胎里带出来的，它没法改变，只能把头缩进壳里，想来个眼不见、耳不听，还能落得个清静。

谁知鸟儿们见乌龟不反抗，便得寸进尺：“哟，还有羞耻心呢，以为把头缩进去，你就能改变你一出生就穿破马甲的命运吗？”乌龟仍然没有应答。鸟儿们自讨没趣，于是飞走了。

乌龟等鸟儿们走后，伸出头，迈动四肢，找到一处礁石，把它的背部靠在礁石上不停地磨，想磨掉那件给它带来耻辱的破马甲。

终于，乌龟把背磨平了，马甲不见了，但它全身鲜血淋漓，疼痛不堪。

这天，东海龙王召集文武百官开会，宣布封乌龟家族为一等勋爵，并令它们全体来叩谢。在乌龟家族里，龙王一眼就瞧见了那只已没有马甲的乌龟，大怒道：“你是何方妖怪，胆敢冒充乌龟家族成员来受封？”

“大王，我是乌龟呀！”

“放肆，你还想骗我，马甲是你们龟类的标志，如今你连标志都没有了，已失去了本色，还有什么资格说是乌龟！”说完，龙王大手一挥，虾兵蟹将们就将这只丢掉本色的乌龟赶出了龙宫。

可怜的小乌龟并不知晓自己的作用，最后将自己弄得面目全非，被赶出乌龟家族。

乌龟的悲剧值得我们深思，它被驱逐的原因是什么？还不就是因为它想伪装自己、改变自己吗？殊不知，以真示人，其心亦真，如果你一味伪装自己，又怎么能要求别人相信你呢？

我国著名的历史家傅斯年，是一个知识渊博的文人学者，也是一个本性自然率真的性情人物。喜欢就是喜欢，不喜欢就是不喜欢，哪怕常人认为自己反复无常也不说违心话。同意就同意，不同意就不同意，哪怕和人起冲突也要辩个是非黑白。

和傅斯年熟识的人，都知道他年轻时对李商隐的诗赞不绝口，可是后来却对其诗嗤之以鼻，有时还痛骂李商隐是人间妖孽。他的一位好友反问他，为什么当初挚爱时，不说是妖孽。不想，傅斯年给出的答案却是：李非妖时，我非人。

有一次，一向反对中医的傅斯年和孔子后人孔庚因为中医问题，在一次会议上争论不休。会上孔庚不敌傅斯年的激辩，一时冲动说了些不敬的话。傅斯年听罢，怒火中烧，便说：“散会后我要和你决斗！”

孔庚本不把此话当真，可是刚一出门就看到傅斯年已经等候多时。

如此率性的傅斯年无疑是文人中的侠士。他有着博大的学识，更有着勇敢而率真的灵魂，有人可能会说他小气、冲动，其实这不过是一种真实为人、心性纯正的表现罢了。如此自适天地，并不是他没有烦恼、怒气，只是因为他能随时发泄，随时放下，不存丝毫掩饰和矫作。

一个质朴淳厚的人是没有烦恼，没有痛苦可言的。无论嗜寂也好，趋荣也好，都是人的本性在接触了外物之后的改变，虽然说无法一律强求，但是只有心性纯真才是逍遥人生的重要因素。

外物浮华 不如淡忘

◇原文◇

水流而境无声，得处喧见寂之趣；山高而云不碍，悟出有入无之机。

◇译文◇

流水淙淙，而两岸的人却听不到流水的声音，由此可以看出在喧闹的环境中仍能享受寂静的趣味；高山耸立，云彩也不会觉得受到阻碍，从这里可以从有我中悟出无我的玄机。

◇精读解析◇

有一天，颜回说："我进步了。"

孔子问道："你的进步指的是什么？"

颜回说："我已经忘却仁义了。"

孔子说："好哇，不过还不够。"

过了几天颜回再次拜见孔子，说："我又进步了。"

孔子问："你的进步指的是什么？"颜回说："我忘却礼乐了。"

孔子说："好哇，不过还不够。"

过了几天颜回又再次拜见孔子，说："我又进步了。"

孔子问："这次你的进步在哪里？"

颜回说："我'坐忘'了。"

孔子惊奇不安地问："什么叫'坐忘'？"

颜回答道："毁废了强健的肢体，退除了灵敏的听觉和清晰的视力，脱离了身躯并抛弃了智慧，从而与大道混同相通为一体，这就叫静坐心空物我两忘的'坐忘'。"

孔子说："与万物同一就没有偏好，顺应变化就不执滞常理。你果真成了贤人啊！我作为老师也希望能跟随学习而步你的后尘。"

一个人想要达到绝对的精神自由，必须不再执着于物，达到忘记身处的环境、忘记功利富贵。当我们忘记自己身处的环境时，便可无视环境的嘈杂，当我们忘却世间的功利富贵时当然也就不会为了得到它们而放弃自己的健康和生活趣味了。

对于每个人来，学会忘记都不是一件难事。如果我们能够不执着某种形式、不贪念于功名利禄，也可以获得忘我、无我的境界。佛说"境由心生"，当我们忘记了外物浮华，自然不会在心中被它们羁绊。

智通法师自诩神通广大，他来到慧明忠禅师面前，想与他验证一下。

慧明忠谦和地问："早就听说你能够看透人的心迹，不知是不是真的？"

智通法师答道："只是些小伎俩而已！"

慧明忠禅师于是想了一件事，问道："请看老僧现在身在何处？"

智通法师运用神通，查看了一番，答道："高山仰止，小河流水。"

慧明忠禅师微笑着点头，将心念一转，又问："请看老僧现在身在何处？"

智通法师又运用神通，细细端详一番，笑着说："禅师怎么去和山中猴子玩耍了？"

"果然了得！"慧明忠禅师面露嘉许之色，称赞过后，随即将风行雨散的心念收起，反视内照，进入禅定的境界，无我相、无人相、无世界相、无动静相，这才笑吟吟地问："请看老僧如今在什么地方？"

智通法师神通过处，只见青空无云、水潭无月、人间无踪、明镜无影。

智通法师使尽了浑身解数，天上地下彻照，全不见慧明忠心迹，一时惘然不知所措。

慧明忠禅师缓缓出定，含着笑对智通说："阁下有通心之神力，能知道他人一切去处，好极！好极！可是却不能探察我的心迹，你知道这是为什么吗？"

智通摇摇头，满脸迷惑。

慧明忠禅师笑着说："因为我现在没有心迹，既然没有，你怎么能够探察到？"

忘是一种方法，更是一种境界，正如故事中所说，如果我们没有心迹了，还有什么可以牵绊我们的呢？一个人，只要还有心迹存在，无论这个心迹隐藏得多深，还是会受到别人的影响，被别人影响的人就不能获得最后的自由。只有真正忘记一切，做到心外无物，才能真正体察到精神的自由。

《菜根谭》中所说"喧中见寂""有入无之机"指的就是一种忘我的境地。这种忘我的境地我们本来就拥有，只是在后来的生活中才渐渐地被充满。人刚来到人世的时候，还是一个脑中空空的婴儿，内心没有繁杂的名利欲望存在，故而饿了就吃，困了就睡，不高兴就哭，高兴就笑，看什么都惊奇，玩什么都欣喜，生活在一片欢喜之中。然而，当人们渐渐长大，心灵逐渐装载了各种超出需求的欲望，为了满足这种欲望，我们也就拥有了烦恼和焦虑。因此，如果我们想享受纯粹的生活，那不妨先学着去忘记，忘记我们周围的闹市、忘记我们觊觎的富贵、忘记我们失败的过往……改变不了的环境，不如忘记。

静躁稍分 昏明顿异

◇原文◇

时当喧杂，则平日所记忆者，皆漫然忘去；境在清宁，则夙昔所遗忘者，又恍尔现前。可见静躁稍分，昏明顿异也。

◇译文◇

人在喧闹杂乱的时候，平时所记着的事情，都会淡忘掉；当环境清静安宁的时候，那么过去所遗忘的东西，又仿佛浮现在眼前。可见只要安静和浮躁稍有分明，那么昏聩和清醒就会迥然不同。

◇精读解析◇

人生最好的境界是安静，但是安静不是为了享受，而是为了收获人生的丰富。只有丰富的安静才是真正的安静。一个人安静，是因为摆脱了外界虚名浮利的诱惑。安静的人能收获丰富，是因为拥有了内在精神世界的宝藏。太热闹的生活始终有一个危险，就是被喧杂所占有，渐渐误以为喧杂就是生活，喧杂之外别无生活，最后只剩下了喧杂，没有了生活。

不管世界多么热闹，但是被热闹包裹的是我们心里的安静，人们往往认为世界的纷繁复杂是外在的存在，却不知道那只是人心里的映射，正是我们心里在喧闹，这个世界才在我们的眼睛看来是一个喧闹到无法忍受的世界。我们捧着一本书，如果心不静，再好的书也读不进去，更不用说领会其中妙处了。读生活这本书也是如此。其实，只有安静下来，人的心灵和感官才是真正开放的，从而变得敏锐，与世界的万事万物处在一种最佳关系之中。

一位皇帝提供了一份非常优厚的奖金，希望有人能画出最平静的画，以便自己在心情烦躁时能拿来缓解情绪。许多画家都来尝试。皇帝看完所有的画，只有两幅他最喜欢。

一幅画是一个平静的湖，湖面如镜，倒映出周围的群山，上面点缀着如絮的白云。大凡看到此画的人都同意这是描绘平静的最佳图画。

另一幅画是山，但都是崎岖和光秃的山，上面是愤怒的天空，下着大雨，雷电交加。山边翻腾着一道涌起泡沫的瀑布，看来一点都不平静。当皇帝靠近一看时，他看见瀑布后面有一个小树丛，其中有一母鸟筑成的巢。在那里，在怒奔的水流中间，母鸟平静地坐在它的巢里。

皇帝选择了后者，奖金给了画这幅画的画家。

“平静”作为一个形容词，如果正面地去画，只会让画面缺乏新意，反着去画又会偏离“平静”的主题，只有在对比中的“平静”不仅切题，而且鲜明。平静并不等于完全没有困难和辛劳，而是在那一切的纷乱中间，心中仍然宁静。“静躁稍分，昏明顿异”这一句话的言下之意也就在此处。

真正的生活从来不是一汪平静的湖水，太过静寂的生活反而让人觉得乏味。如何在纷扰中保持镇定和清醒、如何在平淡的生活中持之以恒是心灵宁静的两个方面。

佛学大师弘一法师出家后，极力避免陷入名利的泥沼自污其身，因此从不轻易接受善男信女的礼拜供养。他每到一处弘法，都要先立三约：一不为人师，二不开欢迎会，三不登报吹嘘。他谢绝俗缘，很少跟在俗中人来往，尤其注意不与官场人士接触。

那时法师在温州庆福寺闭关静修时，温州道尹张宗祥慕名前来拜访。能与道尹结交，是一般人求之不得的事情，法师却拒不相见。无奈张宗祥深慕法师大名，非见不可，弘一法师的师父寂山法师只好拿着张宗祥的名片代为求情，弘一法师央告师父，甚至落泪：“师父慈悲！师父慈悲！弟子出家，非谋衣食，纯为了生死大事，乞婉言告以抱病不见客可也！”

张道尹无奈，只好怏怏而去。

一个人，心要像明月一样皎洁，像天空一样淡泊，才能做到在世俗纷扰面前保持镇定和清醒，心定神清了，才能专注于修行。弘一法师研修律宗，最后能成为一代宗师，与他此种心境是分不开的。

在喧嚷的环境中，专注于我们所从事的事，不要被趋之若鹜的大流俘虏，比如坚持梦想，比如闹市读书，比如淡泊名利……在平凡的生活中，感触生活中细微的奔腾，不要无所事事、碌碌无为，更不要对生活麻木，让平凡不死寂的方法很多，比如和家人享受一日三餐，享受朋友间的温情，享受不为名利纠缠的安心……

如此一来，我们就在实际生活落实了“静躁稍分，昏明顿异”这个哲理。当一个人心境不平时，喧嚷的环境就像麦芒一样刺痒我们的生活，而当一个人心境安定时，哪怕他周围的环境已经风起云涌或者平淡如水，他也会坚持自己的生活和本性，发掘每天的美好。

活在当下 坦然生活

◇原文◇

草木才零落，便露萌颖于根底；时序虽凝寒，终回阳气于飞灰。肃杀之中，生生之意常为之主，即是可以见天地之心。

◇译文◇

花草树木刚刚枯萎时，已经在根底露出新芽；季节虽是到了寒冬，终究会回到温暖和煦的飞花时节。在萧条的氛围中，却蕴含着主宰时势的无限生机，由此可见天地化育万物的本性。

◇精读解析◇

时序轮转，万物生息即天地之心，亦所谓“道行之而成，物谓之然。”

造化给了我们一个了不起的生命，接受生命的厚礼，还需我们学会面对生命中可能出现的各种偶然和必然，包括生，也包括死。王维有诗云：“木末芙蓉花，山中发红萼。涧户寂无人，纷纷开且落。”芙蓉花不为谁而开，也不为谁而落，即便有哪个人或者是野兽路过，它的开落也与之无关。它只是在完成自己的命运，开了，就会落，这就是它的生活。有些事情我们可以控制，比如我们可以控制一株果实何时落地，我们还可以控制它何时播种。但是，无论我们做了什么，那个种子还是会长成桃树。就算你想要的是苹果或者橘子，但它还是会长成桃树。

人就像桃树一样，当我们降临到这片土地上的时候，已经完成了一个转变和过程，很多东西已经无法改变。人力无须与天对抗，因为人本来就是天之产物。梁漱溟先生说：“整个生命的本身是毫无目的的。有意识的生活，只是我们生活的表面。就人的一生那么长的时间言之，仍以无意识生活为多。”

哲人说：“最人性的，就是最好的。”这种人性，就是我们与生俱来的自然之性。人并没有刻意要去踩出一条小道来，但是在无意之中就完成了一幅杰作。这正是：“不忘其所始，不求其所终；受而喜之，忘而复之；是之谓不以心捐道，不以人助天。是之谓真人。”意即不忘记自己从哪儿来，也不寻求自己往哪儿去，承受什么际遇都欢欢喜喜，忘掉死生像是回到了自己的本然，这就叫作不用心智去损害大道，也不用人为的因素去帮助自然。这就叫“真人”。

一切的作为，不去追究最初的动机是什么，也不要追求结果怎么样。一个人如果忘记了无始无终的时空观念，对现有的生命悠然而受之，天冷了就穿衣服，天热了就脱衣服，受而喜之，才能活在当下。

当你活在当下时，寂寞、恐惧就无法分散你的精力，过去的不拖在后面，未来不趋人向前，你全部的能量都集中在这一时刻，生命因此也就具有一种强烈的张力。

在某一城市一家医院的同一间病房里，住着两位相同的绝症患者。不同的是，一个来自乡下农村，一个就生活在医院所在的城市。生活在城市的病人，每天都有亲朋好友和同事前来探望。家人前来时宽慰说：家里你就放心吧，还有我们呢，你就安心养病吧。朋友探望时劝慰说：现在你什么也别想，就一门心思养病就行。公司来人时开导说：你放心，公司上的事，我们都替你安排好了，你现在的工作就是养病……

来自乡下农村的患者，只有一位十四五岁的小女孩守护着。他的妻子半个月才能来一次。或送钱，或送些衣物。妻子每次来，总是不停地说这说那，要丈夫为家里的事情拿主意：快要春种了，今年是种西瓜还是茄子？再过两天，他大叔就要嫁女了，你说送多少贺礼啊？女儿说要跟她表姐去大城市打工，我还没答应，这事要你拿主意……

几个月后，情况发生了戏剧性的变化。生活在医院所在城市的那位病人，在亲人、朋友、同事一声声“你放心吧”“你就安心养病吧”的宽慰声里，意识中感觉他们已不需要自己，自己也就失去了活着的价值意义，渐渐地失去了战胜病魔的信心和勇气，于是在孤独寂寞与病魔的吞噬中一点点地死去。来自乡下农村的患者，在妻子大事小事都要自己定夺、拿主意中，意识到自己对家人的重要，意识到自己必须活着，哪怕仅仅是给家人拿些主意，于是一种强烈的求生欲望使他奇迹般地活了下来。

肉体之躯，即便再强壮，也无法永远抵御病魔的侵袭。生命的病痛，会让有的人将注意力集中在痛苦和明日的死亡上，也会让有的人把希望投递在今日未竟的生活中。城里人是前者，乡下人则是后者。当癌症把储笑带到生命的涯际时，他的努力，让病魔回头了。

对于每个人来说，除了疾病，还有很多这样或者那样的麻烦需要人们面对，然而当它们降临时，人们总是生活在过去或者未来，而往往将生活的"当下"忽视，结果无形中放大了意外和痛苦。

一个真正懂得"活在当下"的人便能"快乐来临的时候就享受快乐，痛苦来临的时候就迎着痛苦"，在黑暗与光明中，既不回避，也不逃离，以坦然的态度来面对人生。

趣味在心 不在境遇

◇原文◇

芦花被下，卧雪眠云，保全得一窝夜气；竹叶杯中，吟风弄月，躲离了万丈红尘。

◇译文◇

以芦花做被，以雪地做床，以云彩做帐，在如此美景下睡眠，可以保持清凉安静的心境；以竹叶作酒杯，在清风明月下吟咏，可以逃避尘世中的纷乱烦扰。

◇精读解析◇

杜甫曾在一首诗中写道："清江一曲抱村流，长夏江村事事幽。自去自来梁上燕，相亲相近水中鸥。老妻画纸为棋局，稚子敲针作钓钩。多病所需唯药物，微躯此外更何求。"这首诗的大意是：人有了病之后，不要精神不振，更不要失去生活的信心，自寻烦恼。要多去环境幽静的地方散心解闷，看一看自由自在的飞燕，相亲相爱的鸥鸟，寻找生活中的乐趣，这样便可心悦而减少疾病。另外，要治病，除了吃药外，还可以下棋以怡心，钓鱼以抒怀。

如果我们把自己融入大自然中，大自然就会敞开心胸，把日月星辰、山山水水、花草树木、飞禽走兽、空气海洋无私地赐给我们，就看我们会不会利用它。如果我们热爱它、亲近它，就能与其和谐相处，并且拥有万贯金钱买不到的健康。

生活在都市中的现代人，平时接触的都是高楼大厦，车水马龙的人流，他们远离大自然，完全生活在钢筋水泥筑成的城市森林中，时间长了，就会有许多的烦恼。城市污浊的空气和浮躁的气氛对我们的健康是非常不利的，利用闲暇走出城市，走进自然，反而比作瑜伽、找心理医生更有效果。

某地有个远近闻名的长寿村，那里环境幽美，树木茂盛，空气清新，泉水甘甜。据说，当地一个小村庄，百岁以上的老人就有五十多人，下地干活的八旬老翁屡见不鲜。有位健康专家到那里做了深入调查后，得出的结论是：这儿之所以生病的人少，长寿的人多，全都是大自然的恩赐。

大自然是造物主赐给人类的最高享受，谁能与大自然亲近，谁就能拥有健康，谁就能在锻炼身体的同时陶冶心性，吮吸大自然的灵气。所以繁忙的工作之余，把休闲的地点更多地放在大自然里，而不是咖啡厅或其他聚会场所，才是真正的修身养性之道。

大自然的本意是指纯粹的自然状态，它可以让我们的生理和心理受到最贴合自然之道的理疗修整。除此之外，当一个人用心感悟自然时，会发现大自然中其实蕴藏着一种任性情生活的精神状态和处世方式。

王子猷弃官后住在山阴，一天夜晚下大雪，他睡觉醒来，打开房门，命仆人酌酒，四周望去，白茫茫一片。就起身徘徊，吟咏左思的《招隐诗》，忽然想起戴安道（戴逵字安道）。当时戴安道在剡县，王子猷就在夜晚乘小船到戴安道那里去。走了一夜才走到，到戴安道门前却不上前敲门就又返回了。有人问他这样做的缘故，王子猷回答说："我本来是乘兴而来，现在兴尽就返回家，为什么一定要见到戴安道？"

趣味在心，而不在境遇，人的心只当守在当下方能安定，方有趣味可言。这种趣味并不是说一个人的心里时时都是开心快乐，而是就"顺畅"而言的，这样的人也就是性情中人。兴起处，宁可夜晚渡船也要去实现这份趣味，兴尽时，即使到了门前也会掉转船头。这就是任性情生活，同时顺应自然之道的处世方式。

我们来自于大自然，只有回归大自然，我们才能找到本真的自己。这正如哲人所说的："人是一种活动的植物，他们像树一样，从空气中得到大部分的营养。如果他们总是守在家里，他们就憔悴了。"所以哪怕我们工作再忙、学习再紧也要给自己一个亲近自然的机会。虽然我们不能像《菜根谭》中描述的那样"芦花被下，卧雪眠云""竹叶杯中，吟风弄月"，但至少还可以找片清净之地，躲离万丈红尘，听听风声、晒晒太阳，也听听自己的心声，晒晒自己的心事。